U0039035

日本建筑集成

座敷的构成

林理蕙光 编著

华中科技大学出版社
http://www.hustp.com
有书至美 BOOK & BEAUTY

中国·武汉

目录

日本建筑集成 | 座敷的构成

清流亭
大客厅……9
栏间及入口……14
七铺席茶室……16

北村邸
大客厅……18
立礼之间……26

美浓幸
法螺贝之间……27
栏间……31
窗户……32

山口邸
座敷……34

俵屋
翠之间……36

炭屋
栏间……38

柊家
一楼十五铺席房间……41
二楼西十一铺席房间……42
二楼北十一铺席房间……43

听竹居
客厅及和室……45

设计图详解（一）

清流亭
大客厅……50
七铺席茶室……57

北村邸
大客厅……64

美浓幸
法螺贝之间……71

山口邸
座敷……78

俵屋
翠之间……82

炭屋
栏间……84

柊家
一楼十五铺席房间……88
二楼西十一铺席房间……92
二楼北十一铺席房间……96

听竹居
客厅及和室……100

加藤邸
客厅……105
拉手……111

饭岛邸
二楼座敷……112

竹中邸
座敷……115

秀明
舞之间……118
天花板……120

河文
水镜之间……121
栏间……125
大茶室……126
桐之间……127

八胜馆八事店
樱花间……128

山翠楼
带腰板障子门……130
拉手……131

坐渔庄
二楼座敷……132

中野邸
二楼六铺席房间……134
一楼九铺席房间……137
水亭……138

西日本工业俱乐部
洋馆二楼大茶室……140
书院……142
栏间……143
和馆一楼八铺席房间……144

设计图详解（二）

加藤邸
客厅……146

饭岛邸
二楼座敷……153

竹中邸
座敷……158

秀明
舞之间……164

河文
水镜之间……171
大茶室……180
桐之间……185

八胜馆八事店

樱花间……190

山翠楼

带腰板障子门……197

坐渔庄

二楼座敷……198

中野邸

二楼六铺席房间……204

水亭……208

西日本工业俱乐部

洋馆二楼大茶室……212

和馆一楼八铺席房间……213

结语……218

※座敷为典型的日式房间，常用作客厅。本书中介绍的房间均归类为座敷。

清流亭 大客厅 壁龛结构

清流亭 大客厅 壁龛正面

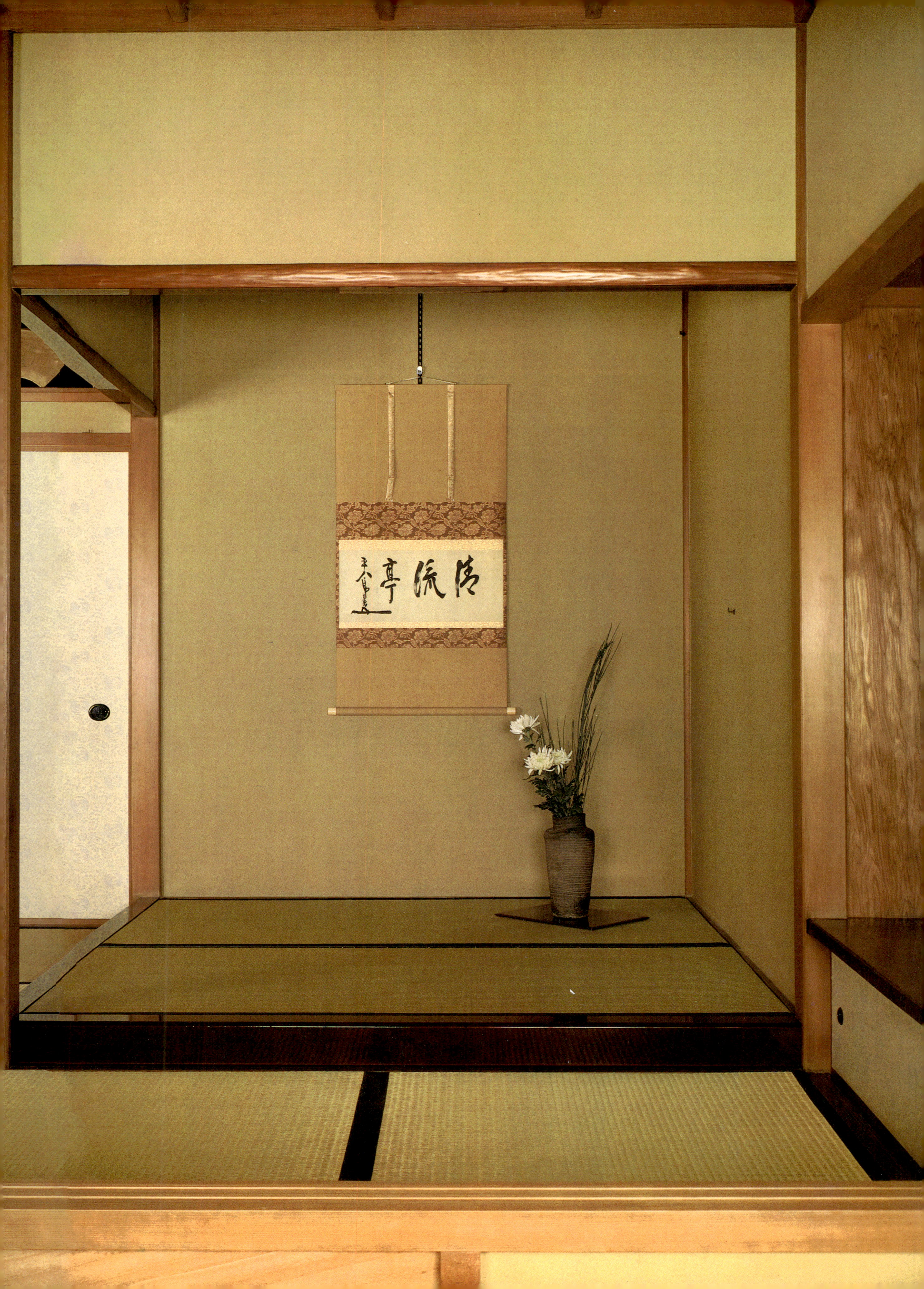

清流亭 大客厅
上＝从旁边房间看向大客厅
下＝壁龛柱（壁龛处的柱子）和落挂（壁龛上方的横木）

清流亭 大客厅
上＝付书院（书院即设置有窗前台等的空间，安装着格窗，分为平书院、付书院等形式）
下＝壁龛柱和壁龛框（壁龛下方、前端的横木）

日本建筑集成　座敷的构成　14

清流亭　栏间及入口
从上往下＝灯、栏间（日式建筑室内间隔构件，类似于门楣）、入口处的栏间、另一个房间的栏间　右＝入口

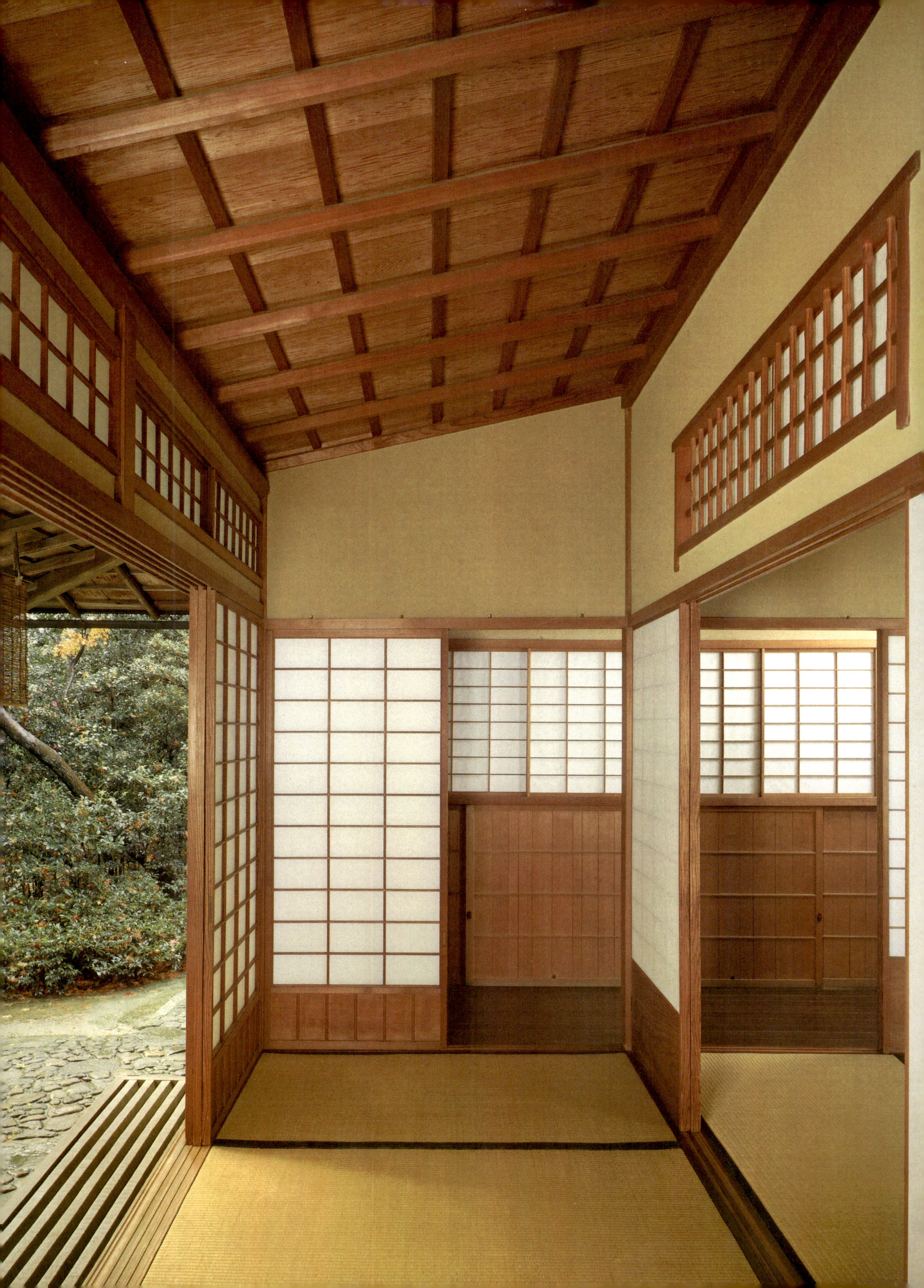

清流亭 七铺席茶室
上＝壁龛及床胁（壁龛旁边的装饰空间）
下＝水屋（清洗茶具的地方）

清流亭 七铺席茶室 从茶室观赏庭院

北村邸 大客厅 壁龛及床胁

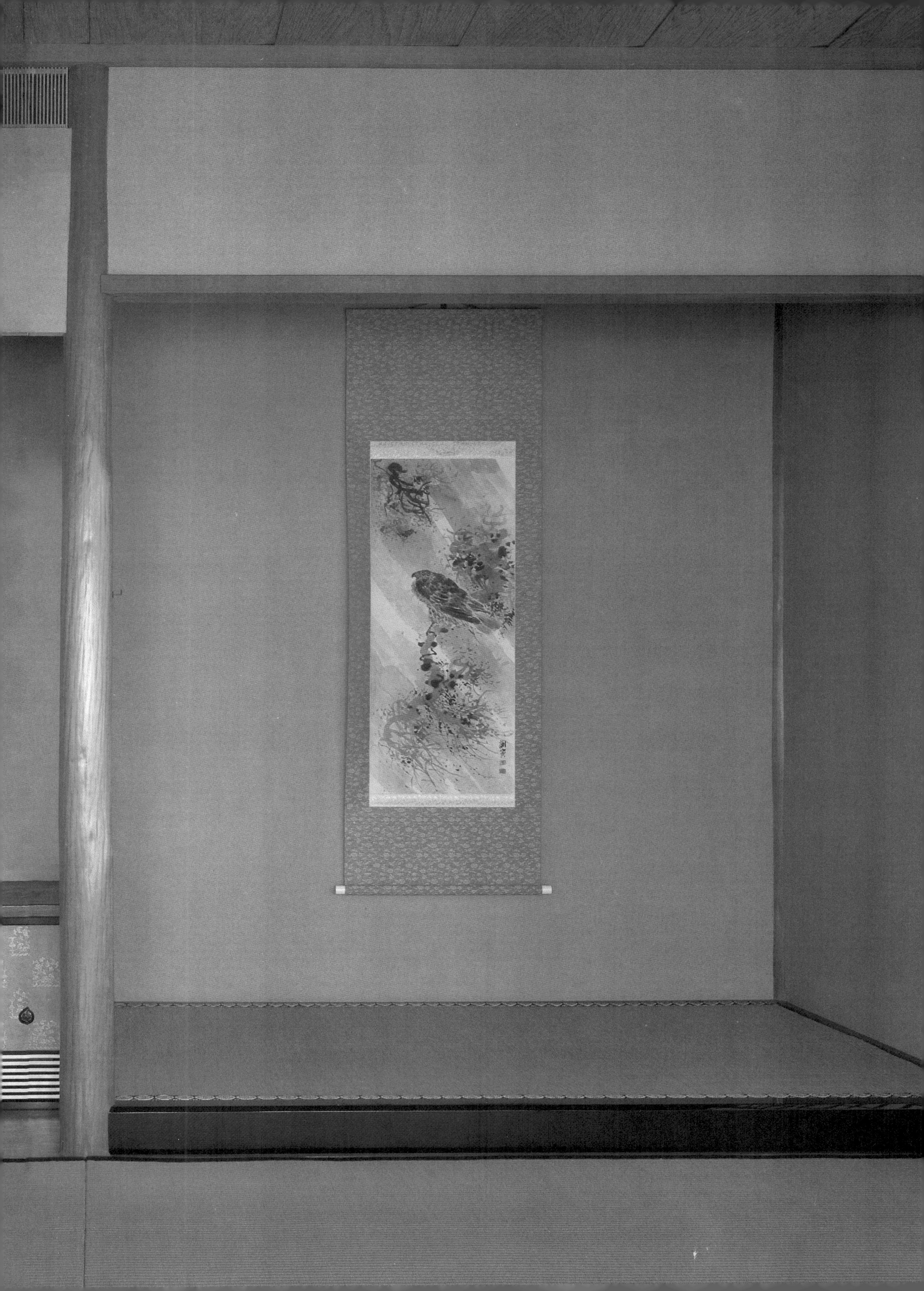

北村邸 大客厅
上＝房间北侧　下＝从大客厅看向另一个房间

北村邸 大客厅
上＝房间东边　下＝从房间东边观赏庭院

日本建筑集成　座敷的构成　22

北村邸　大客厅
上＝大客厅中的各种拉手
右＝大客厅中的栏间和钓柱（与栏间相连的纵木）

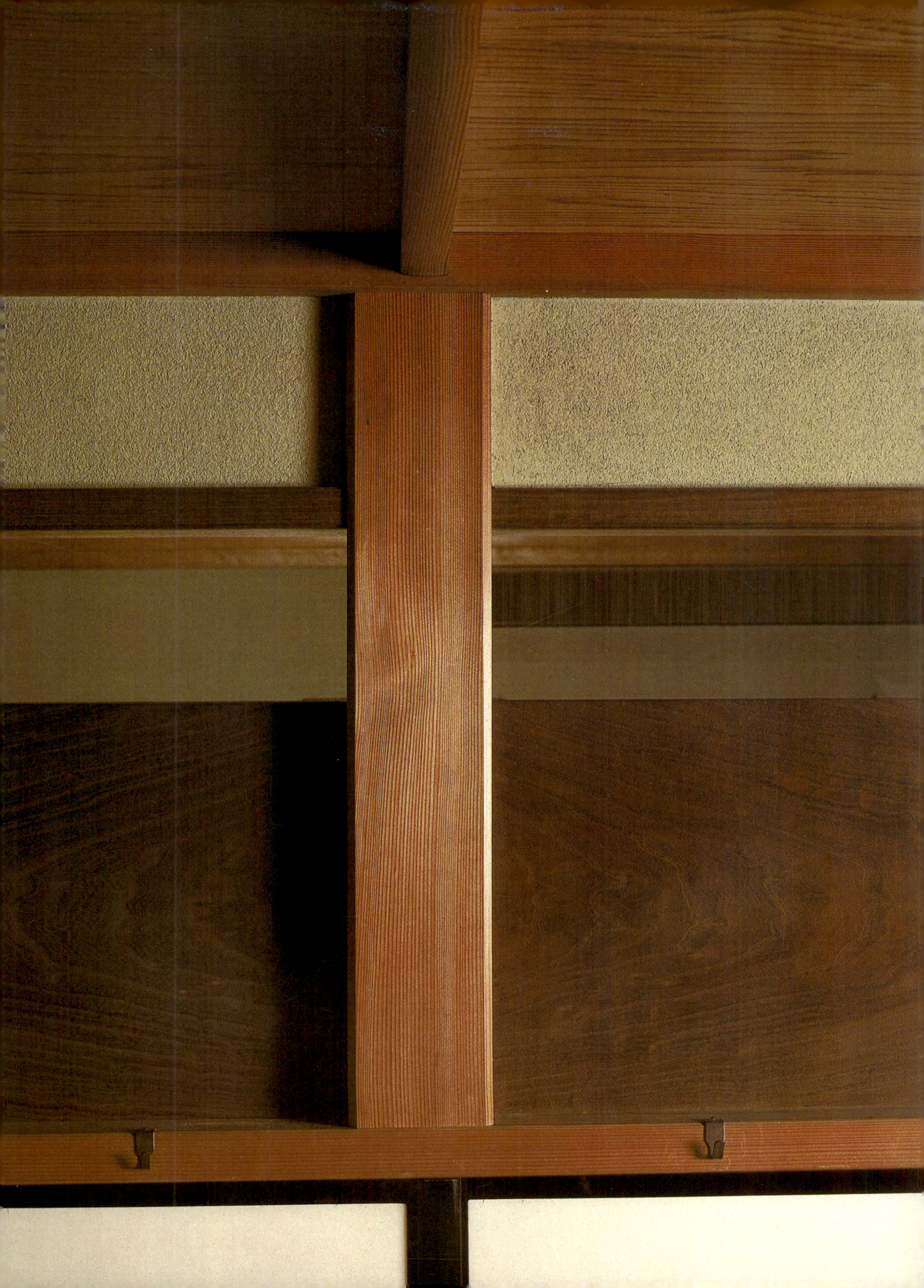

北村邸 大客厅
上＝壁龛旁边　下＝付书院

北村邸 大客厅
上＝水屋　下＝洞库（放茶具等的小型壁橱）

北村邸 立礼之间 等候处

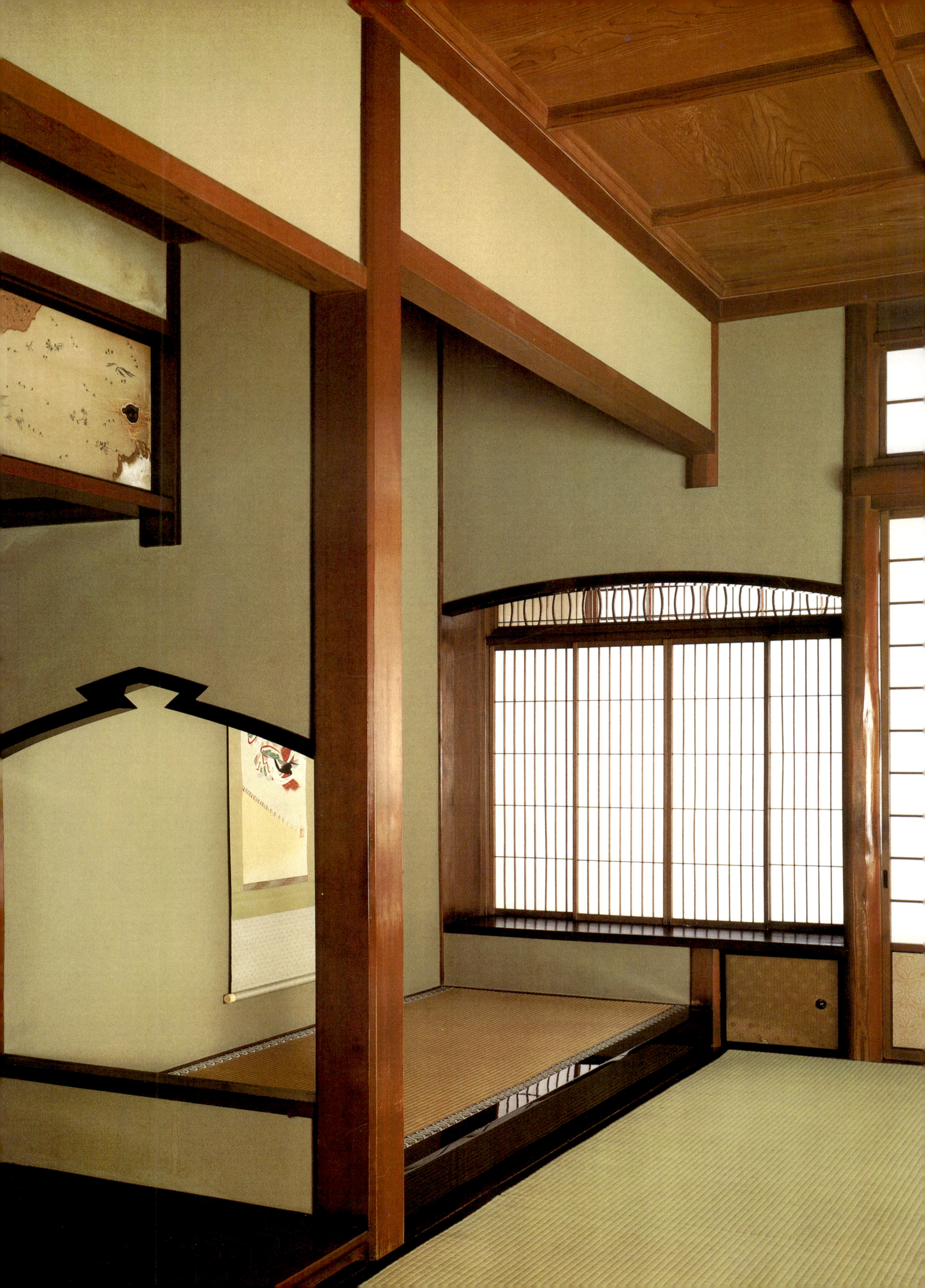

日本建筑集成　座敷的构成　　　　　　　　　　　　28

美浓幸 法螺贝之间
上＝隔扇拉手　右＝床之间及床胁

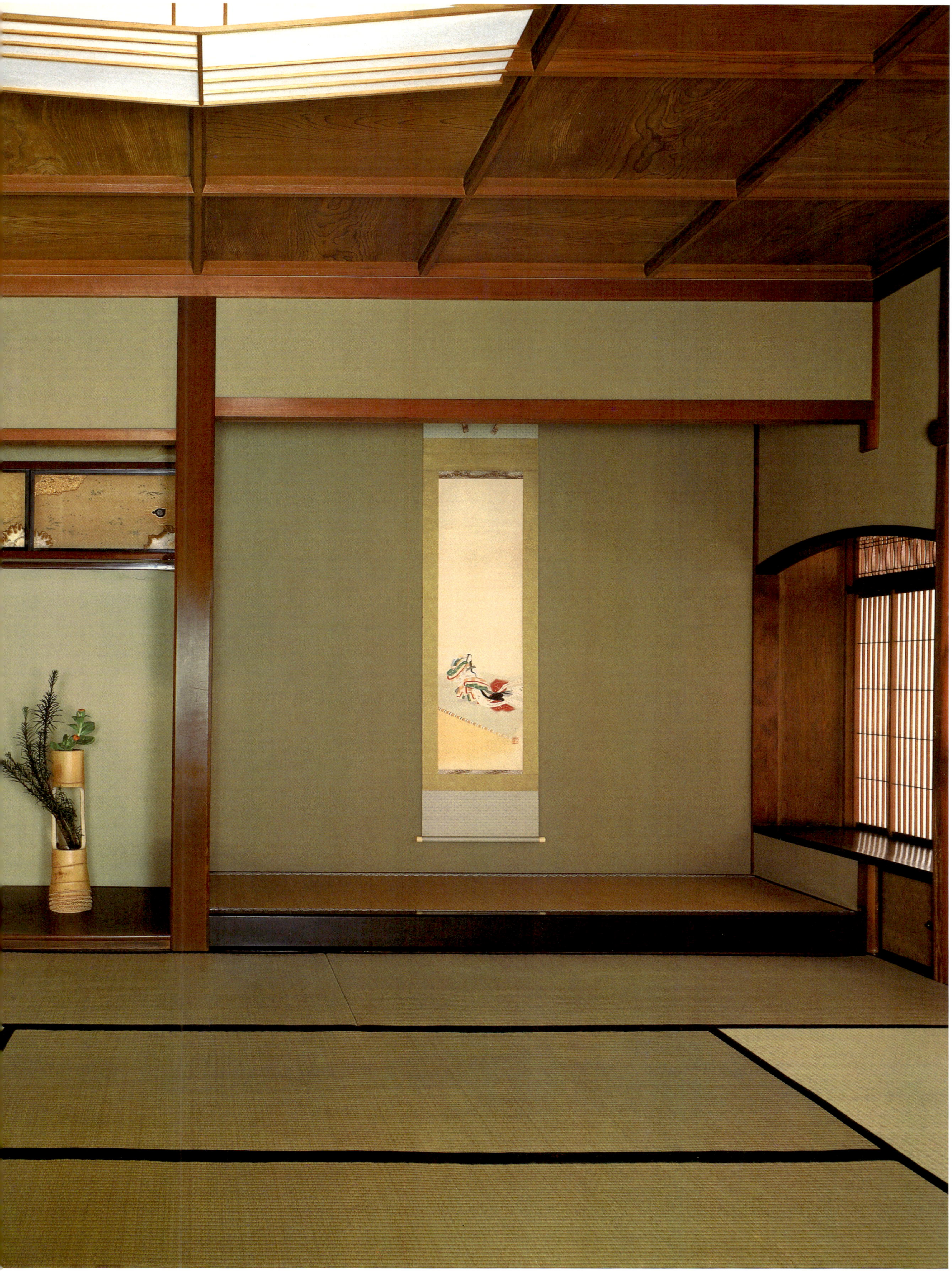

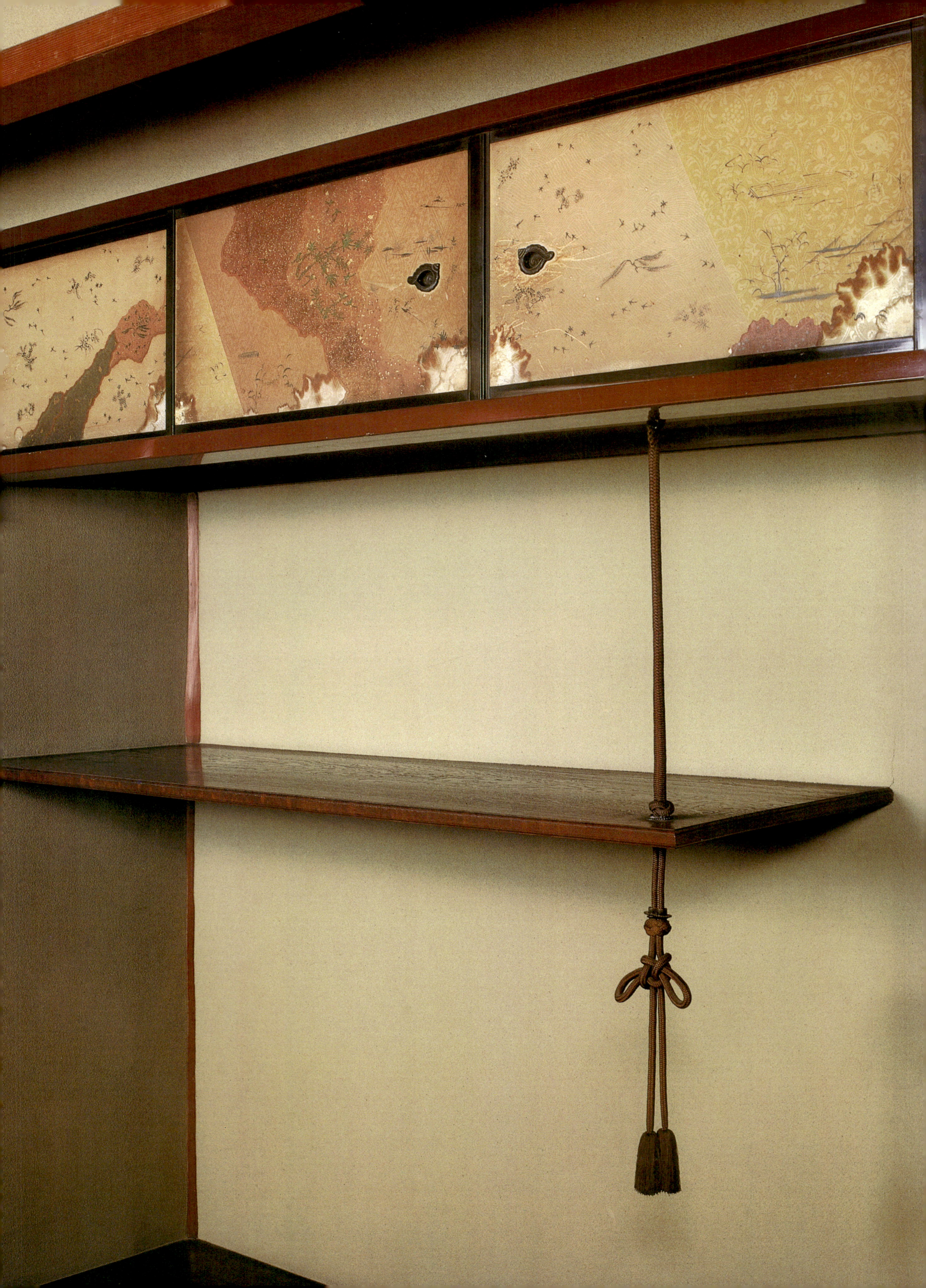

美浓幸 法螺贝之间
左＝架子

美浓幸 栏间
上＝法螺贝之间的栏间
中＝一楼的八铺席房间的栏间
下＝一楼的六铺席房间的栏间

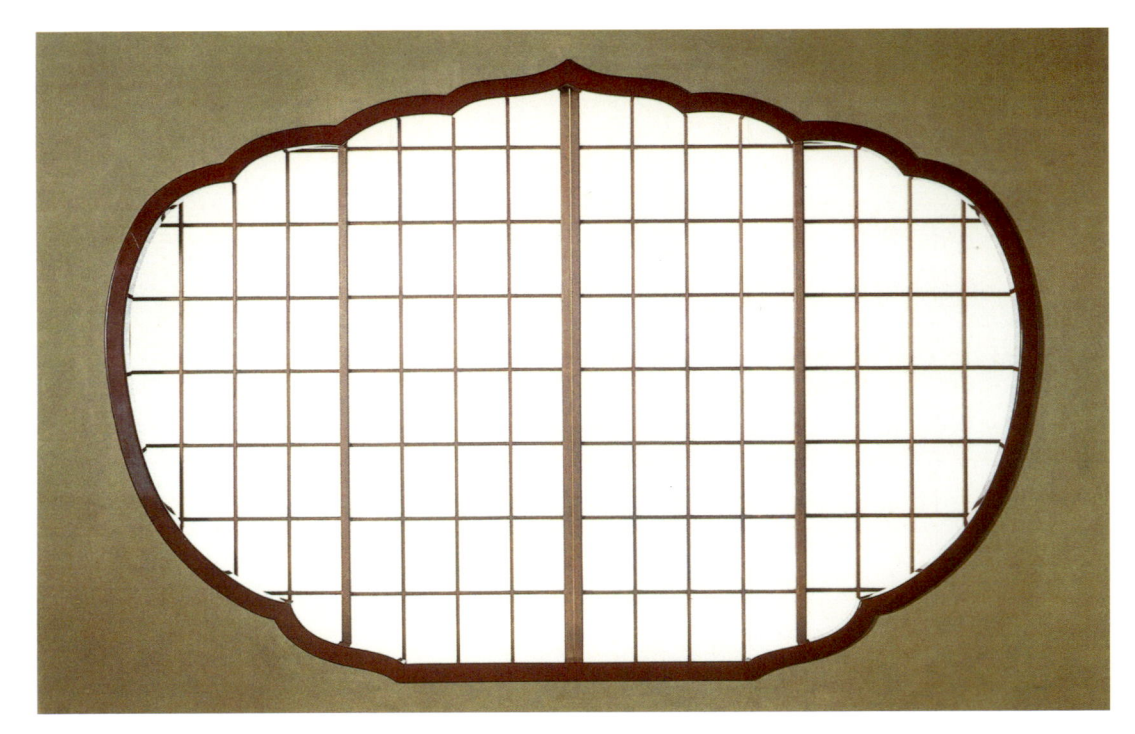

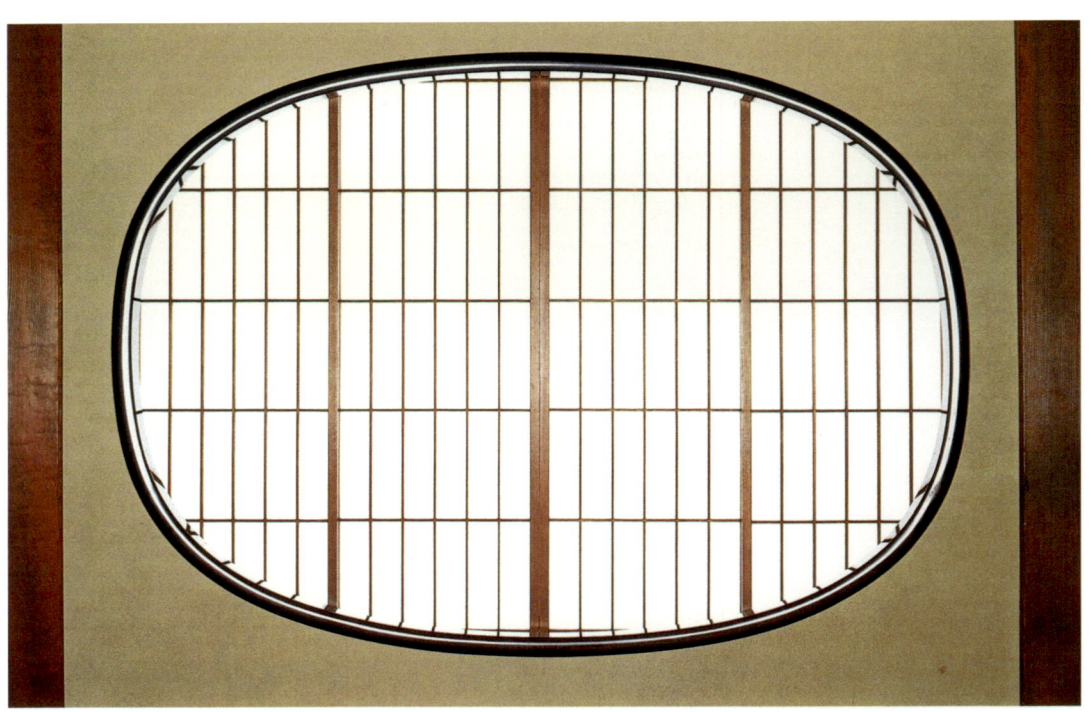

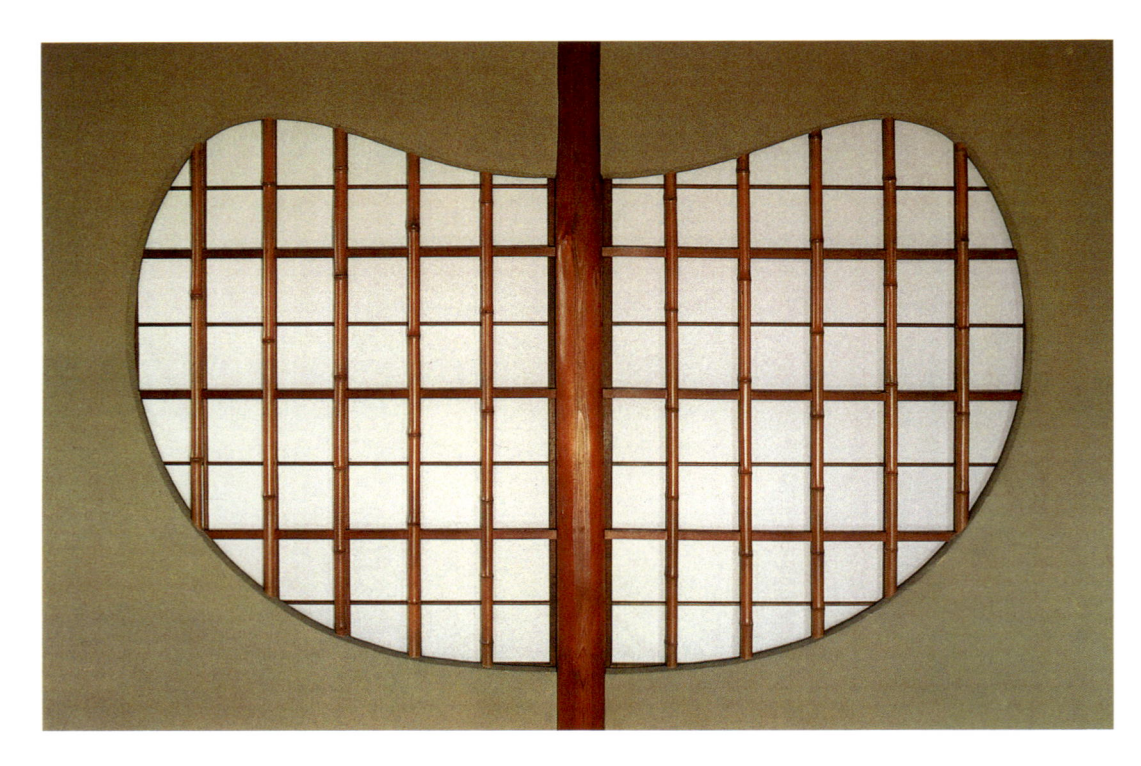

美浓幸 窗户
上＝法螺贝之间的窗户　中＝二楼西侧大茶室的窗户　下＝旧大茶室的窗户

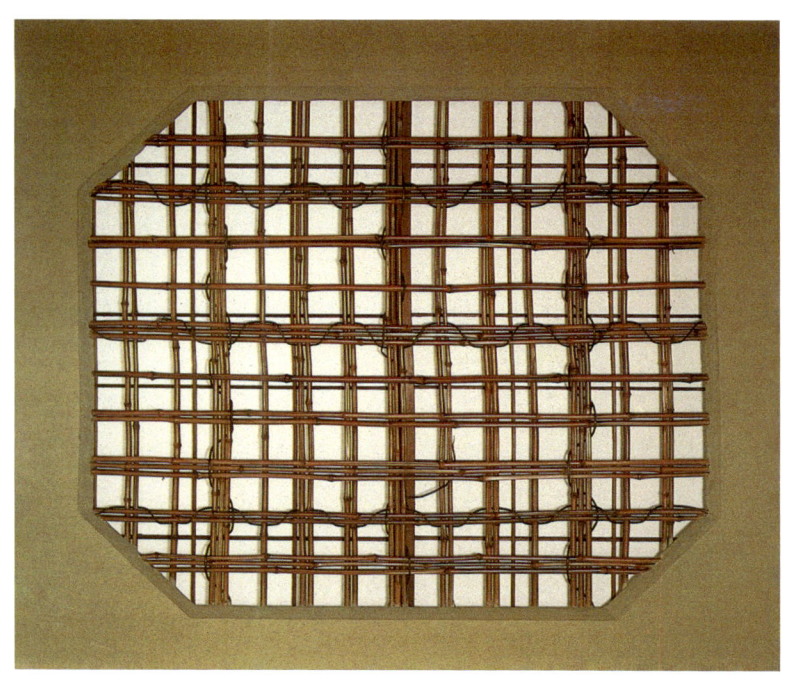

美浓幸 窗户
右上=走廊的窗户 左上=葫芦控间的窗户 中=法螺贝之间的窗户
右下=小茶室的窗户 左下=竹之间的窗户

山口邸 座敷
上＝壁龛结构　下＝栏间

山口邸 座敷
上＝从另一个房间看向座敷　下＝落挂

日本建筑集成　座敷的构成　　　　　　　　　　36

俵屋　翠之间
上＝床胁　下＝从床胁望向等候室
右＝从翠之间望向土间（区分屋内和屋外的狭小空间）

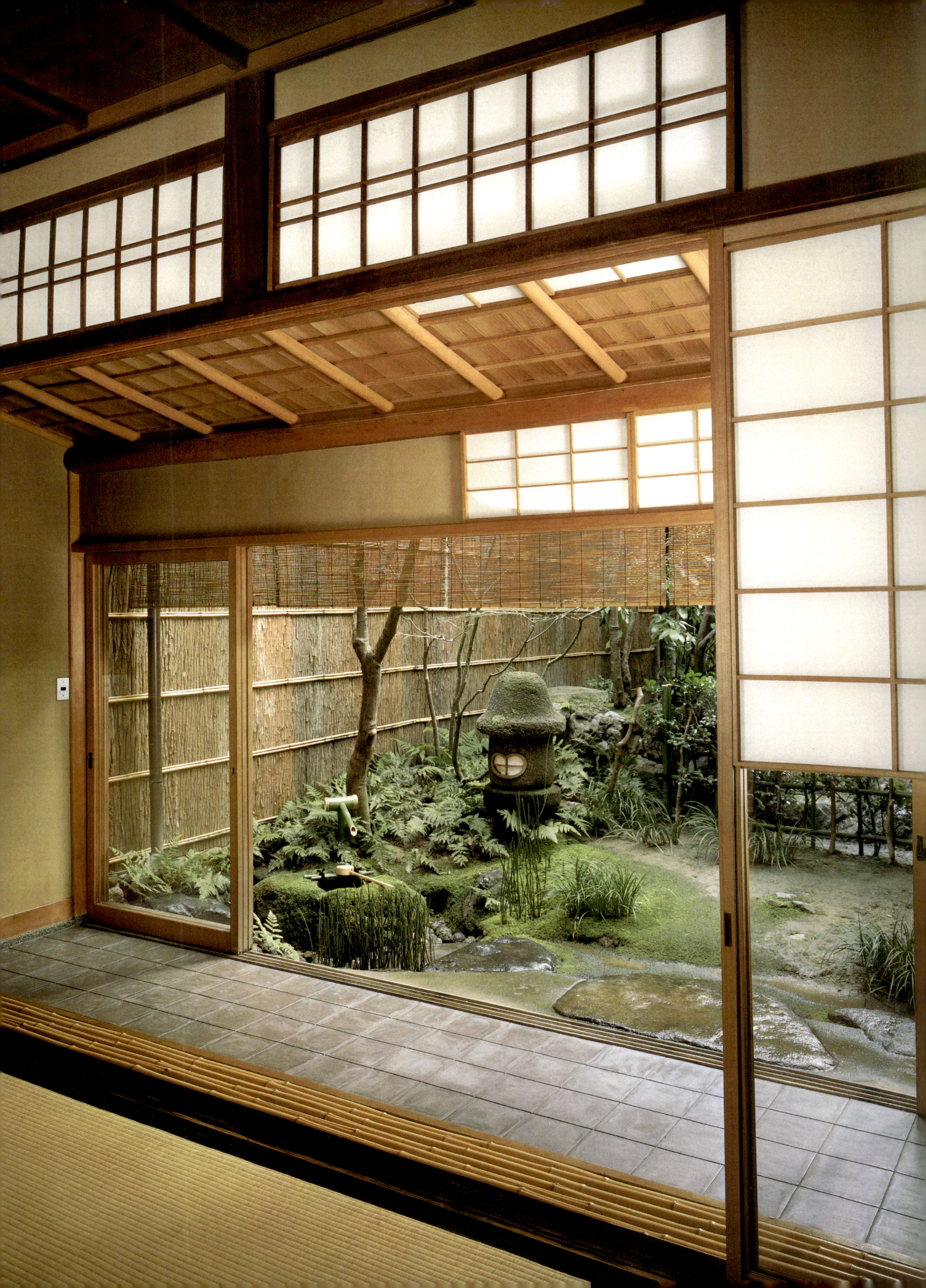

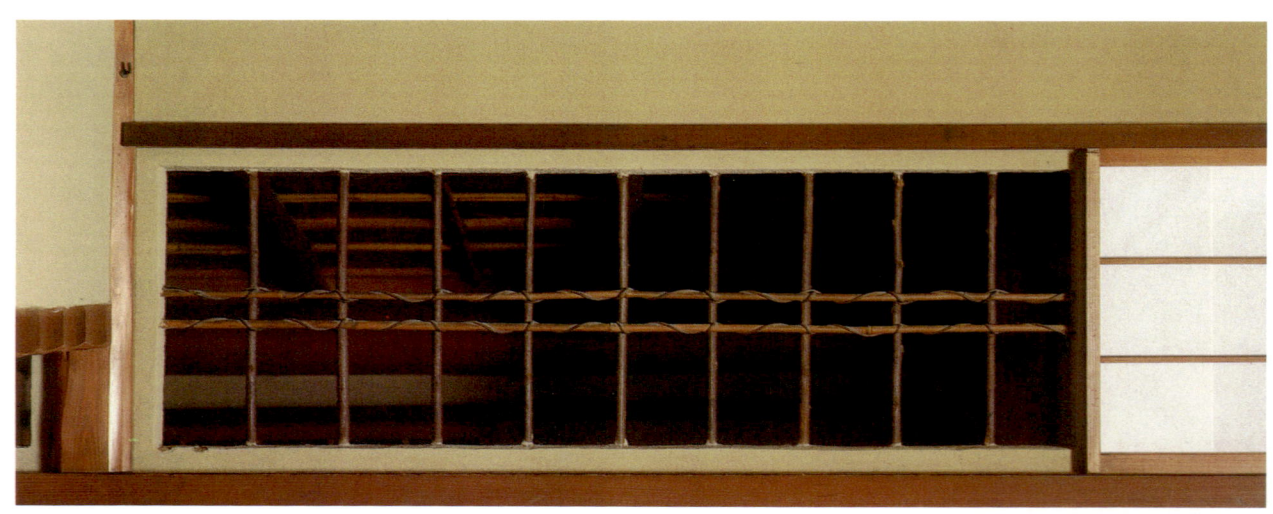

炭屋 栏间
从上往下＝月之间、永德间、井筒间、残月间的栏间

炭屋 栏间
从上往下＝一楼六铺席房间、二楼八铺席房间、二楼六铺席房间、克己庵的栏间

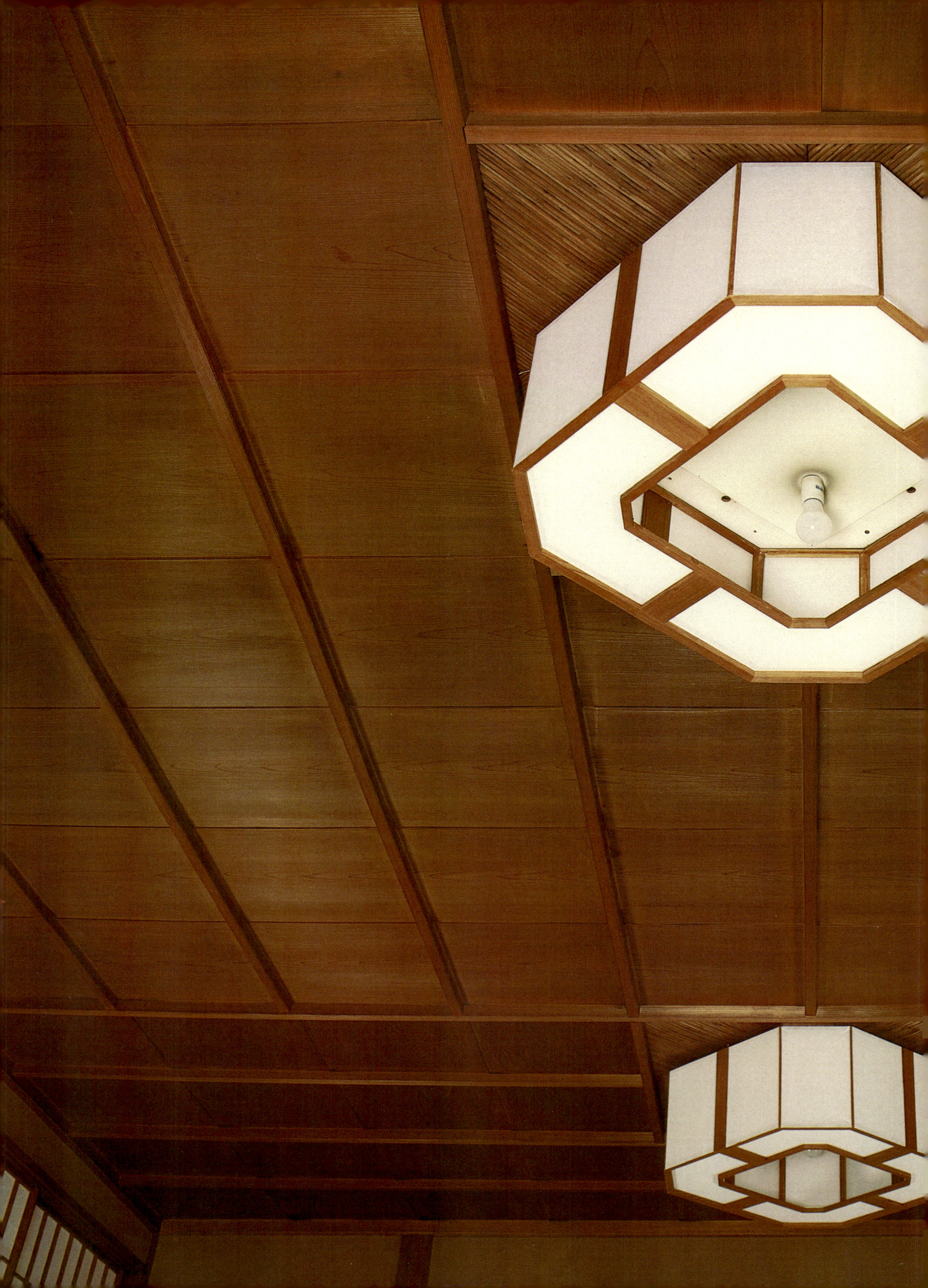

柊家 一楼十五铺席房间
左＝顶棚构成　上＝壁龛结构　下＝旁边的小房间

柊家 二楼西十一铺席房间 付书院

柊家 二楼北十一铺席房间 付书院

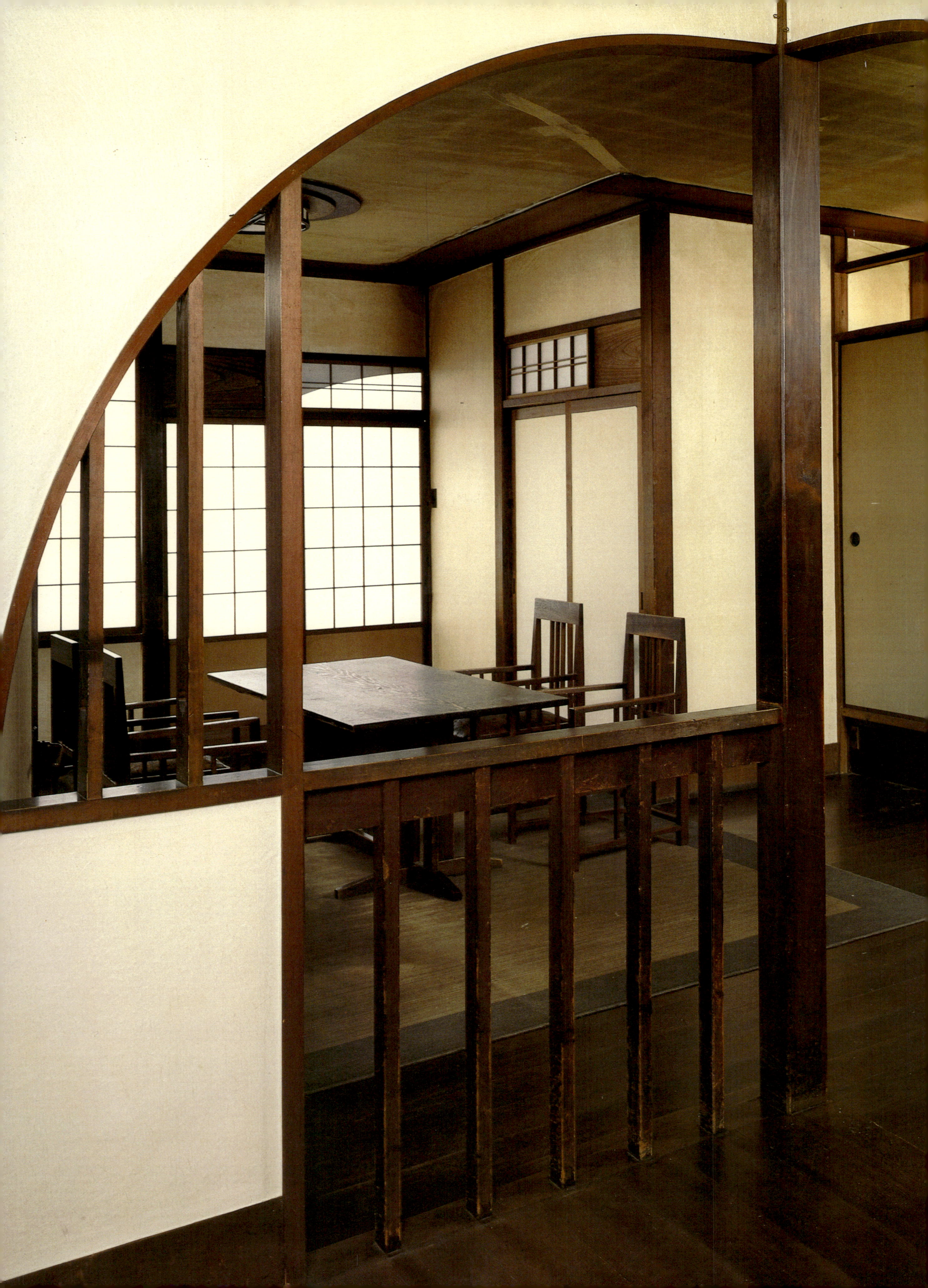

听竹居 客厅及和室
左＝从客厅看向餐厅　上＝客厅和迎接处的栏间

听竹居 客厅及和室
上＝从客厅看向和室　下＝和室 柜子

听竹居 客厅及和室 客厅的架子

听竹居 客厅及和室 从客厅看向宽走廊

设计图详解（一）

清流亭

大客厅

所在地：京都市左京区
施工：大松株式会社
设计：北村舍次郎
施工：不明
建造时间：明治末期

大正时代（1912—1926年）初期，塚本与三次共同经营着这个山庄。1915年，人们将其命名为"清流亭"。

本节介绍的大客厅有十铺席大（即10张榻榻米）。其中有一个两铺席大的壁龛，壁龛里面挂着"残月亭"三个大字。房间南侧有一个入口，入口外是一片清幽湿漉的沓脱石（用于换鞋的石头）。

庭院的入口处的门楣高五尺八寸（1尺约为33厘米，1寸约为3厘米），小墙的栏间上装饰着满面的方竹格。客厅和门口处的栏间也用了同样的手法。大客厅里的栏间，从室内看像是一块小墙壁，从室外看则像是带有方形图案的格子窗。虽说壁龛里挂着"残月亭"三字，但其与"本歌"（真正的残月亭）相比仍有诸多不同。首先，壁龛柱使用的是棱柱，付书院处也没有设计装饰性屋顶。另外，此处的壁龛框涂了真漆，落挂两边高度相同。付书院拉窗的木条排列得很密，和真正的残月亭风格完全不同。总体来说，将残月亭原有的温婉改造成了坚硬的书院风。

另外，在真正的残月亭里，茶室与邻间拉门上的栏间处镶嵌着桐木板，上面镂空雕刻花纹。而本节中的客厅的栏间处使用一块块扇面。扇面上有吴春、景文、清辉、应举、丰彦等著名画家的画。这种栏间和付书院的设计，散发出一种浑然天成的感觉。

在真正的残月亭中，壁龛框和落挂都使用的是圆木。为了让圆木的下端保持光滑，工匠们可谓煞费苦心。而本节介绍的大客厅的落挂处保留了树木表皮。

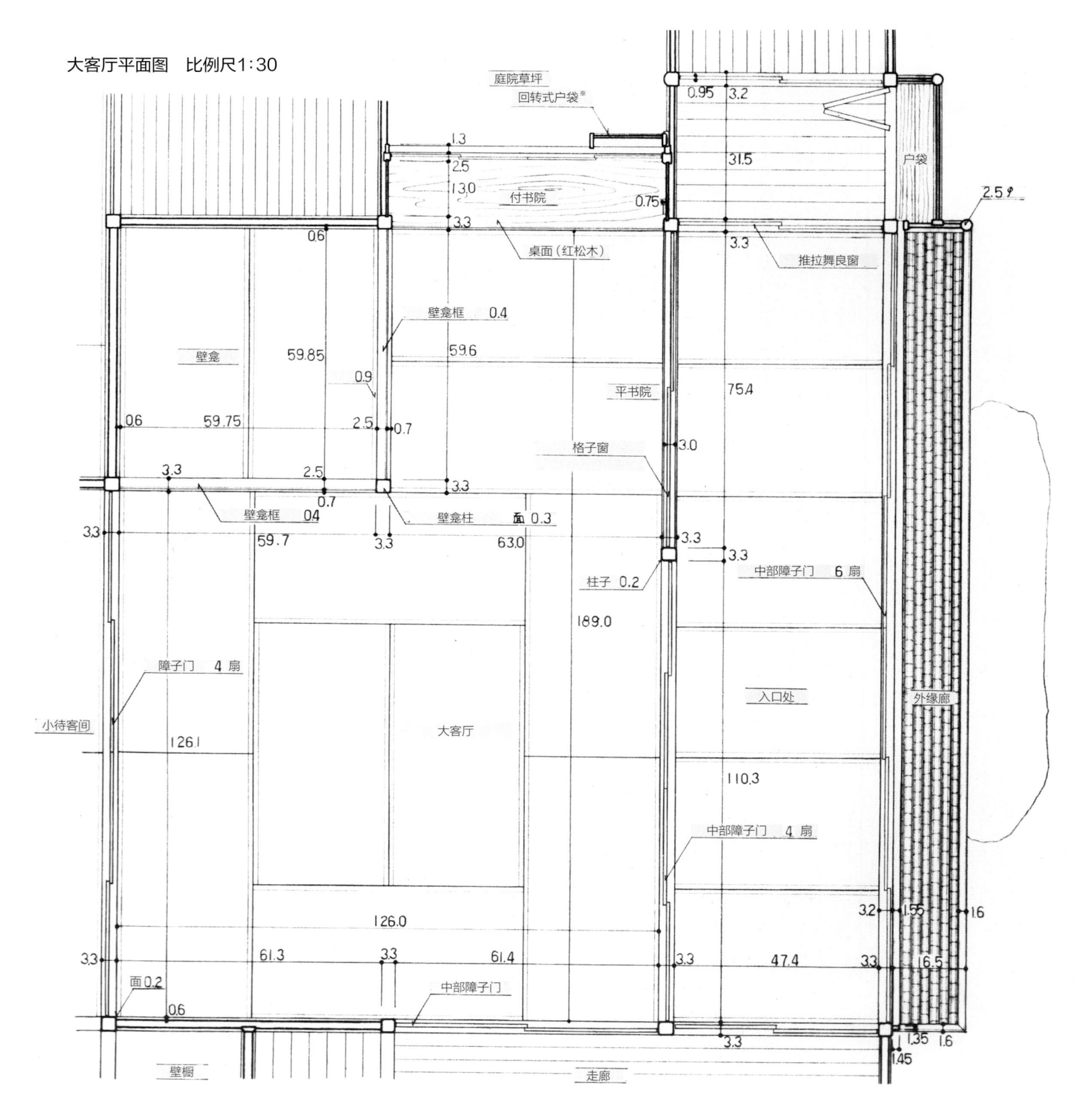

大客厅平面图　比例尺1：30

清流亭　实测图

※户袋：收纳防雨窗的箱状物。

据说北村舍次郎也参与了大客厅的建设，应该是为其师父上坂栋梁打下手。

旁边的房间中，面向壁龛的那张席子被称为点前座（茶席中主人的位置）。

总体上，这个大客厅通过改变设计的基调，营造出独特的座敷风格。

大客厅 壁龛柱和壁龛框

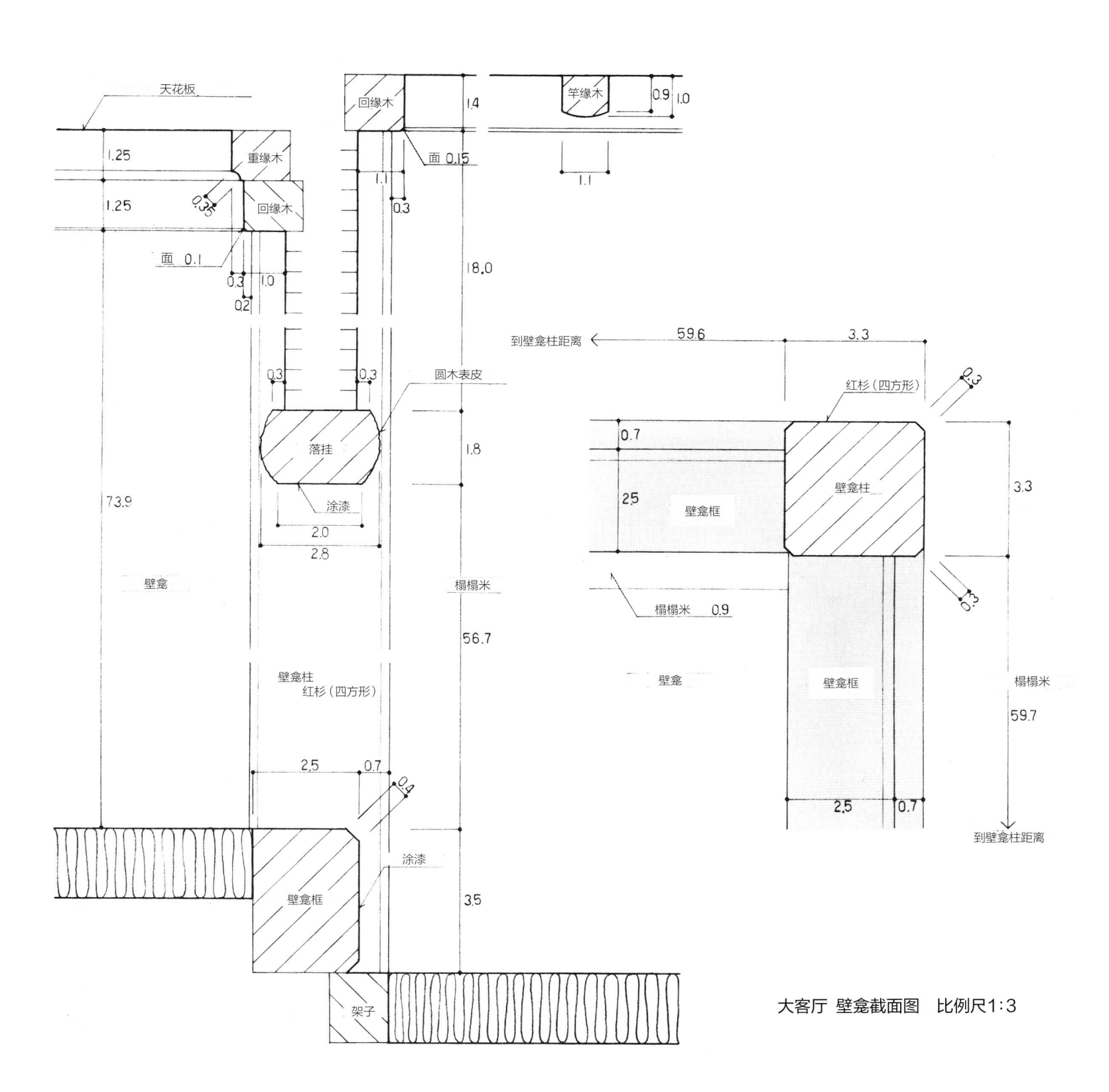

大客厅 壁龛截面图 比例尺1:3

清流亭 实测图

大客厅 壁龛的顶棚

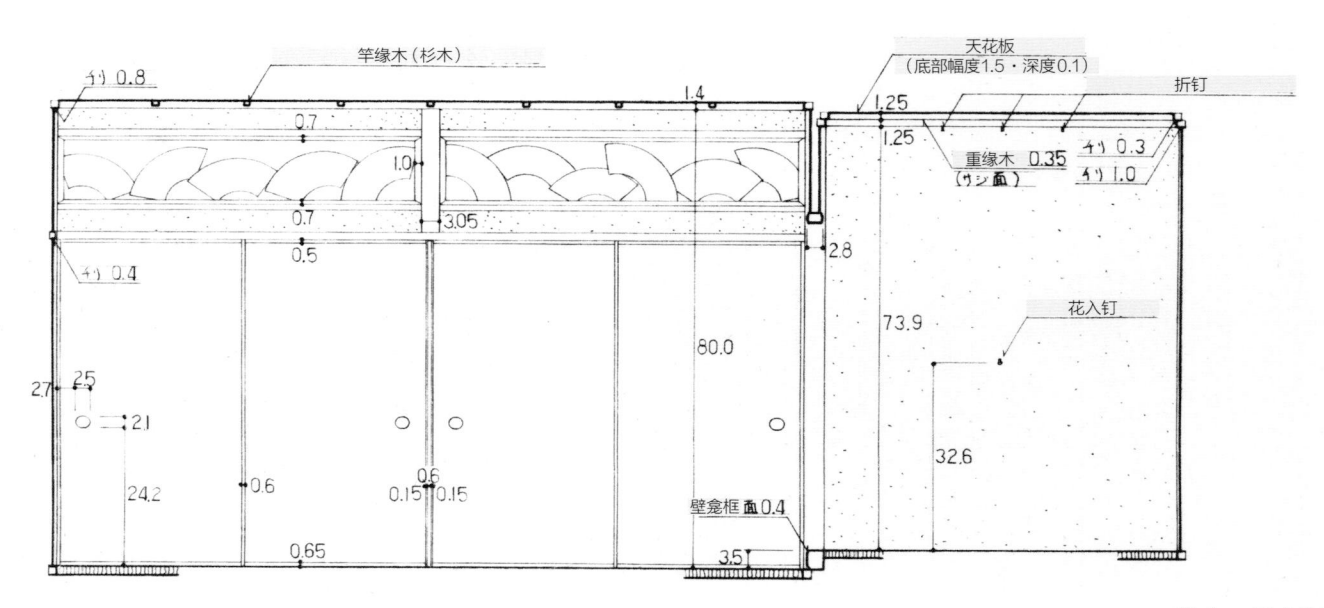

壁龛一侧（北侧）

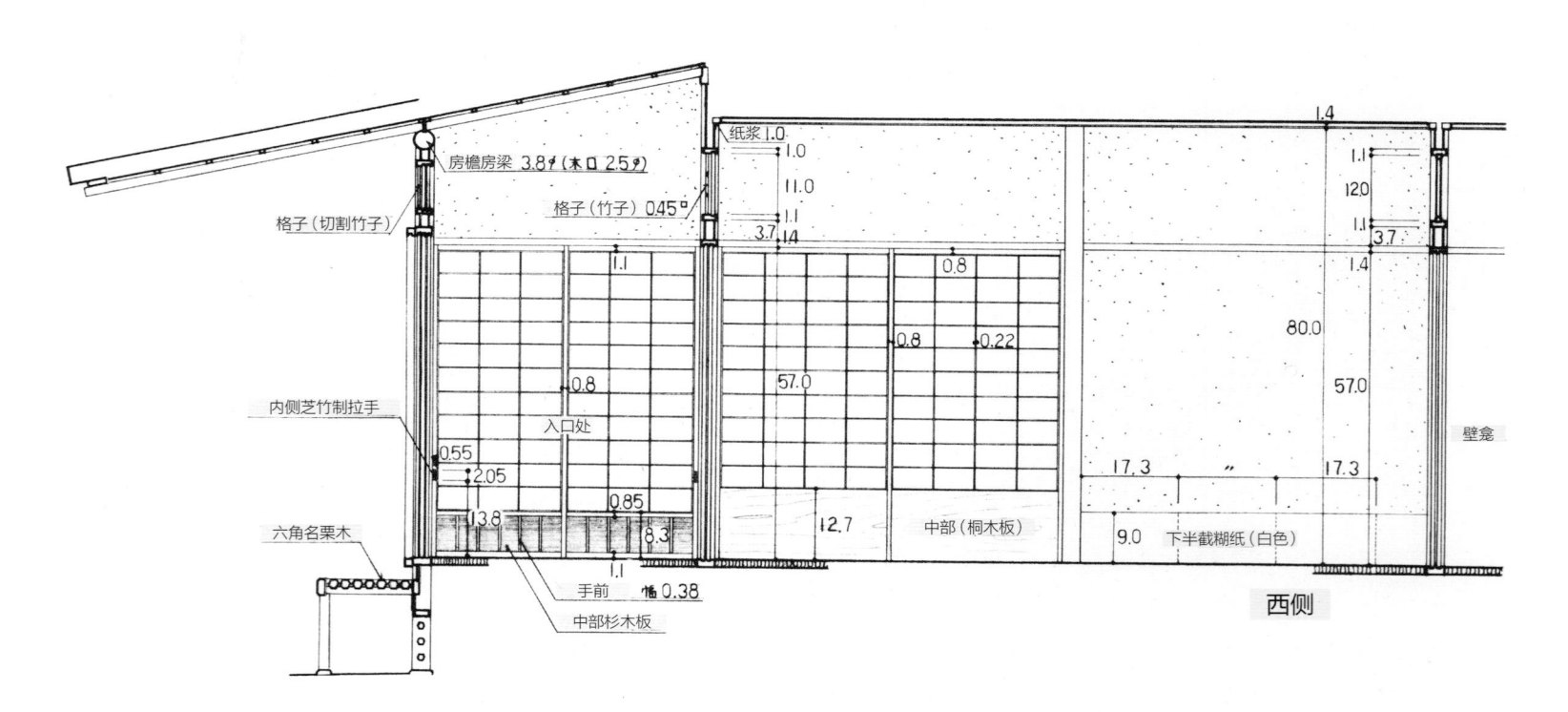

清流亭　实测图

大客厅 入口处栏间（外侧）

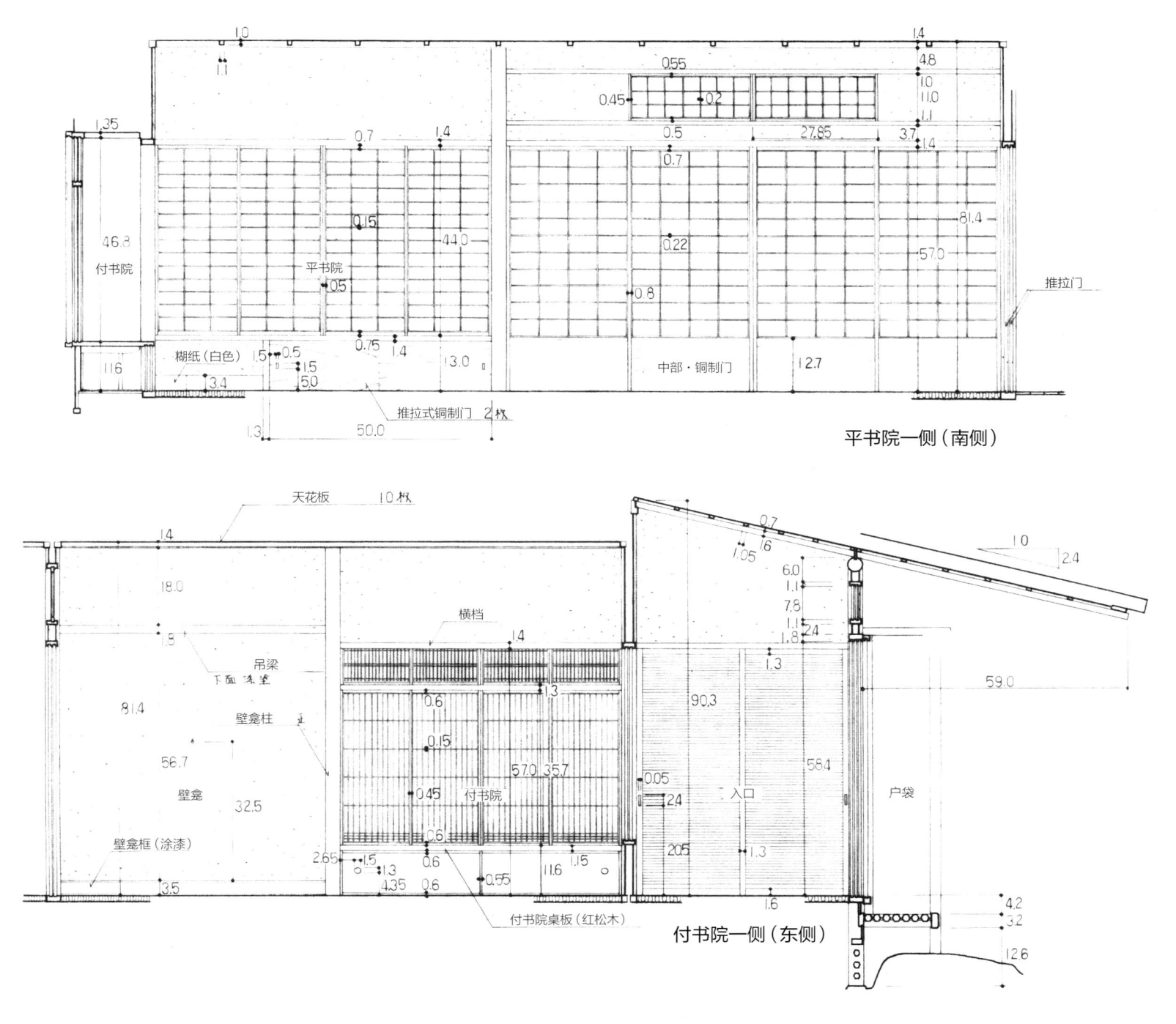

平书院一侧（南侧）

付书院一侧（东侧）

大客厅展开图　比例尺1:30

清流亭　实测图

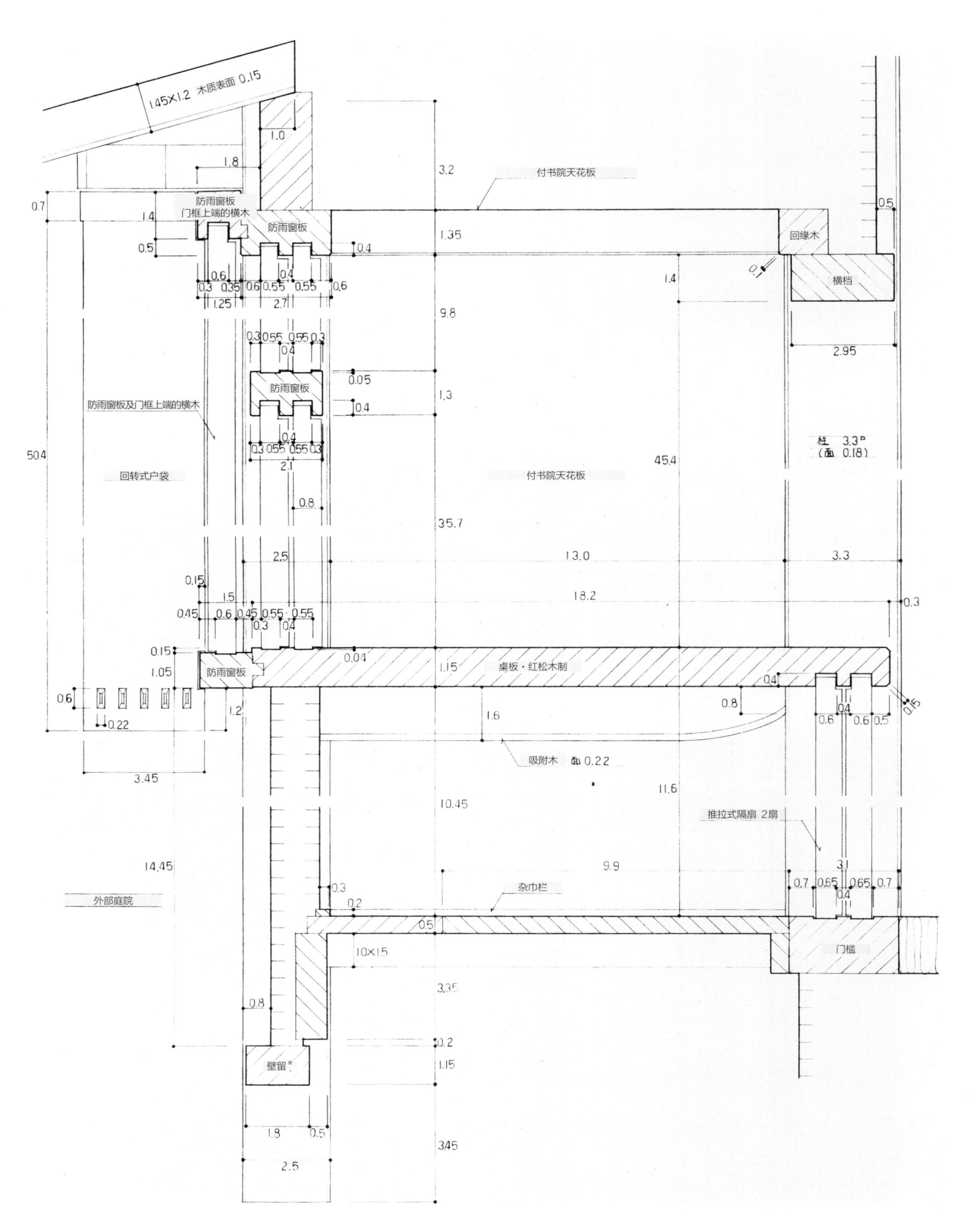

日本建筑集成　座敷的构成

付书院截面图　比例尺1:30

清流亭　实测图

※壁留：门上方与墙壁相接处的木头

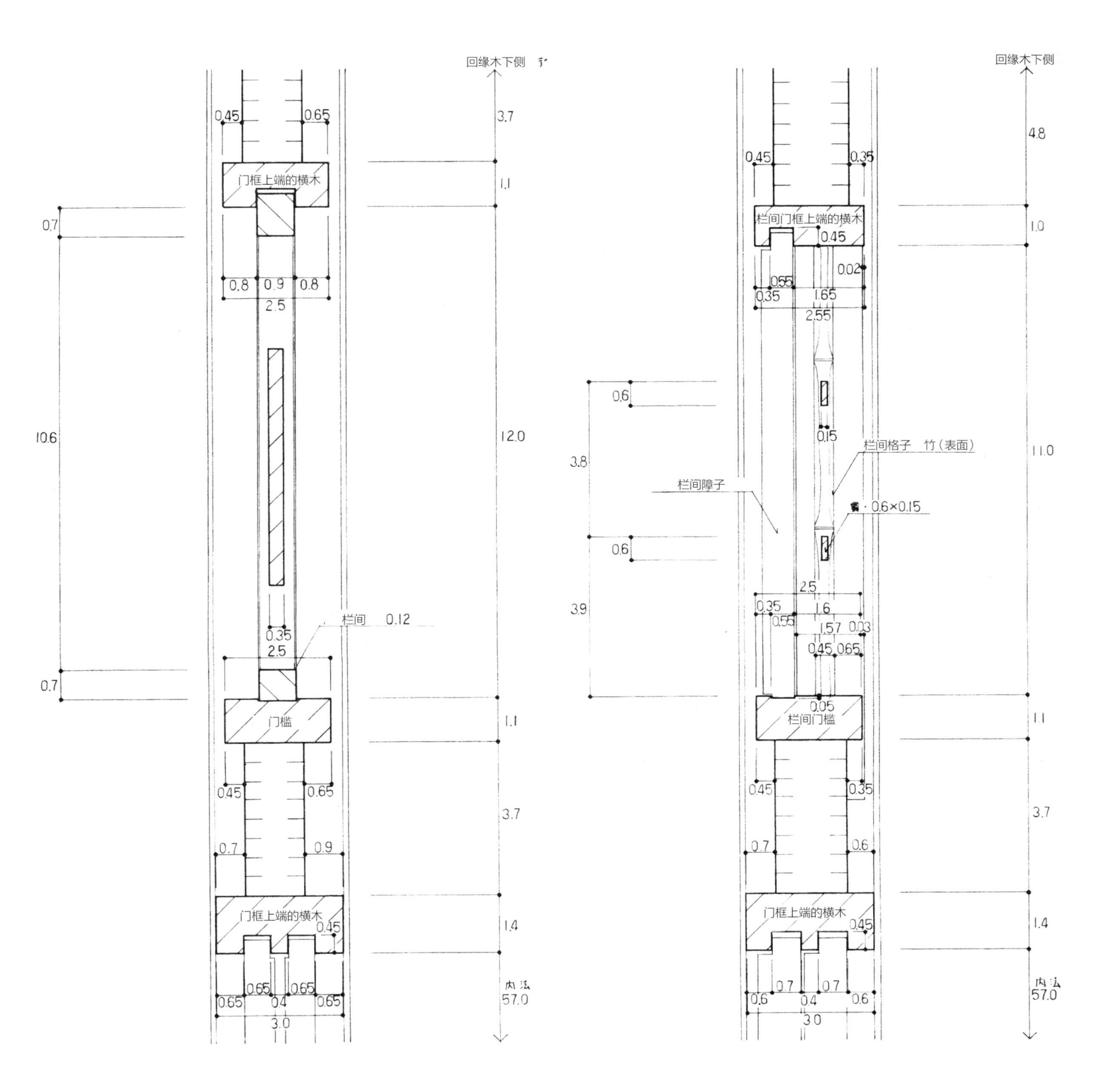

大客厅 北侧格窗截面图　比例尺1:3

南侧格窗截面图　比例尺1:3

清流亭　实测图

平书院截面图 比例尺 1:3

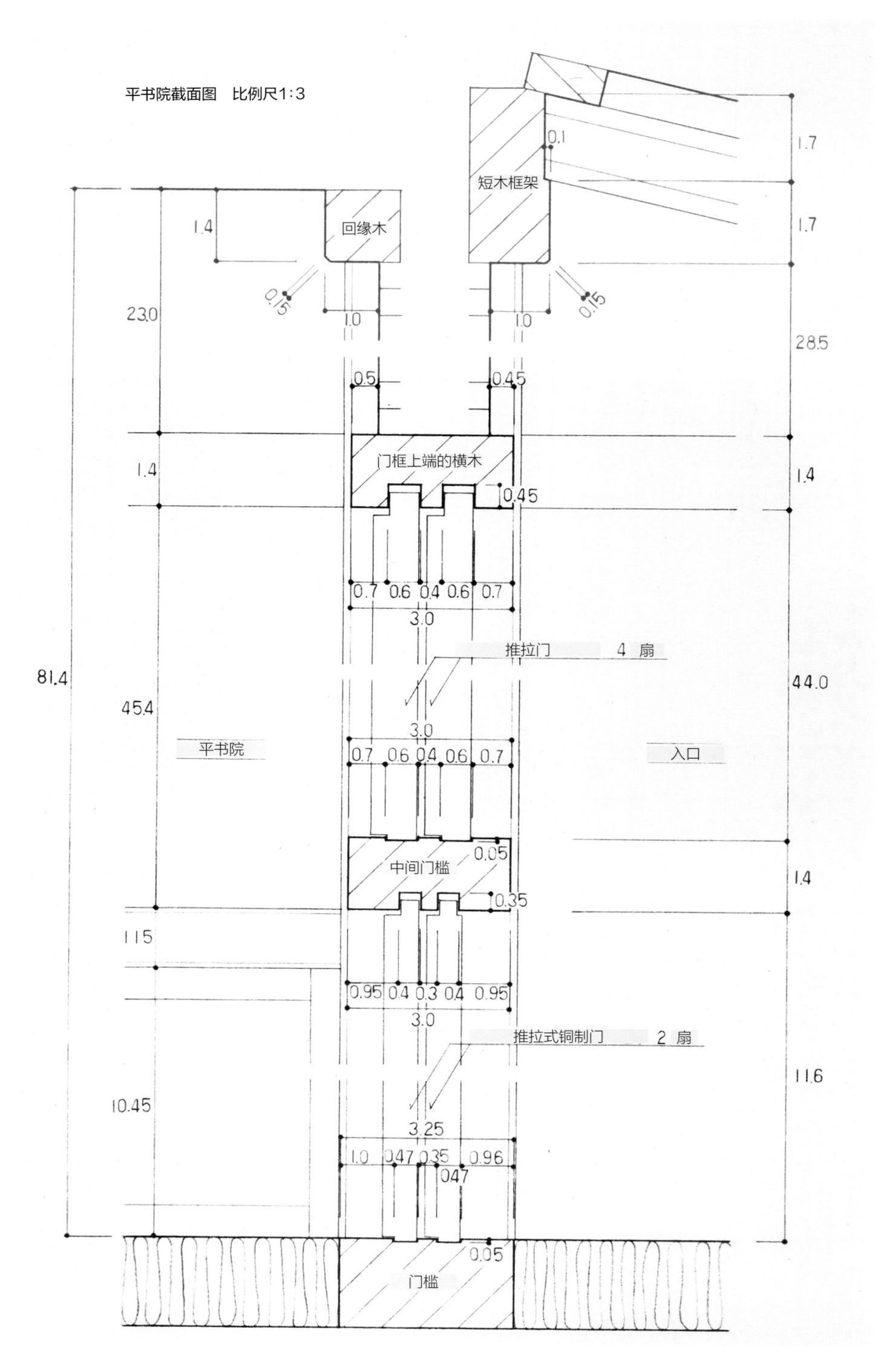

平书院

回缘木

短木框架

门框上端的横木

推拉门　4 扇

入口

中间门槛

推拉式铜制门　2 扇

门槛

清流亭　实测图

七铺席茶室

建造时间 明治末期
设计 北村舍次郎
施工 不明

这个房间原本是六铺席的房间，再加上壁龛旁边的部分，就构成了七铺席房间。以炉子为隔断，壁龛旁边两扇纸拉门的对面，就是水屋。这个房间被当作茶室使用。

在壁龛柱处设置壁挂，起到把茶室一分为二的作用。壁龛前面是高七尺一寸多的竹竿绿式天花板，其他地方则为小丸太木的舟庭天花板。

距离壁龛稍远处设计了书院。书院的房檐面向庭院，贵人门和中门槛窗都是打开的。

这样的结构让我想起了里千家的寒云亭。寒云亭是八铺席大的茶室，天花板不高。壁龛旁边用隔扇隔开，布局与本节的茶室完全不一样。但是在壁龛和书院分开设计，房间构成和天花板设计手法等方面二者的共同点还是比较多的。在8张榻榻米大的空间，寒云亭有着很高的完成度，其中地炉放在四铺席半的地方。本节中的茶室多少效仿了寒云亭的设计。

客座的后面，隔着两个拉门的出入口，是三铺席大的前室。必要时可以去掉拉门，扩大茶室面积，增加座位。檐廊很宽敞，一直延伸到了水屋，这样的设计别有一番趣味。

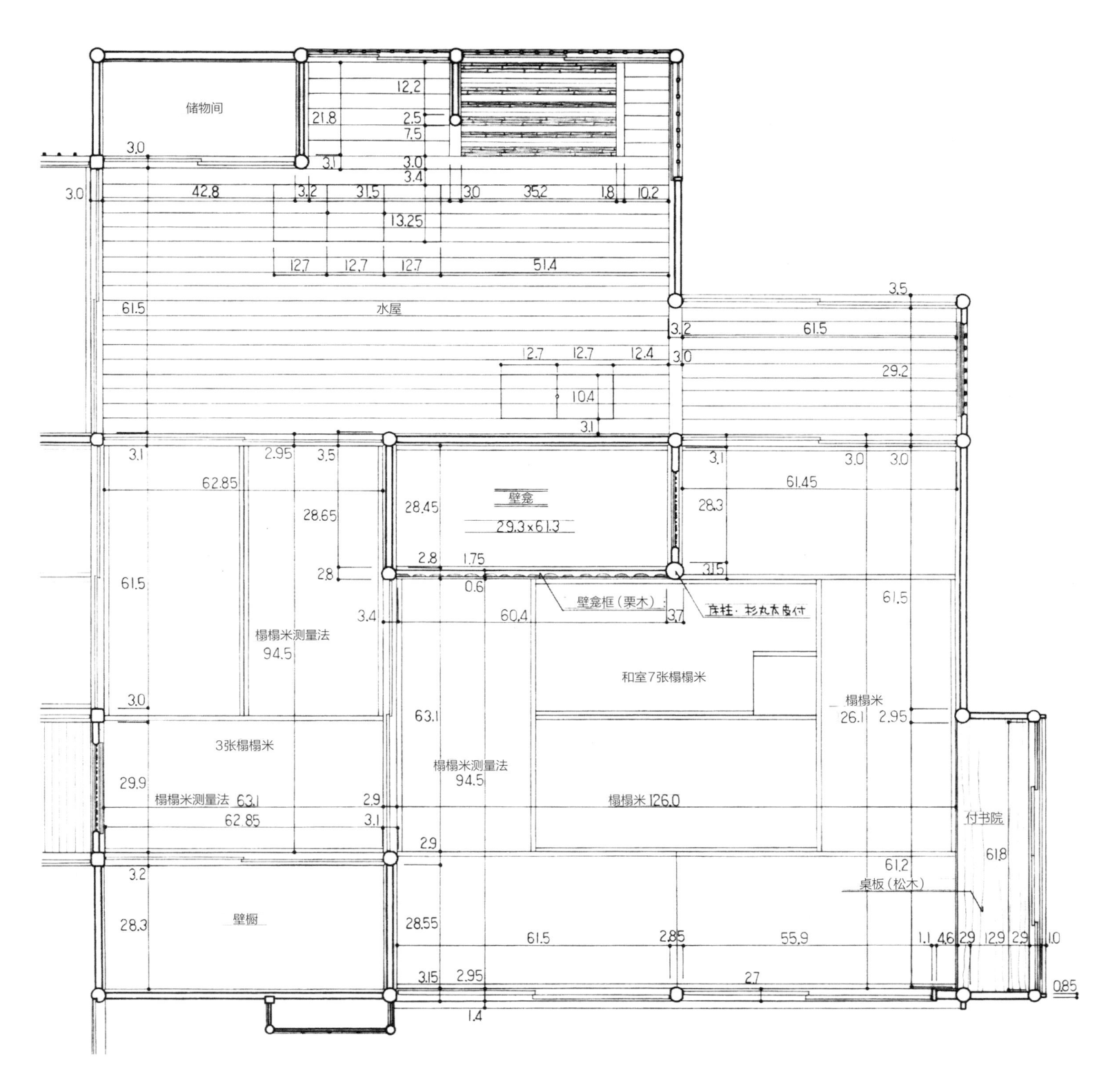

七铺席茶室平面图　比例尺1:30

清流亭　实测图

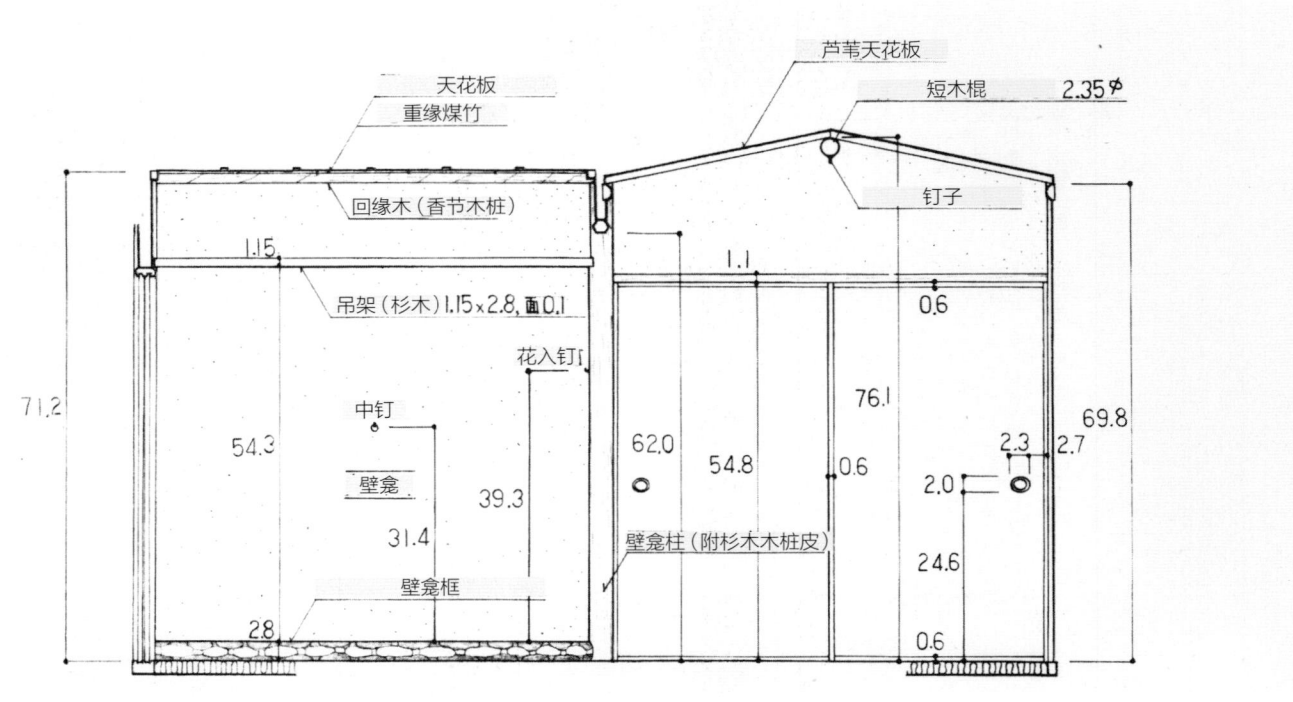

壁龛一侧（西侧）

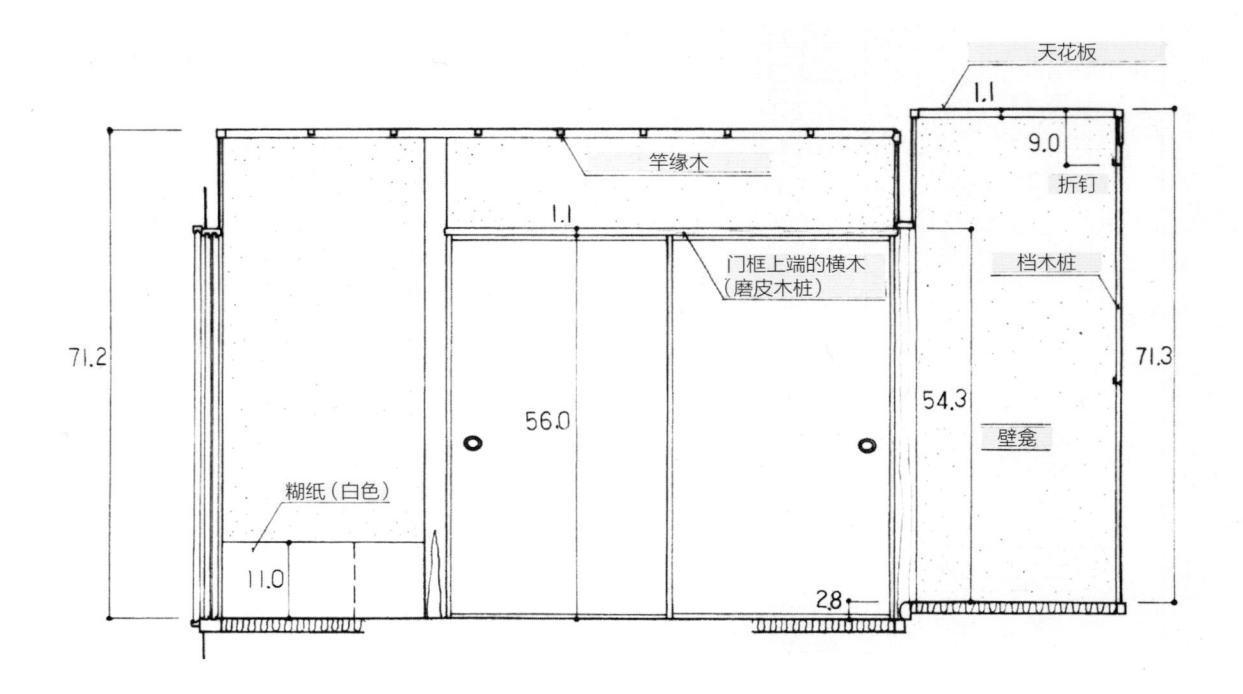

南侧

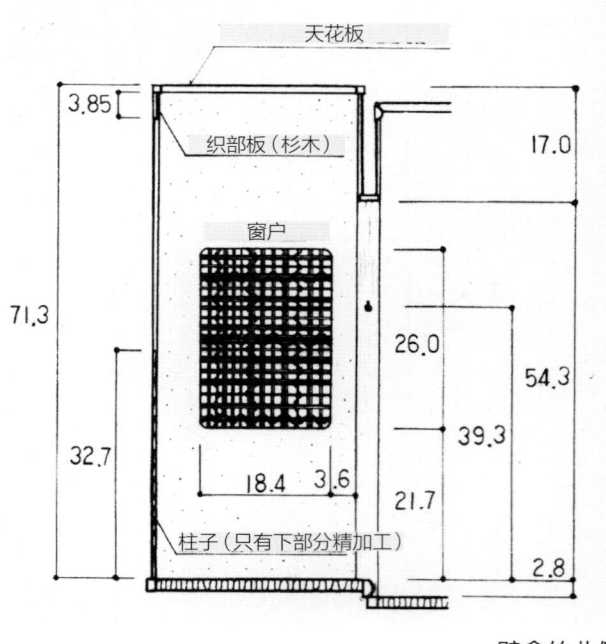

壁龛的北侧

清流亭　实测图

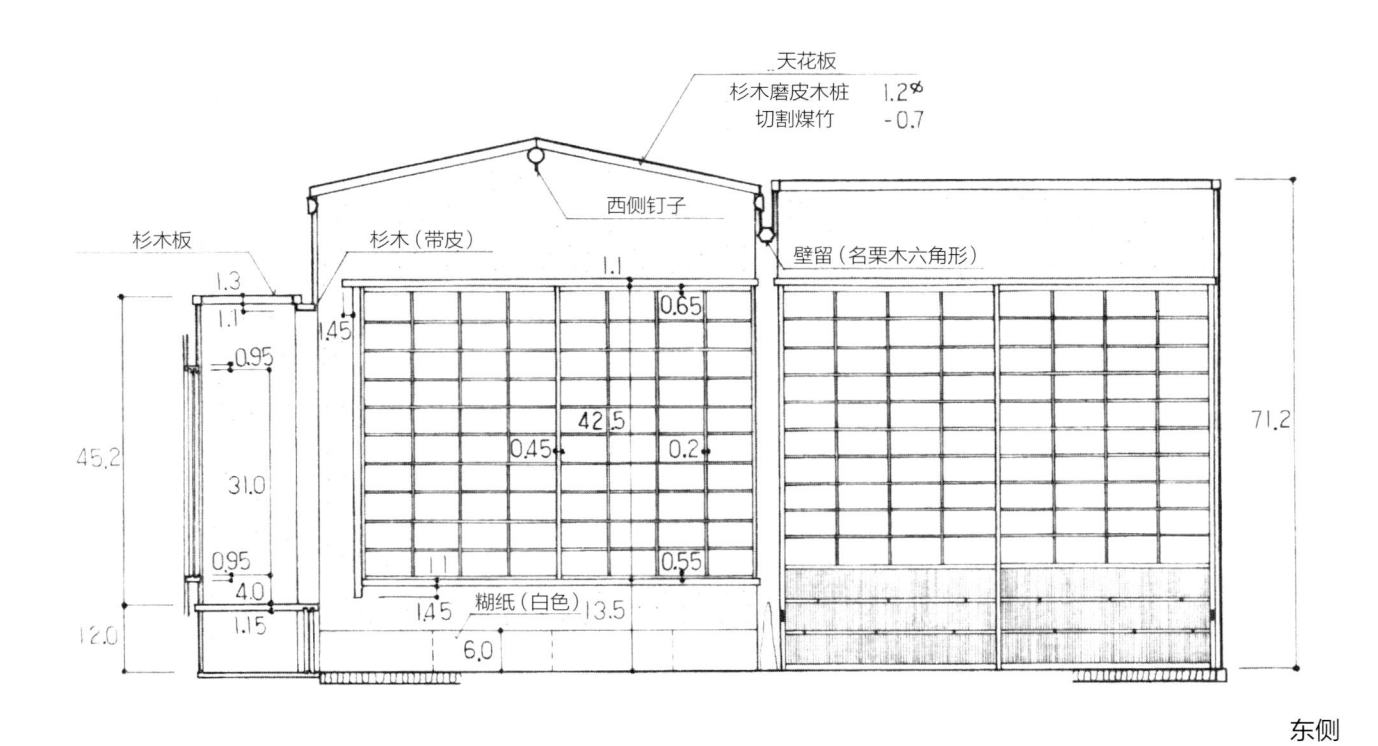

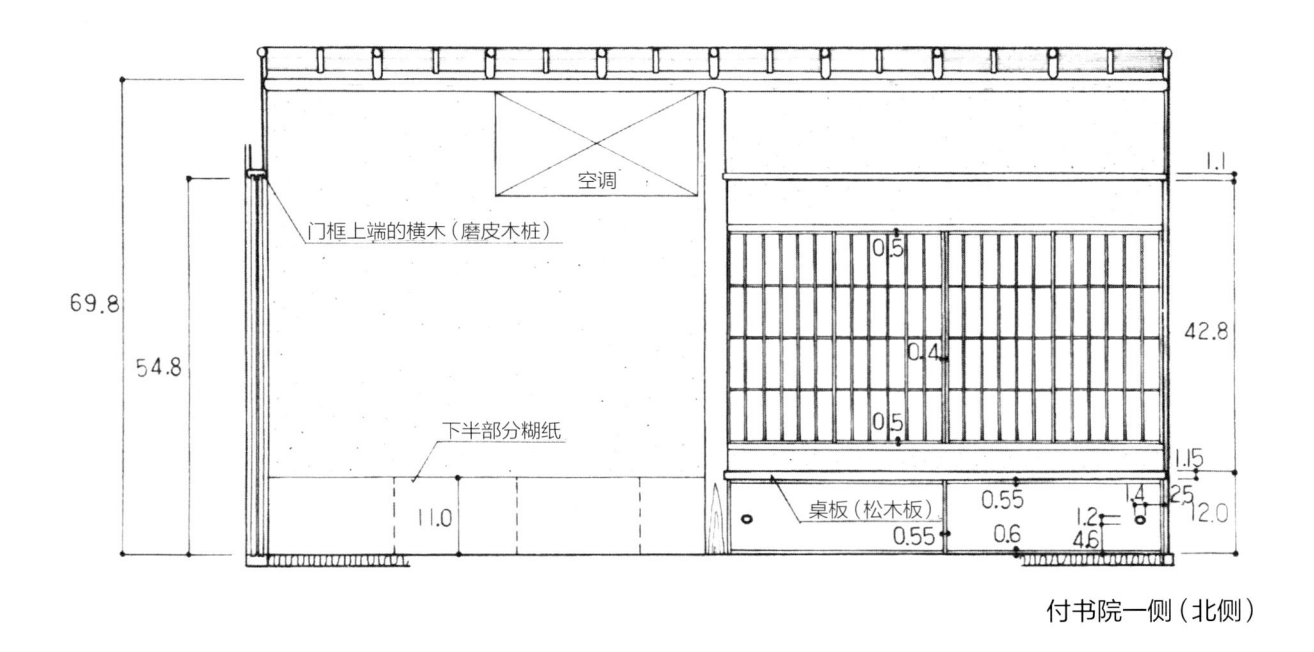

七铺席茶室展开图　比例尺1:30

清流亭　实测图

走廊 照明灯　　　　　　　　　　照明灯　　　　　　　　　　　　内玄关 照明灯

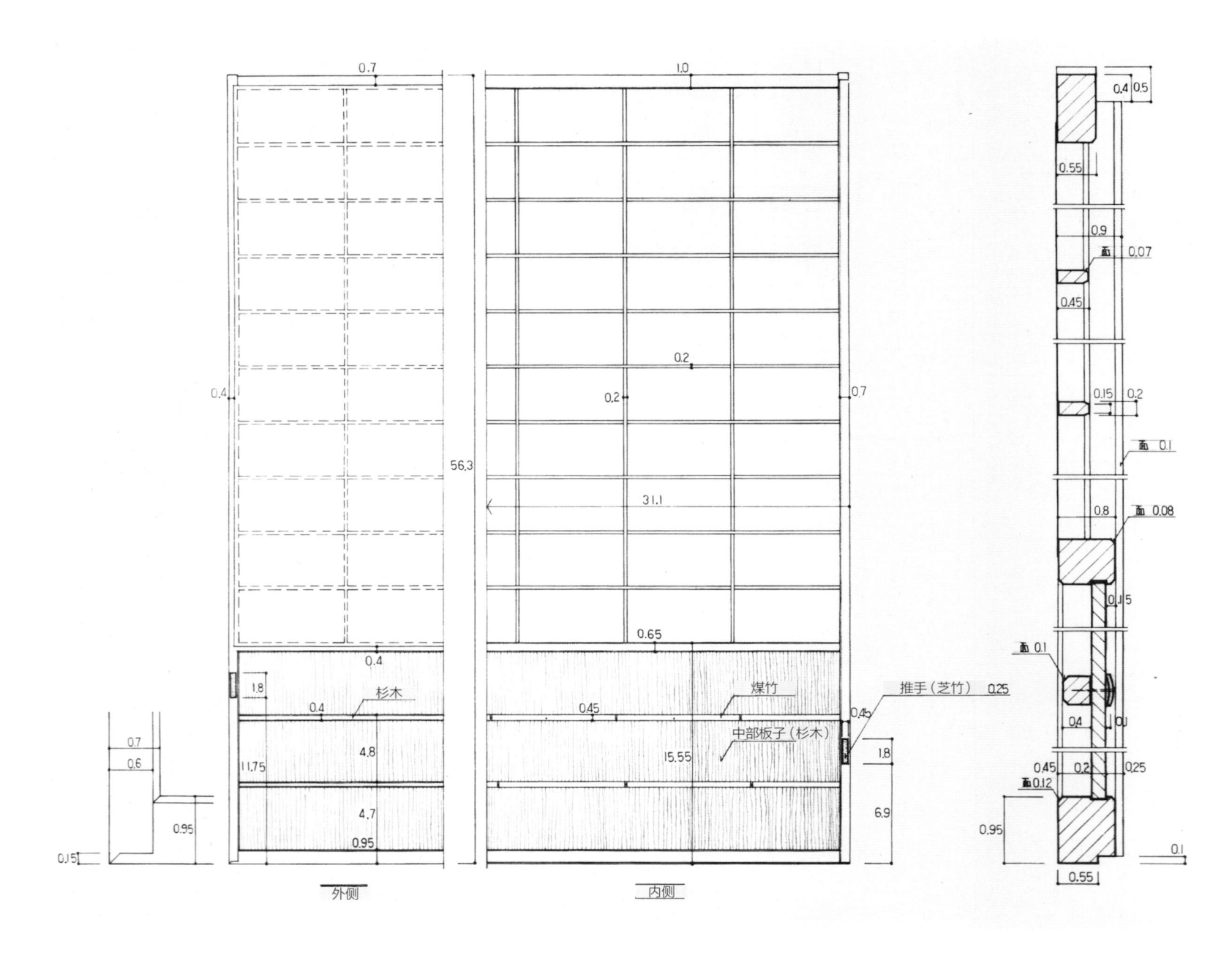

东侧纸拉门图　比例尺1:10

清流亭　实测图

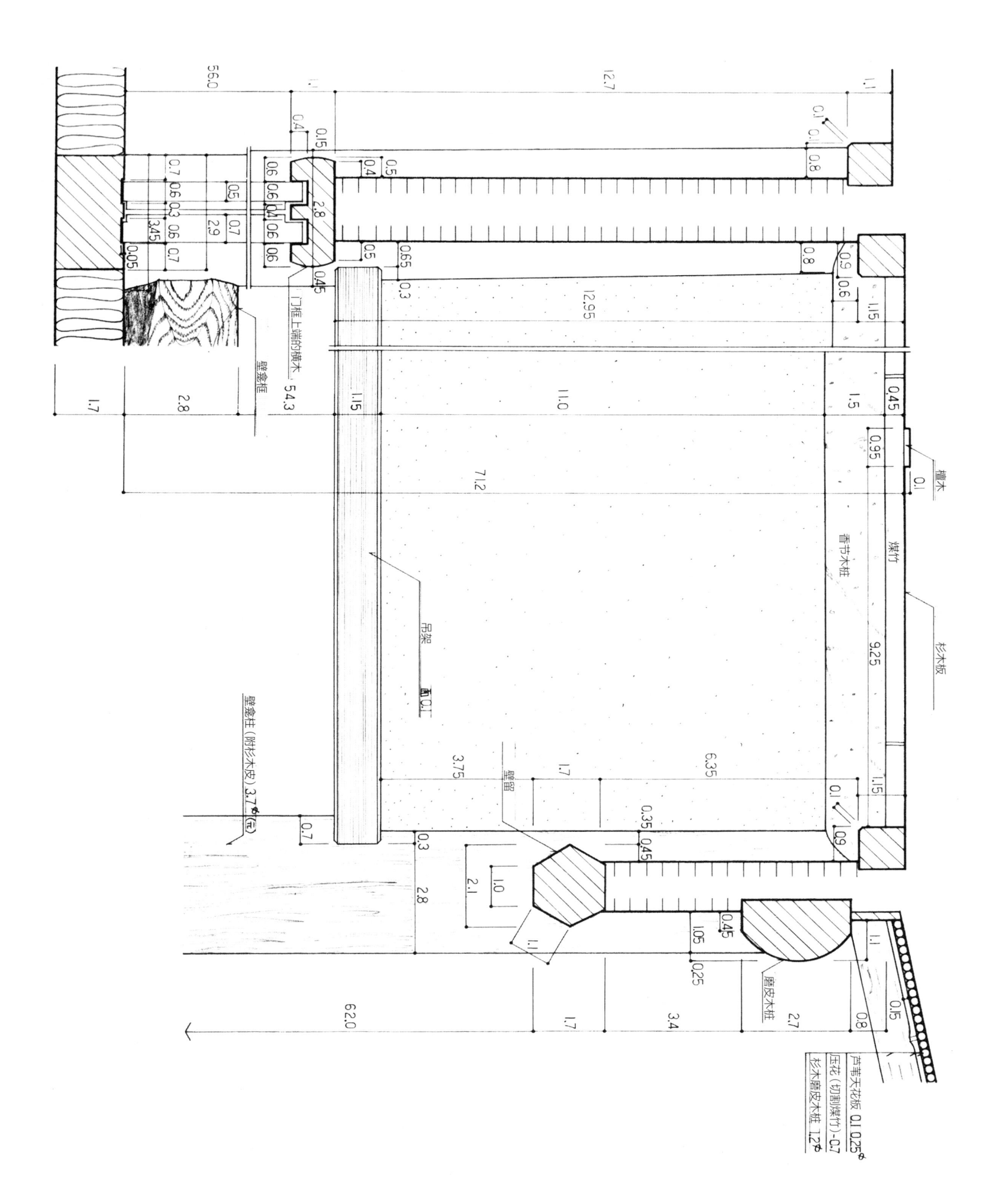

七铺席茶室 壁龛一侧截面图 比例尺1:3

清流亭 实测图

水屋 清洗台

水屋的天花板

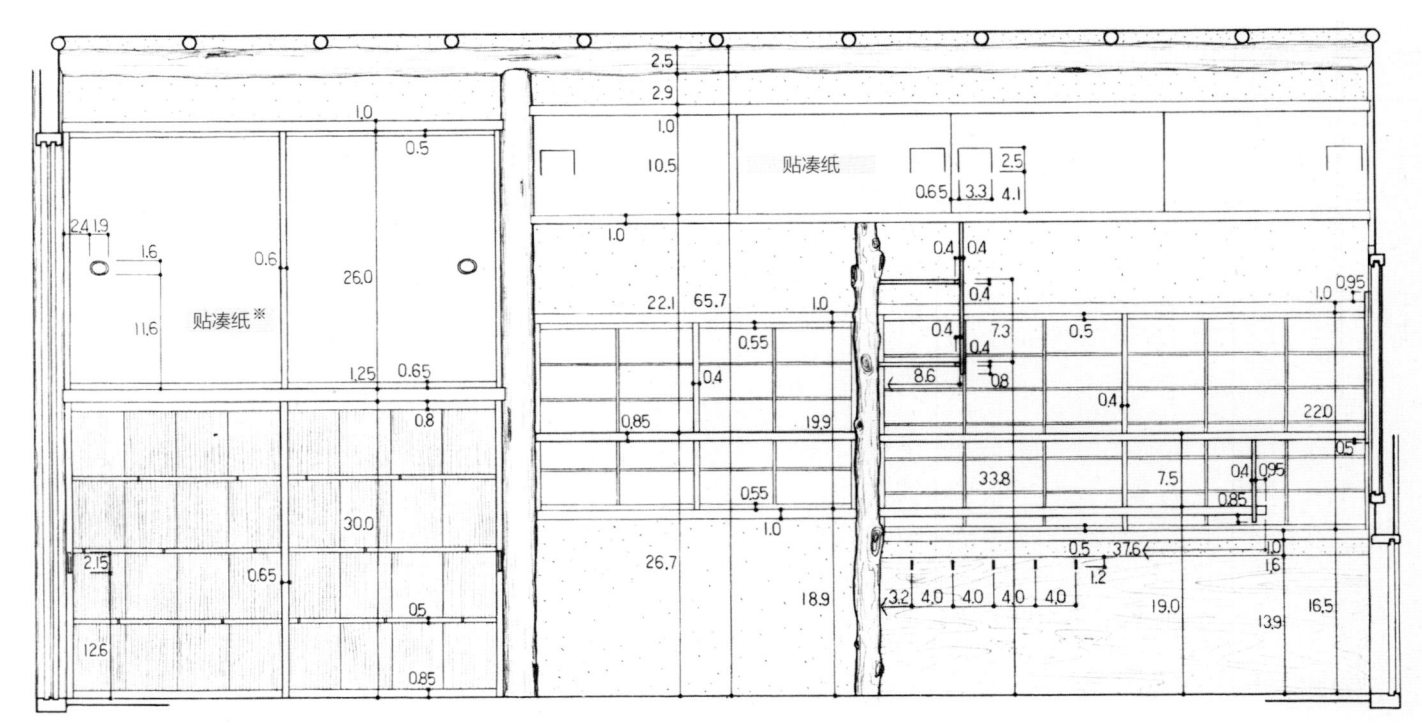

水屋正面图　比例尺1:20

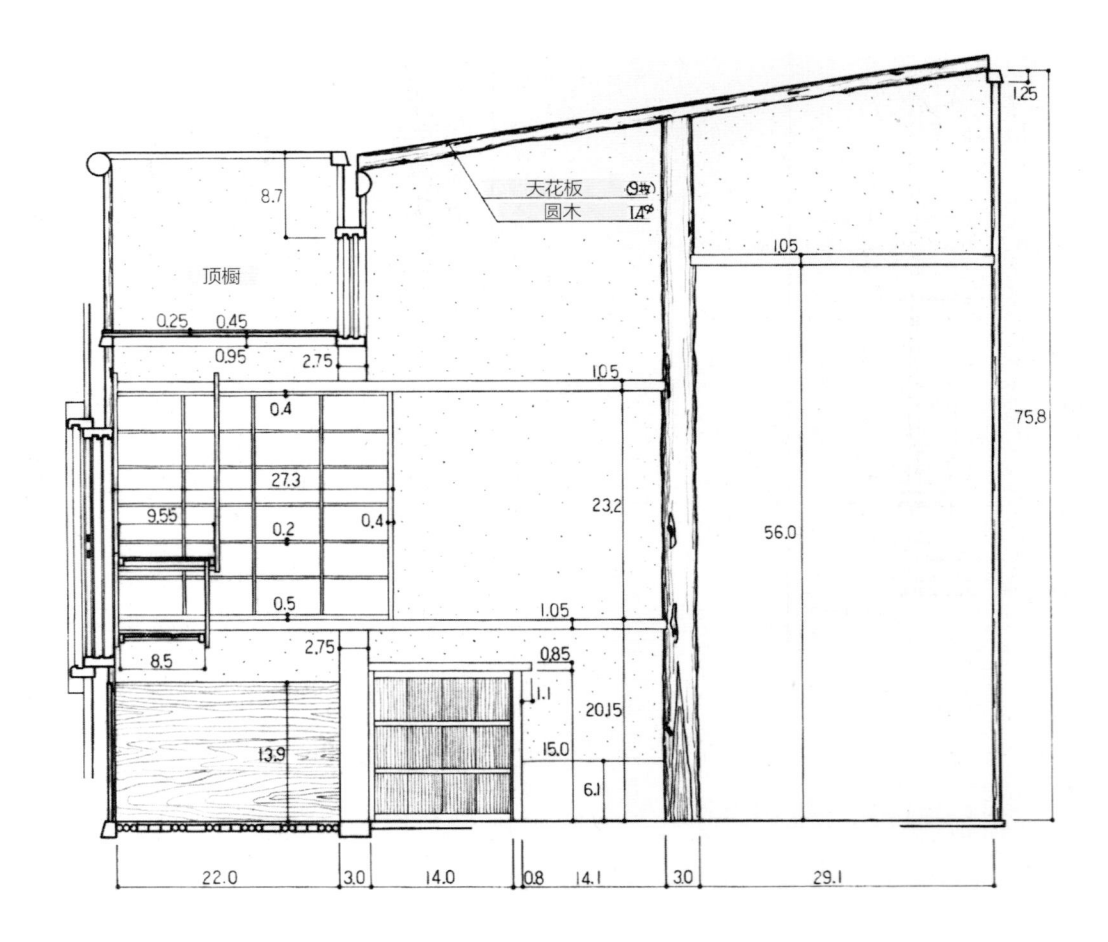

七铺席茶室　水屋截面图　比例尺1:20

清流亭　实测图

※湊纸是一种和纸。

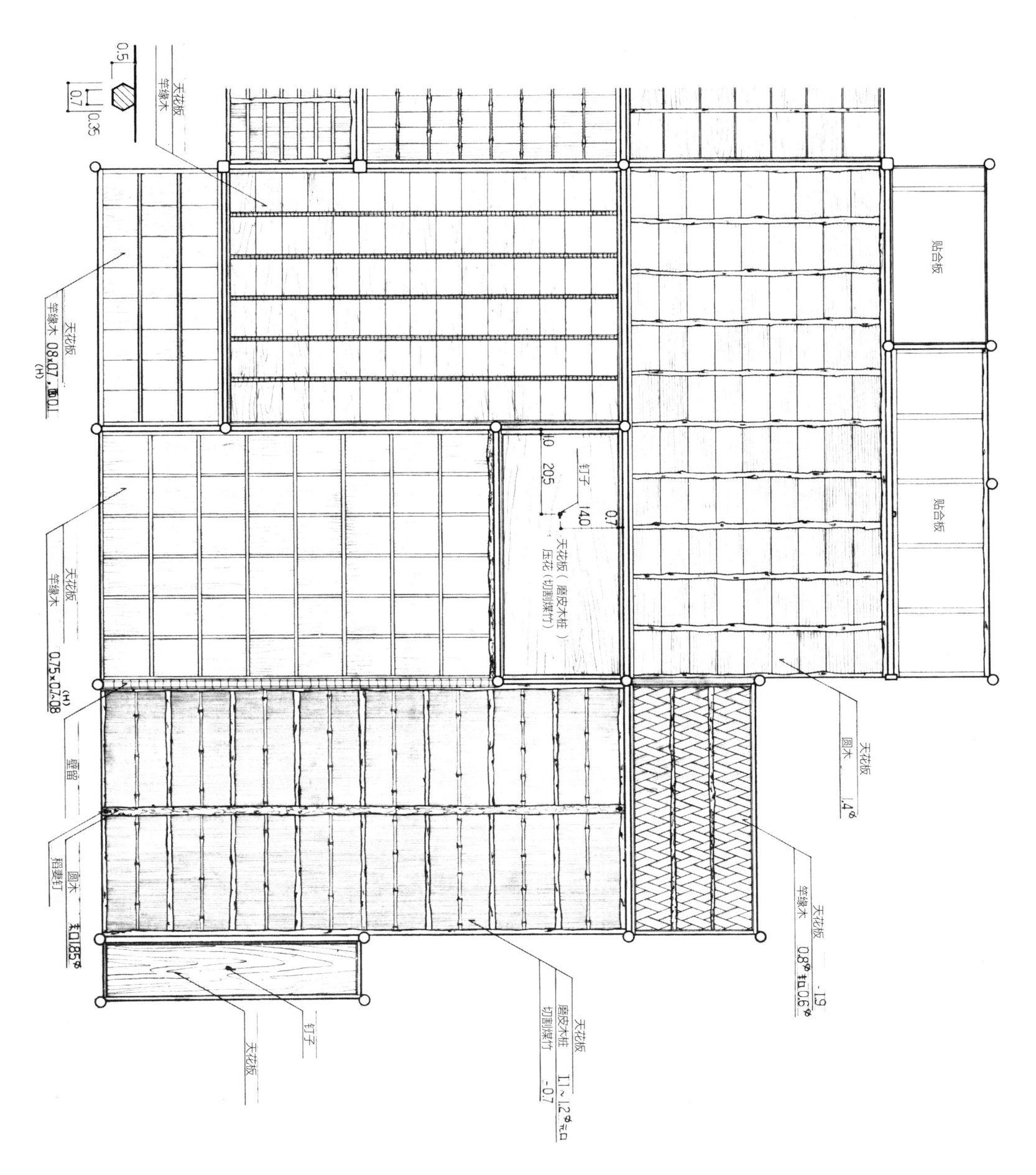

七铺席茶室 天花板详解图　比例尺1:30

清流亭　实测图

大客厅

建造时间 明治末期
设计 北村舍次郎
施工 不明

北村邸

施工 北村谨次郎
所在地 京都市上京区

北村邸的"四君子苑"是能工巧匠将主人数寄的构想完美展现在建筑物上的实例，可谓是京都数寄屋建筑的典范。四君子苑的设计者是北村舍次郎，他还设计建造了野村碧云庄。四君子苑是他的代表作。

本节介绍的大客厅位于珍散莲茶室东边稍高的地方，通过走廊连接茶室和水屋。这种布局是为了茶事活动而特意设计的。

大客厅的北侧是宽檐廊，东侧是深深的土房檐，南侧是七铺席大的次间。柱子主要使用了磨皮圆木。栏间高五尺七寸，天花板高七尺多。室内空间很低，是一间非常静谧的榻榻米房间。北侧的西一间有两扇纸拉门，显得更加安静。壁龛边界上的涂色也很温和、自然。房间整体的结构和木质框架都固定得很严实，没有一点缝隙。但是也没有特别引人注目的设计，顶多是在隔扇拉手上进行了精心设计。然而，这种不引人注目的用心正是设计者的目的。这是一种不露痕迹的匠心。

与设计相对，用材的斟酌和用法则比较引人注目。整个房间都用了没有任何瑕疵的好木材。圆形柱子下部有一点杂质。隔壁房间的栏间以及漂亮的天花板，都非常引人注目。隔扇的腰板用的是很宽的竖条单杢板。榻榻米房间所有木制品都经过仔细斟酌，充满深受设计师们喜爱的元素。

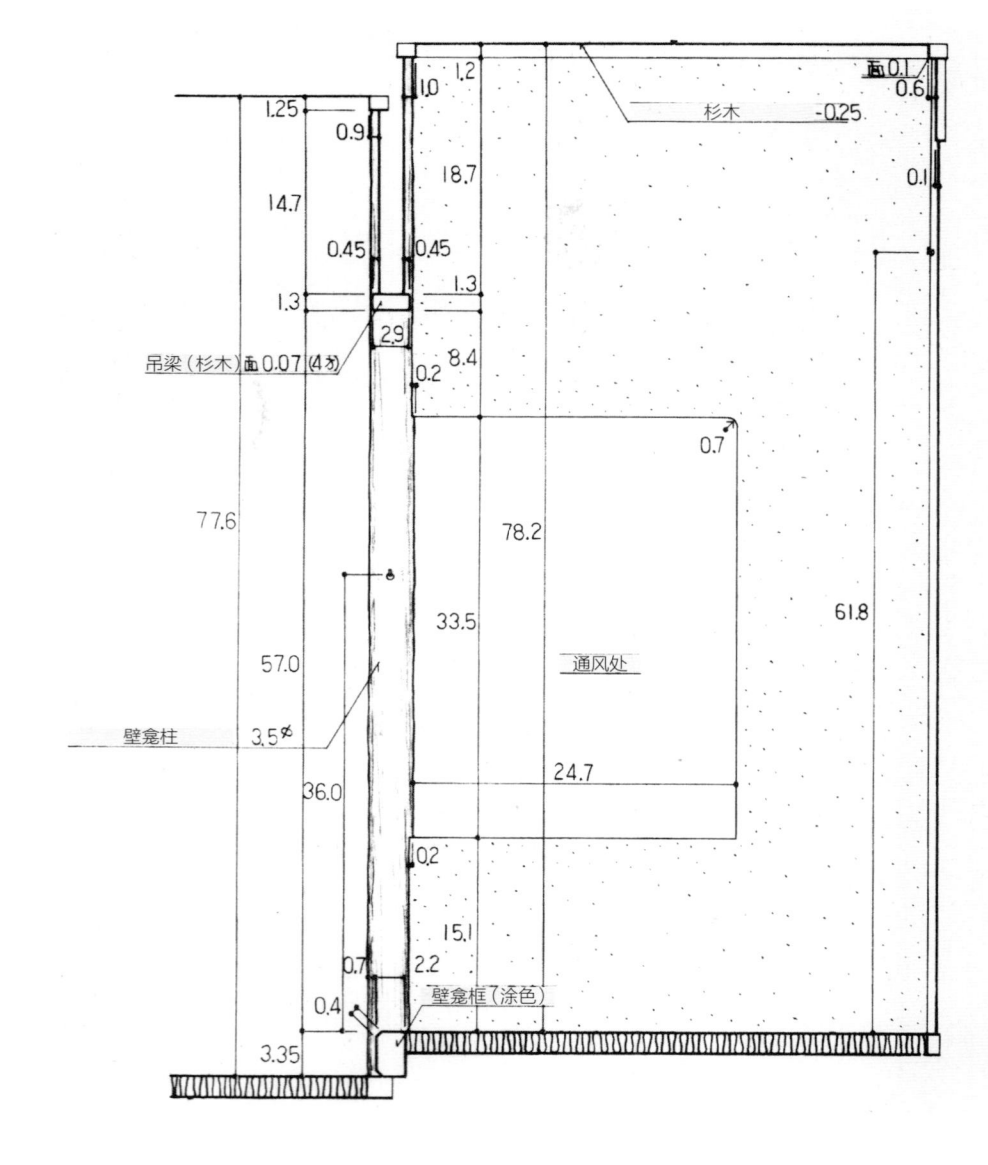

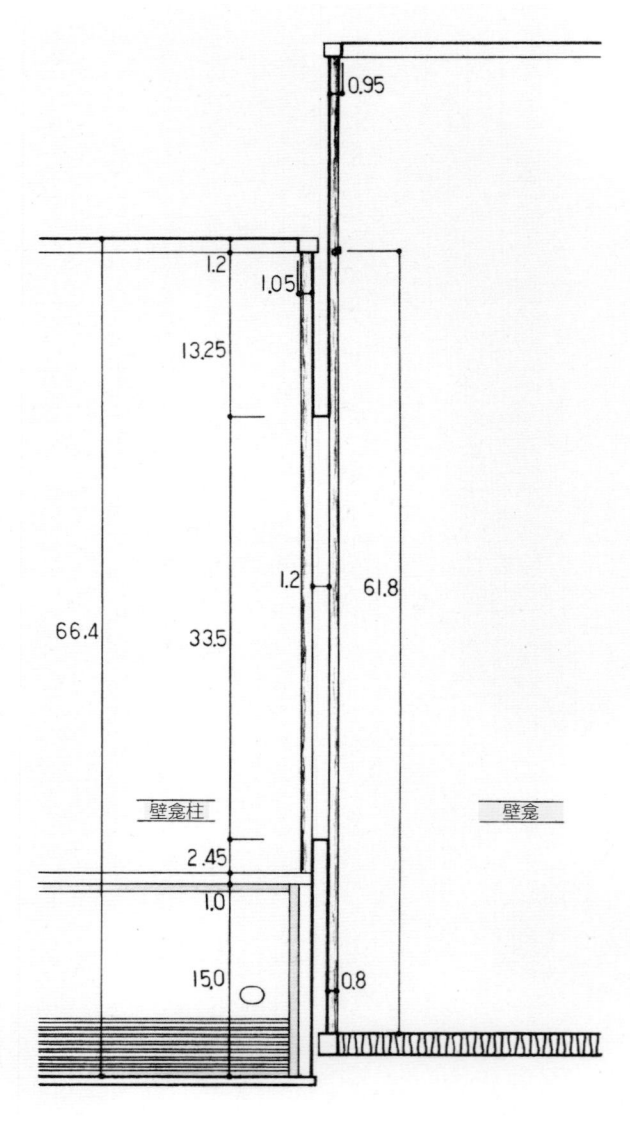

大客厅 壁龛截面图　比例尺1:15

天花板截面图　比例尺1:15

北村邸　实测图

由于壁龛没有花纹，所以即使天花板附近有出风口，也不会让人感觉很突兀。地橱门上的横格子虽然有些引人注目，但大概是为了保护膝盖不被擦伤而设计的吧。

天花板的边缘并不是正方形的，而是将下端雕刻成芦苇形状，展示出设计者追求的柔和感。

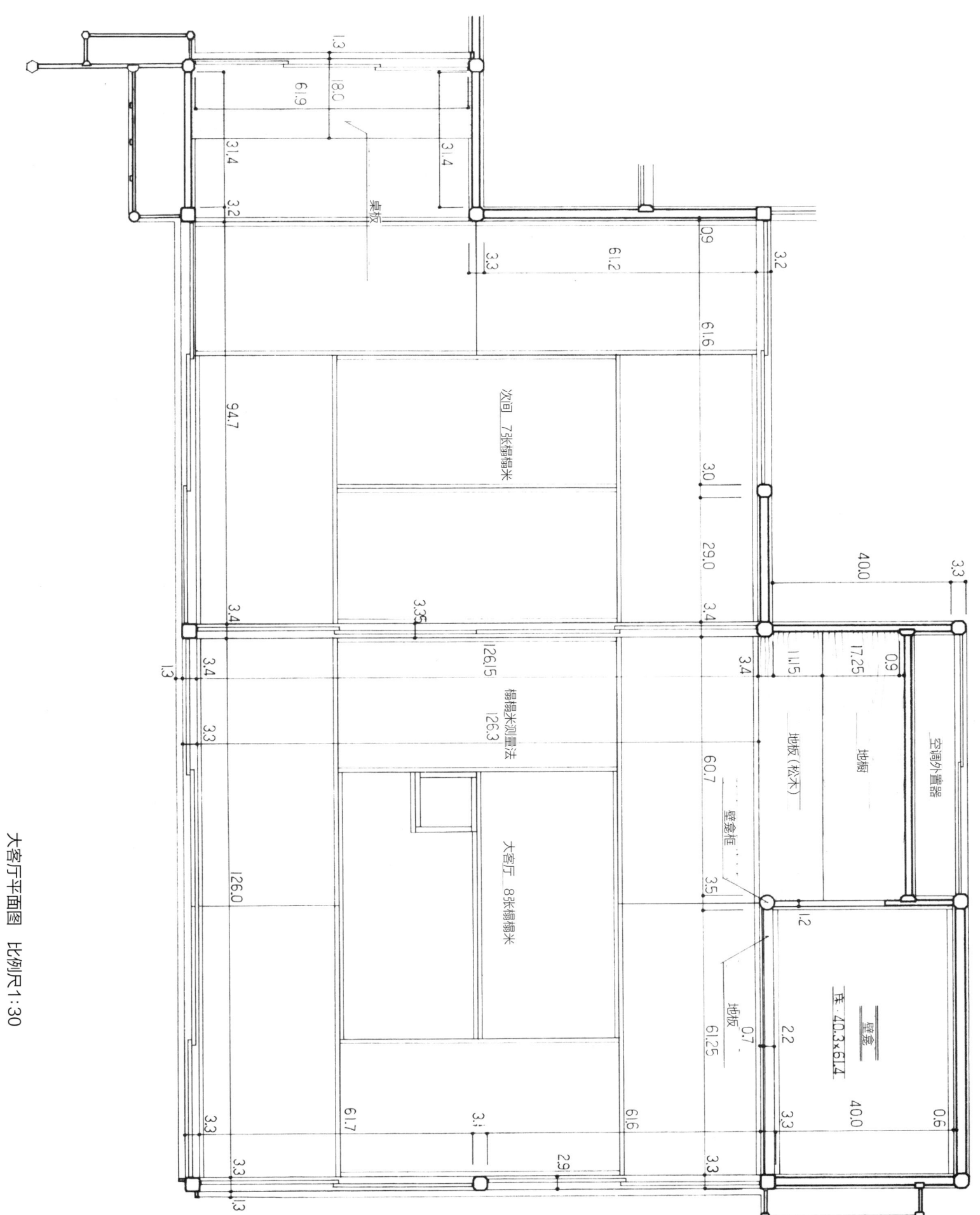

大客厅平面图　比例尺1:30

北村邸　实测图

壁龕一侧（西侧）

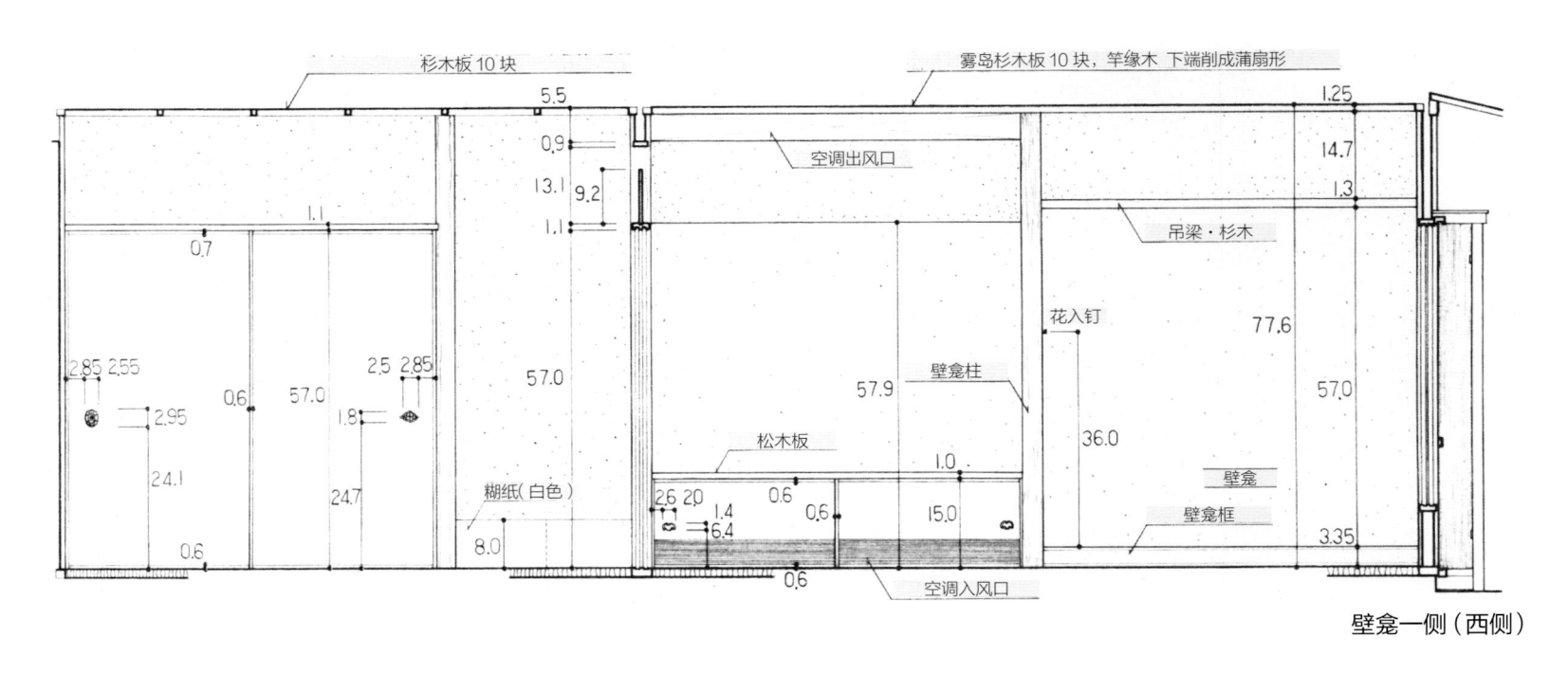

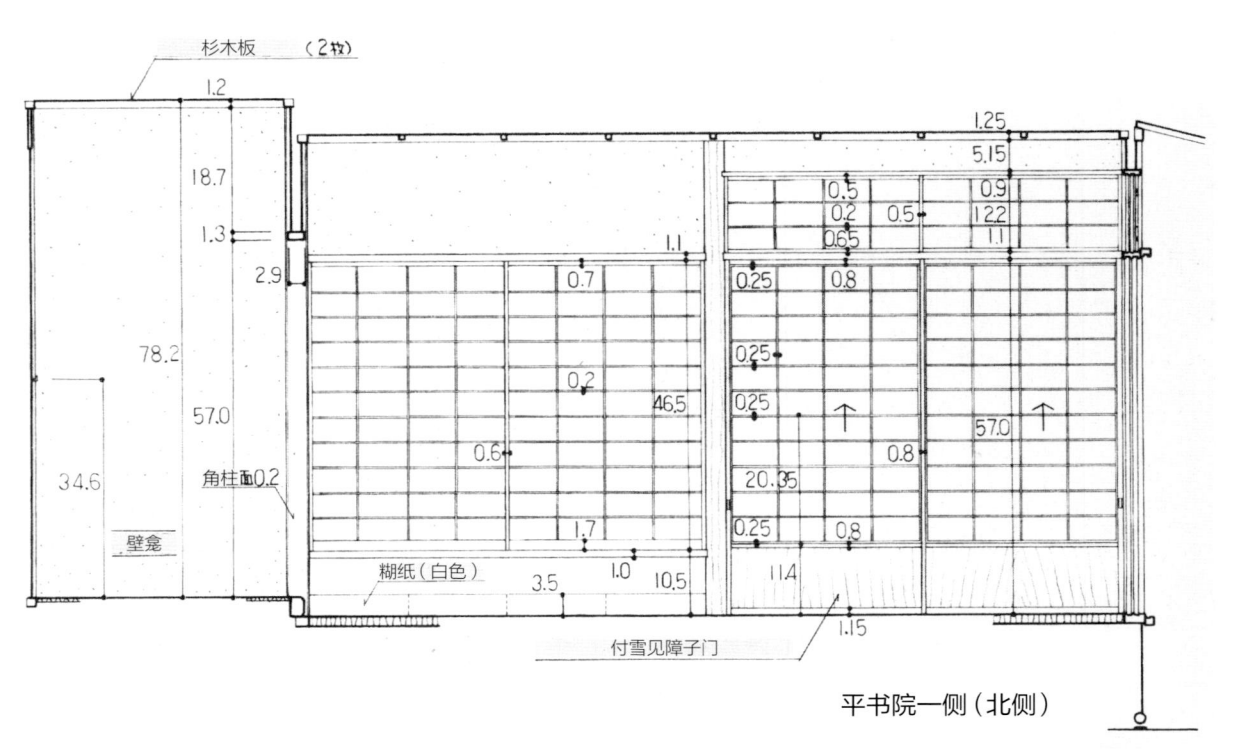

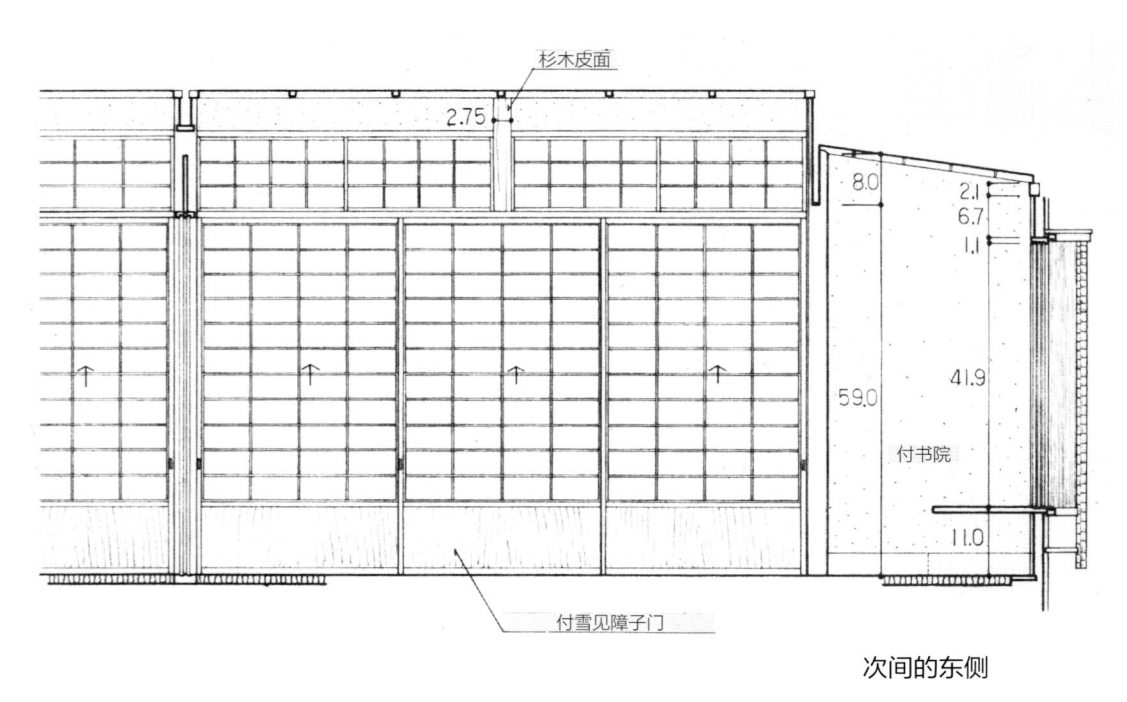

平书院一侧（北侧）

次间的东侧

大客厅展开图　比例尺1:30

北村邸　实测图

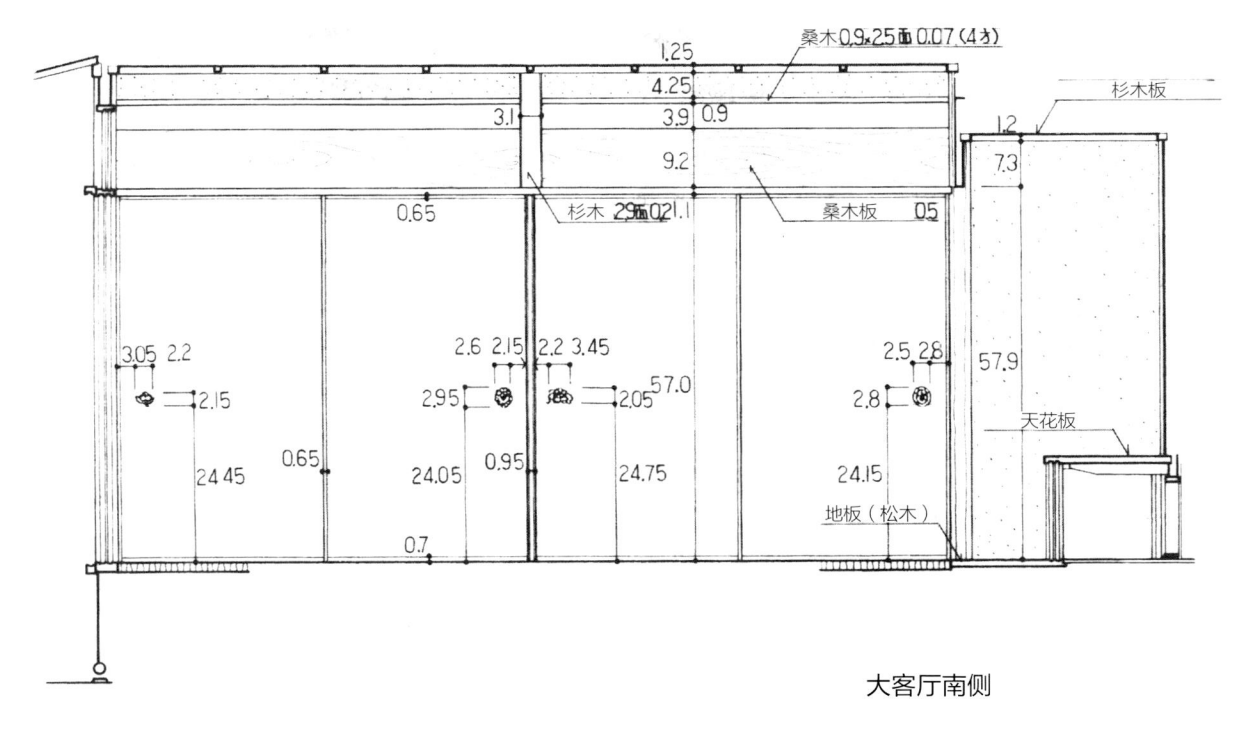

大客厅南侧

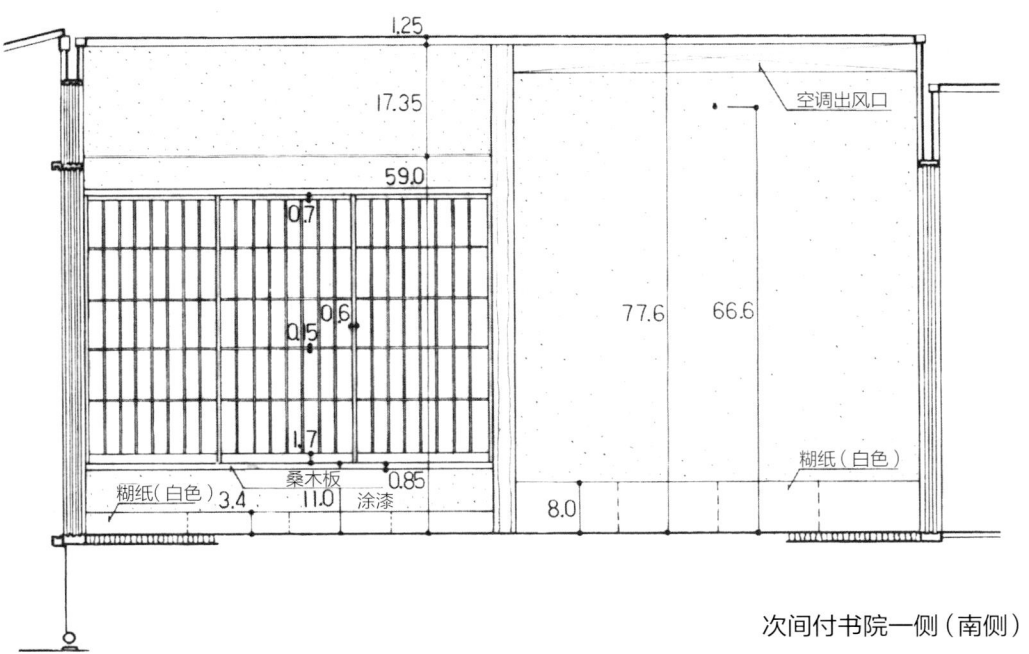

次间付书院一侧（南侧）

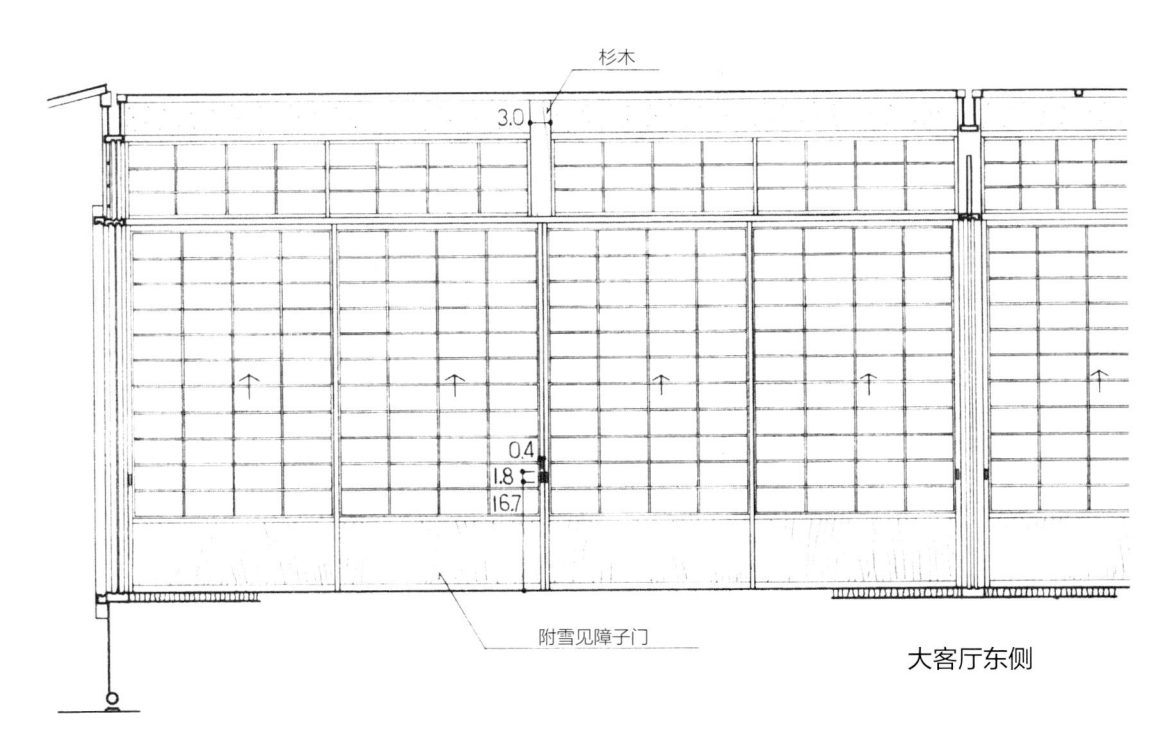

大客厅东侧

北村邸　实测图

次间付书院的架子

大客厅 东侧栏间（外侧）

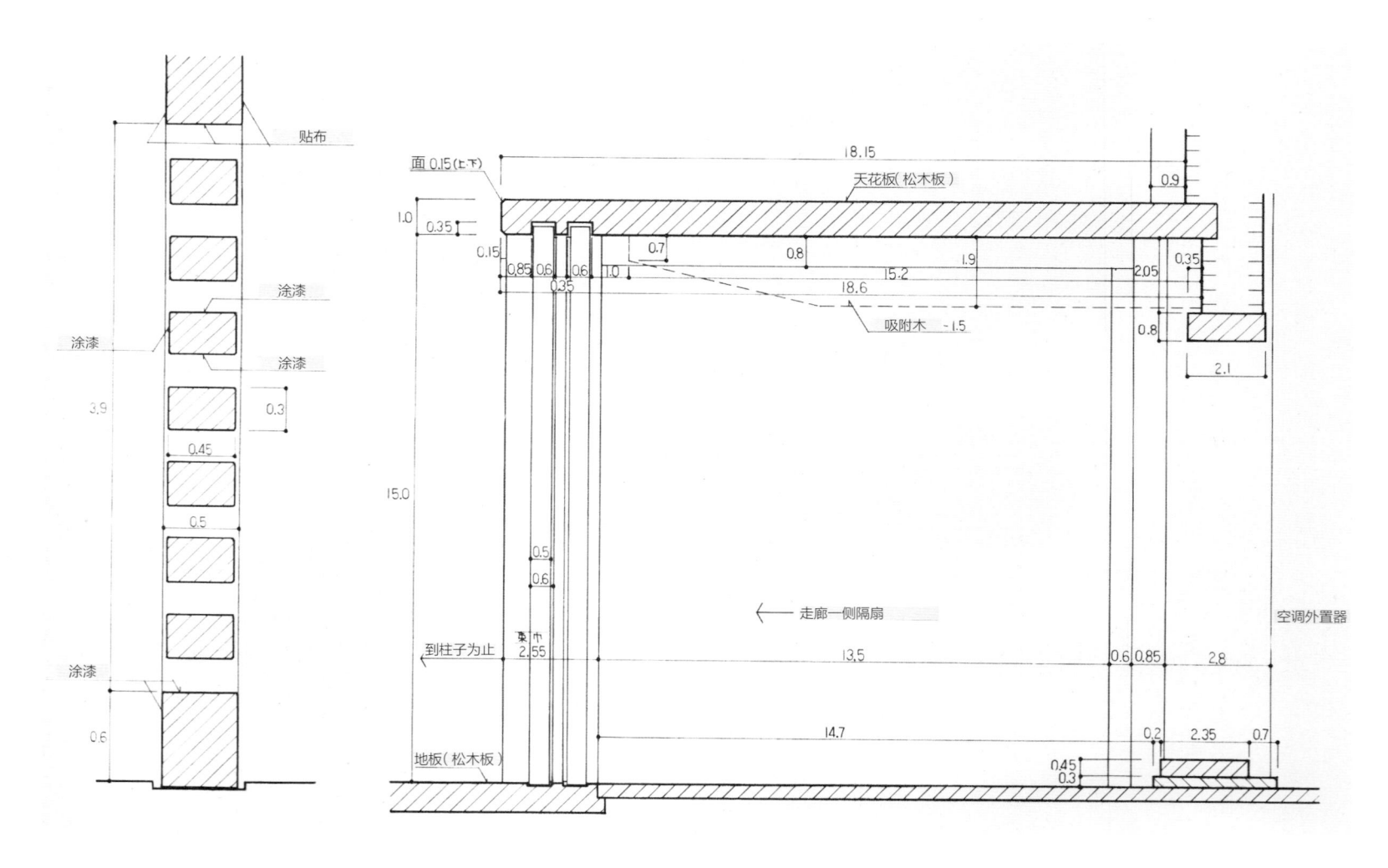

大客厅 地橱柜门下部横截面图　比例尺1:1

地橱横截面图　比例尺1:4

北村邸　实测图

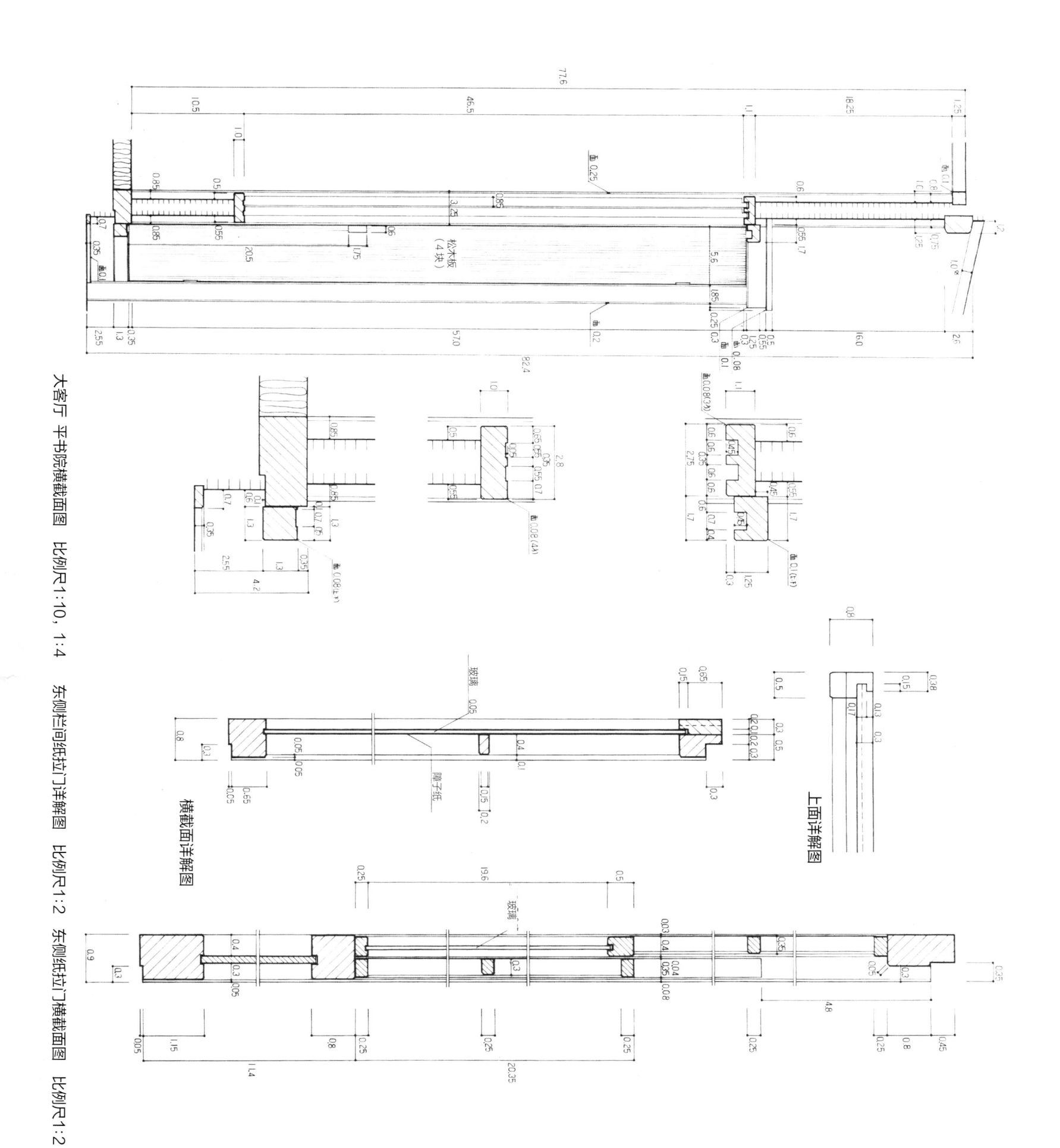

大客厅 平书院横截面图 比例尺1:10，1:4　东侧栏间纸拉门详解图 比例尺1:2　东侧纸拉门横截面图 比例尺1:2

北村邸　实测图

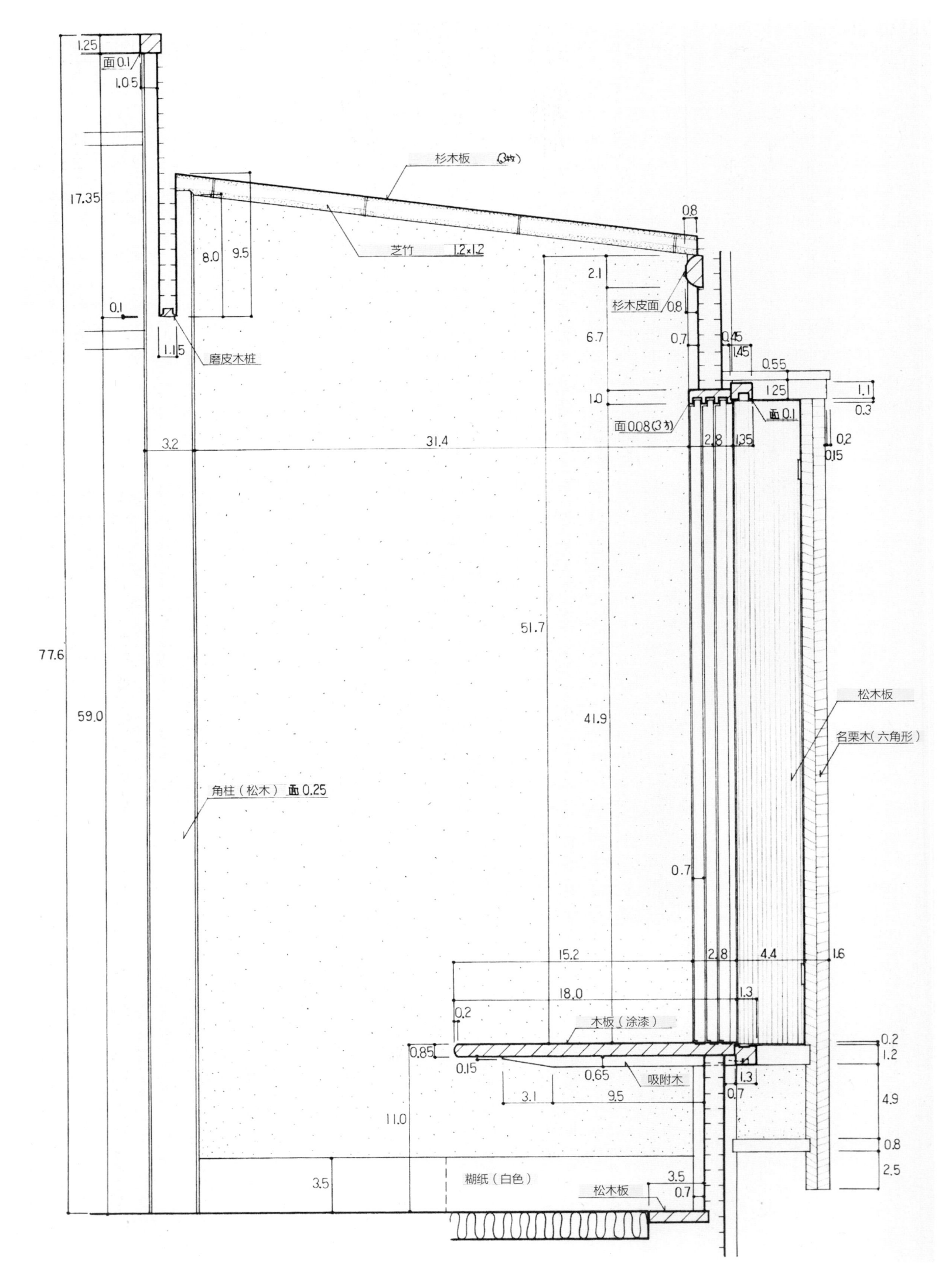

大客厅 次间付书院横截面图 比例尺1:8

北村邸 实测图

法螺贝之间

建造时间 1929年
设计 西桑庵
施工 北村工务店

美浓幸

所有者 吉田幸子 吉田稔
所在地 京都市东山区

"法螺贝之间"是一个十铺席大小的房间。房间中的磨皮柱上钉着圆木制成的长隔板。天花板是格状天花板。栏间有五尺多高,天花板高八尺二寸,因此完全没有压抑感。

壁龛柱是棱柱,壁龛框上涂了漆,显示出其格调。壁龛旁边铺着一块低矮的踢板,顶棚下面用装饰绳吊着一个单层架子。书院的设计非常考究形状,书院的栏间处嵌入了格子。这一系列的设计形成了横线,打破了壁龛结构的严丝合缝。

从壁龛到矩形墙面上,开着一扇很大的狭长形的漆绿色窗户。隔壁房间的栏间使用了桐木板。房间以磨皮柱加长隔板的构成为轴,通过细节的变化营造出独特的氛围。

美浓幸中的其他房间,也都根据各自的特色而采取了不同的窗户样式和建造手法。

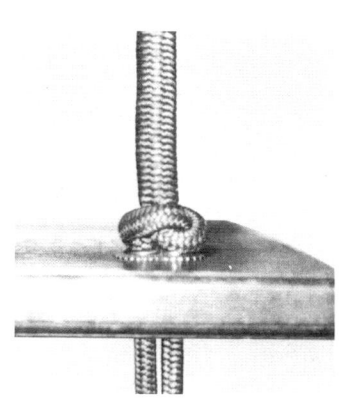

法螺贝之间 壁龛架子和装饰绳

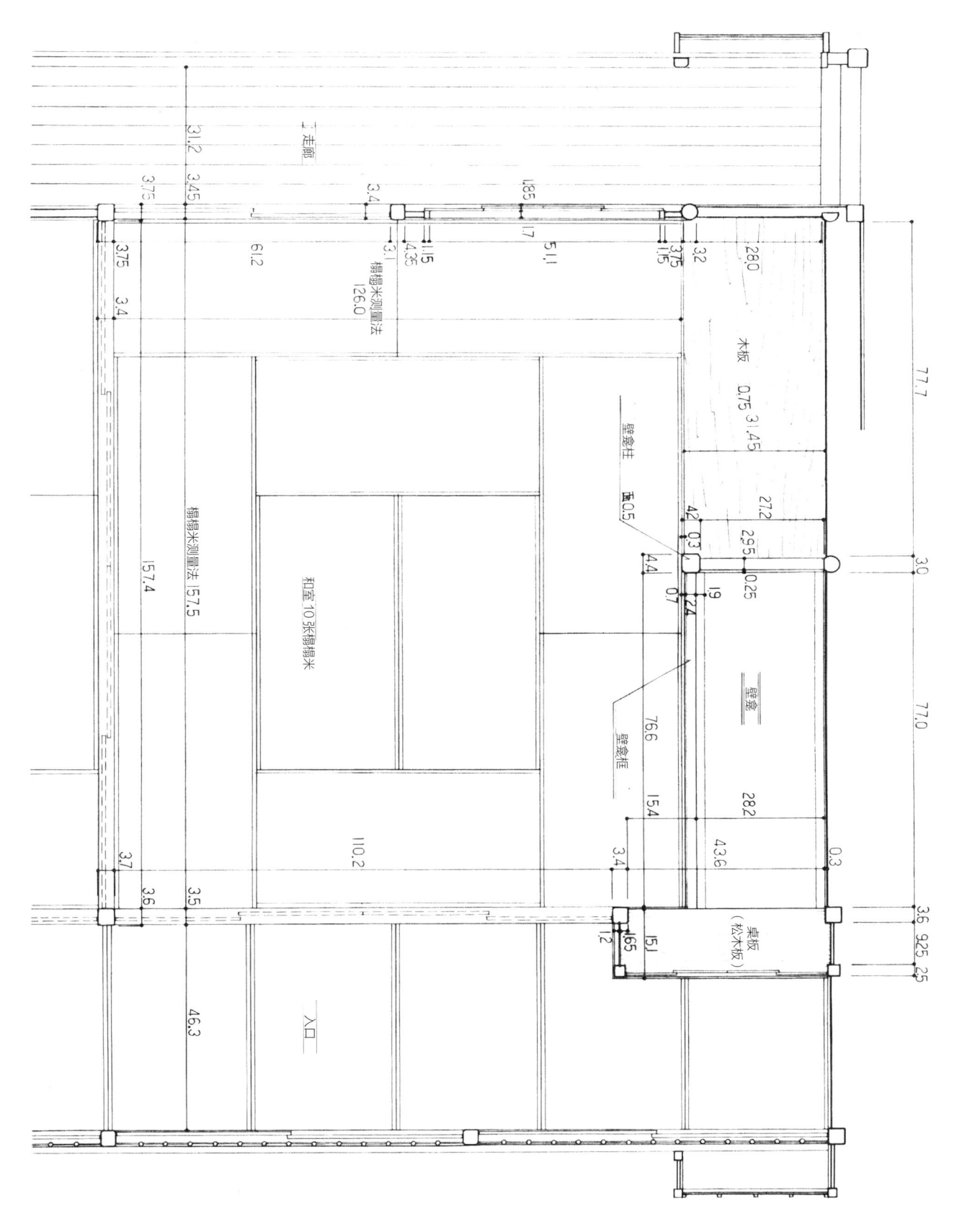

法螺贝之间平面图 比例尺1:30

美浓幸 实测图

壁龕一側（南側）

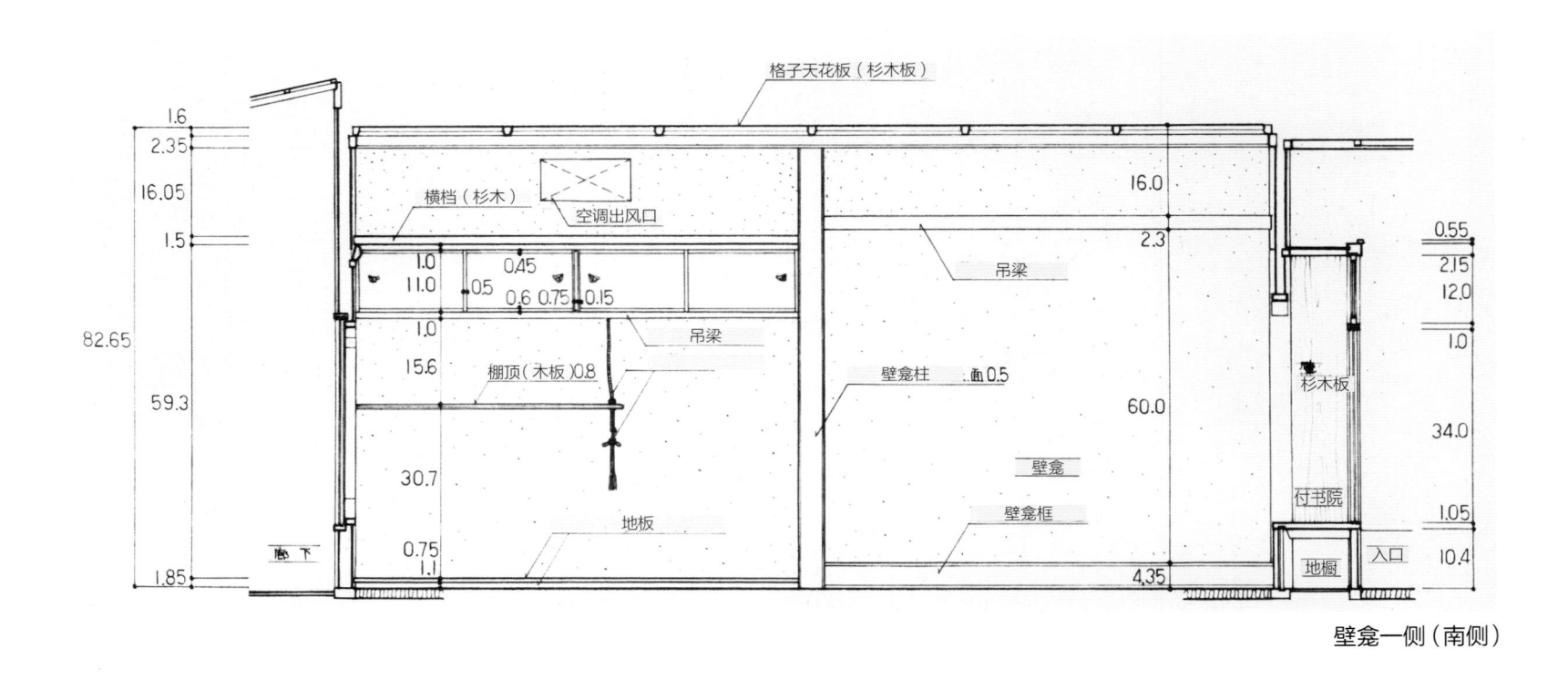

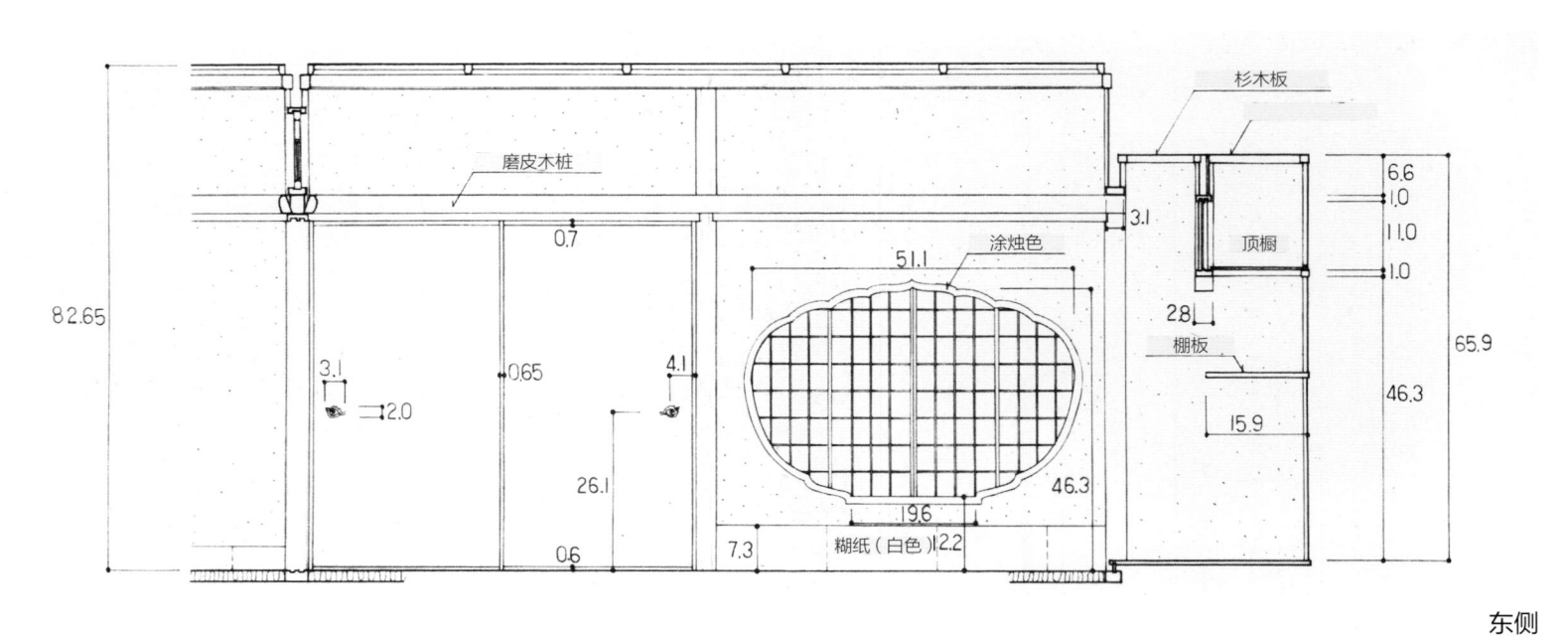

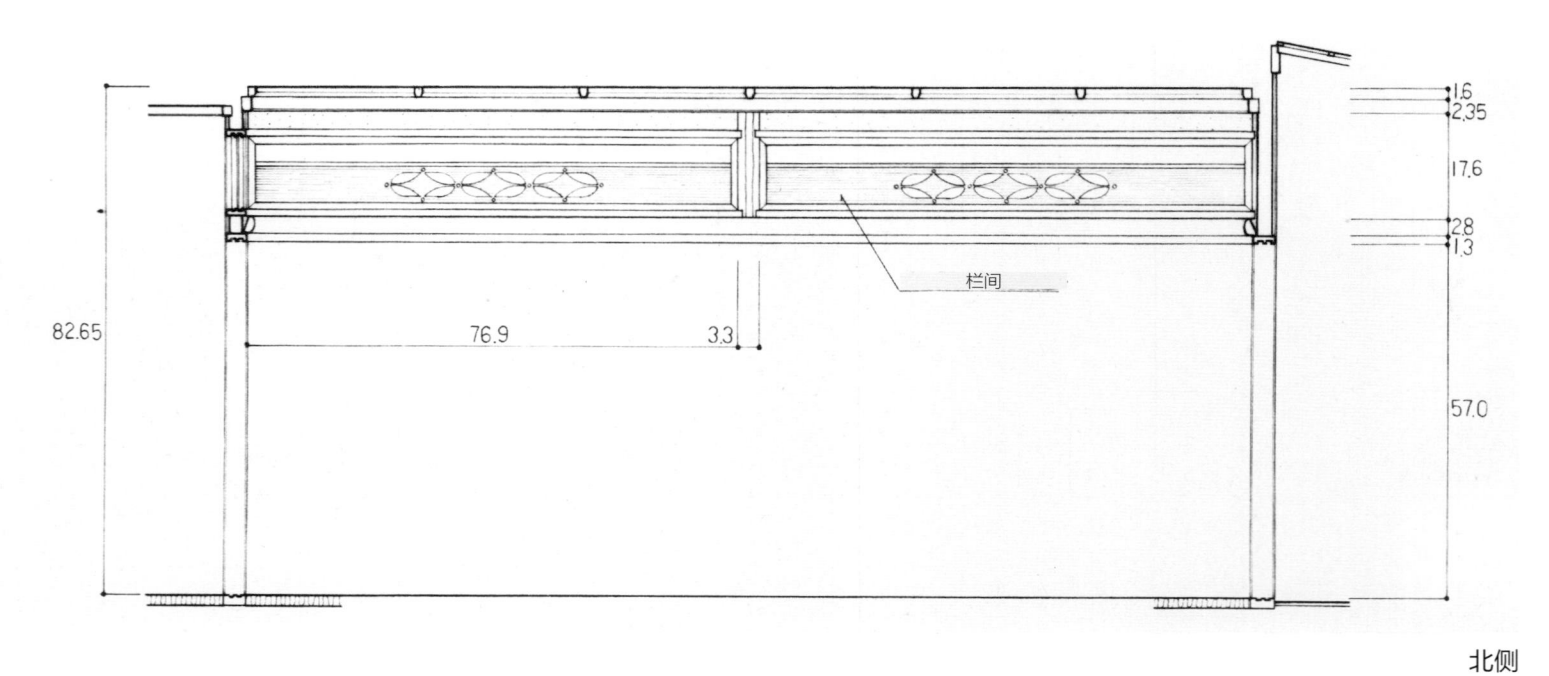

東側

北側

法螺貝之間展開圖　比例尺1:30

美浓幸　实测图

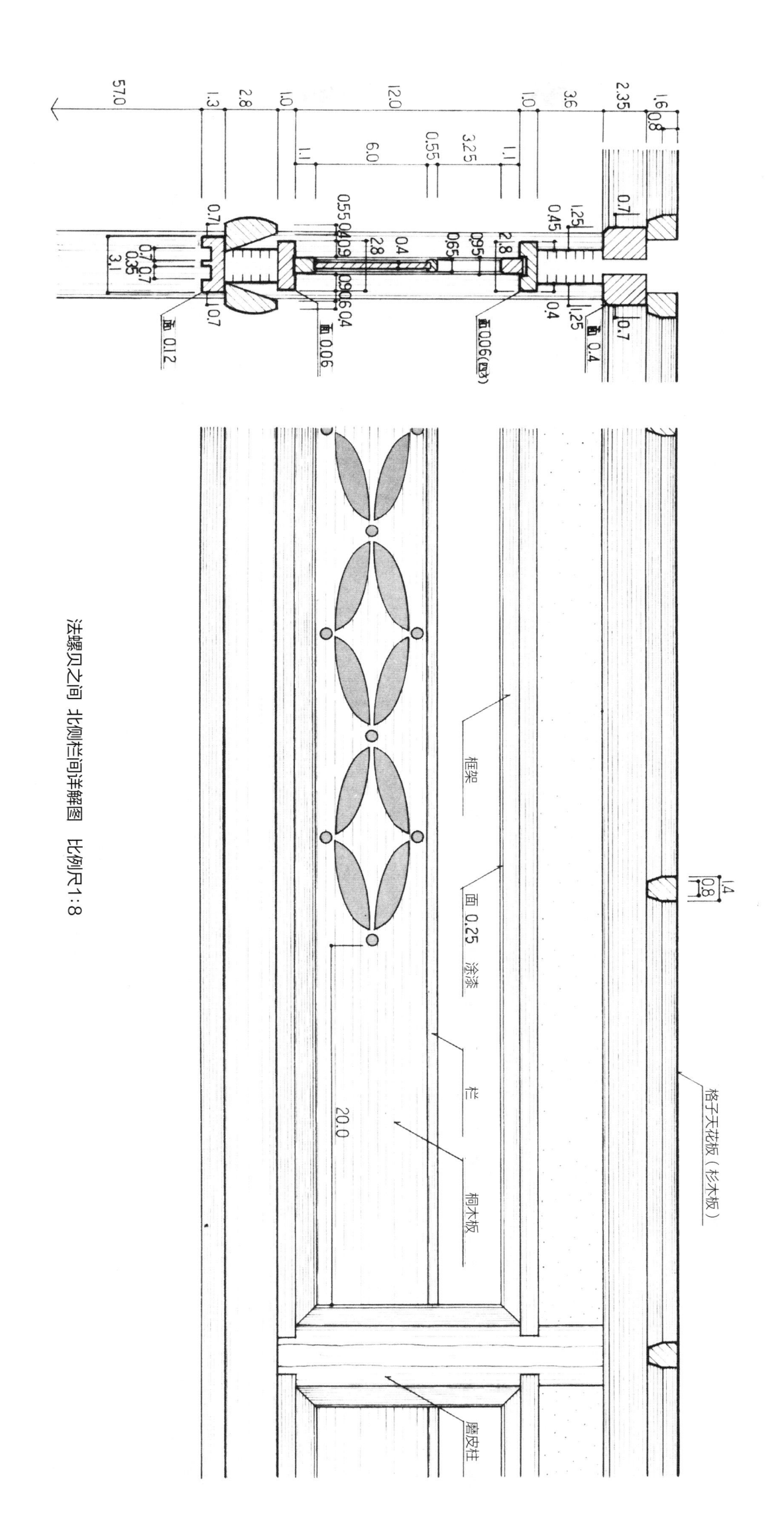

法螺贝之间 北侧栏间详解图 比例尺1:8

美浓幸 实测图

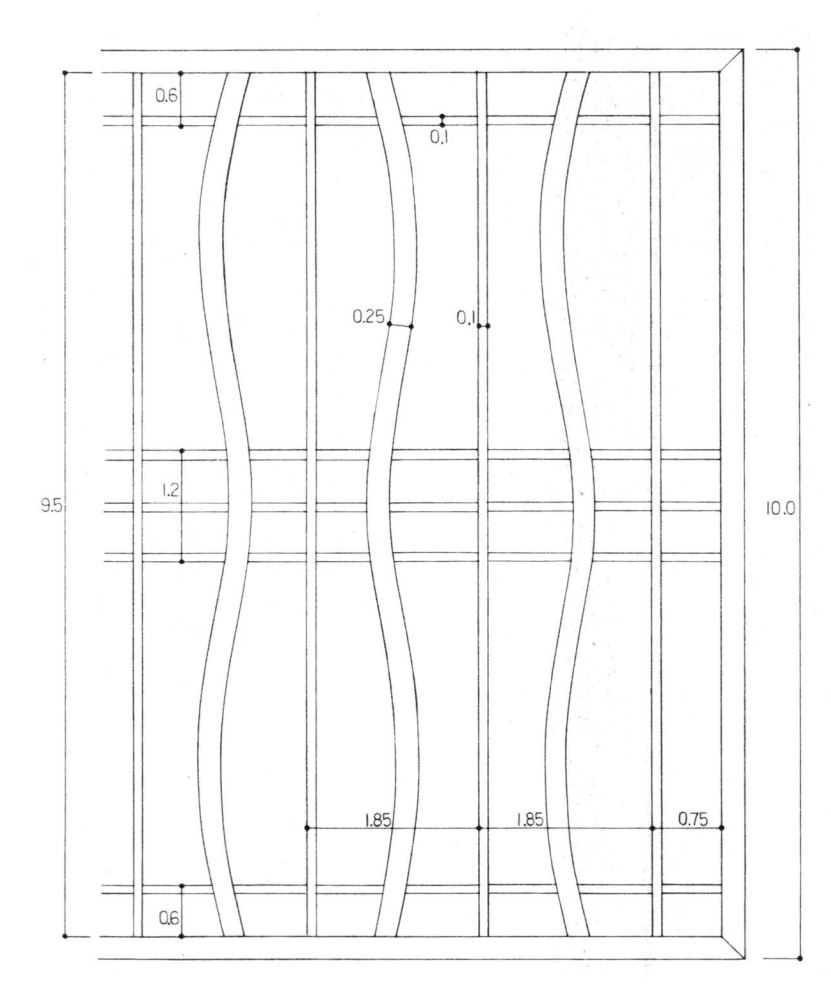

付书院栏间详解图　比例尺1:2

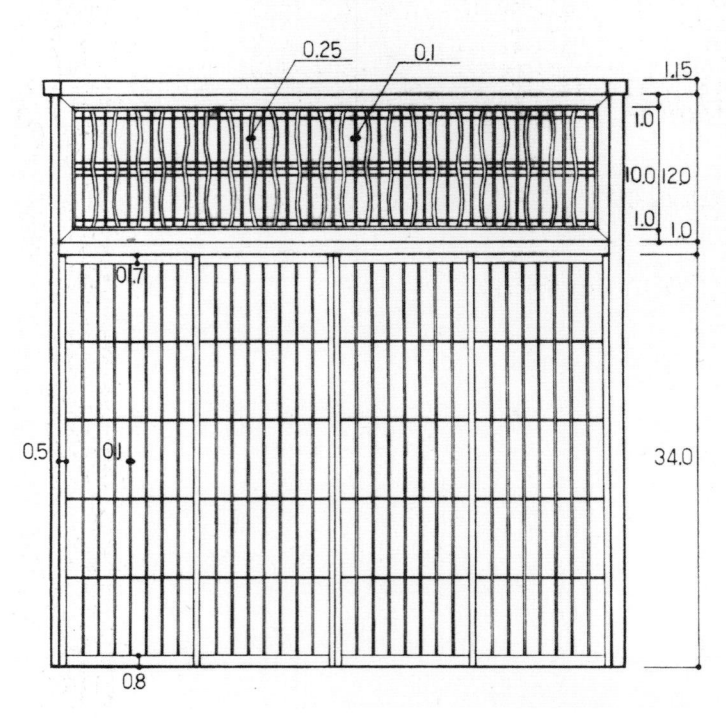

付书院纸拉门详解图　比例尺1:15

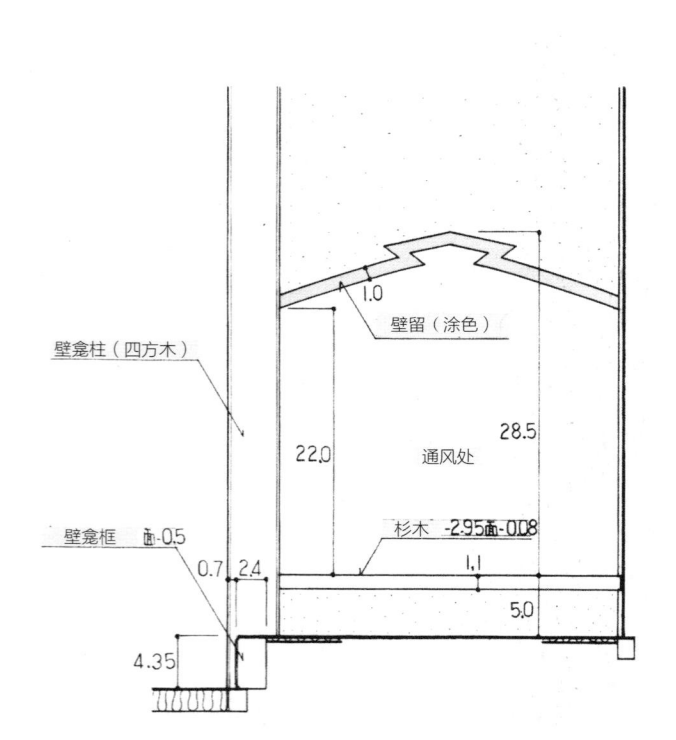

法螺贝之间　壁龛中部剖面图　比例尺1:15

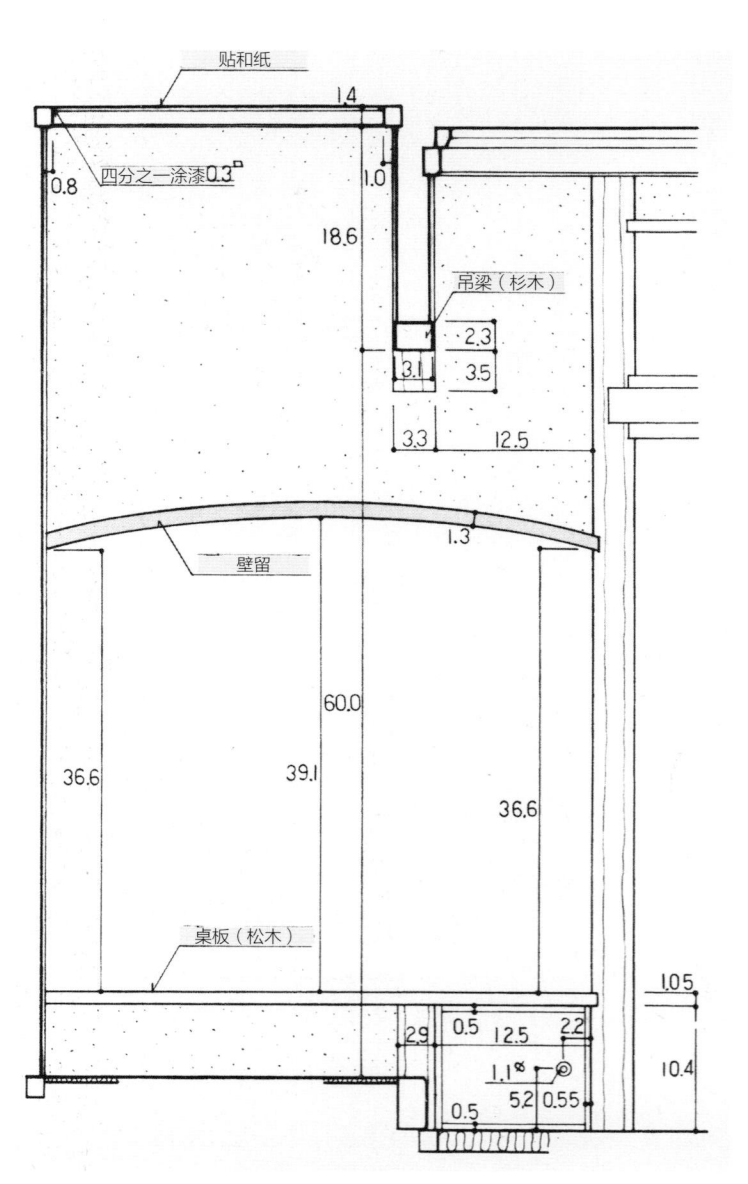

壁龛截面图　比例尺1:15

美浓幸　实测图

法螺贝之间 付书院栏间格子

法螺贝之间 北侧栏间

法螺贝之间 天花板

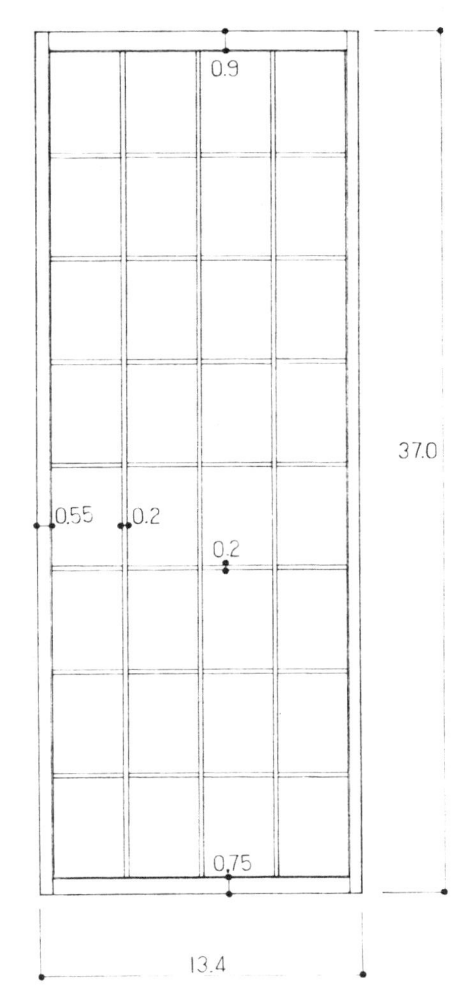

东侧纸拉门详解图　比例尺1:8

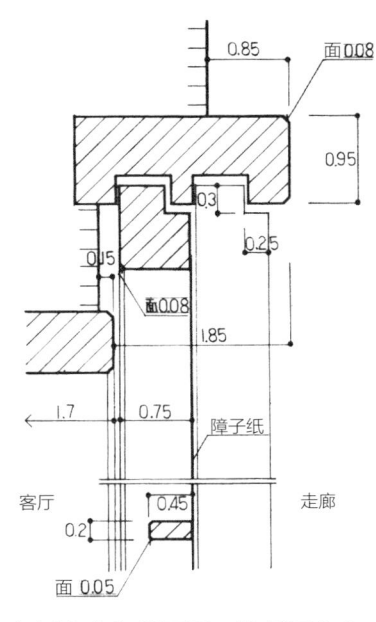

东侧窗上部截面图　比例尺1:2

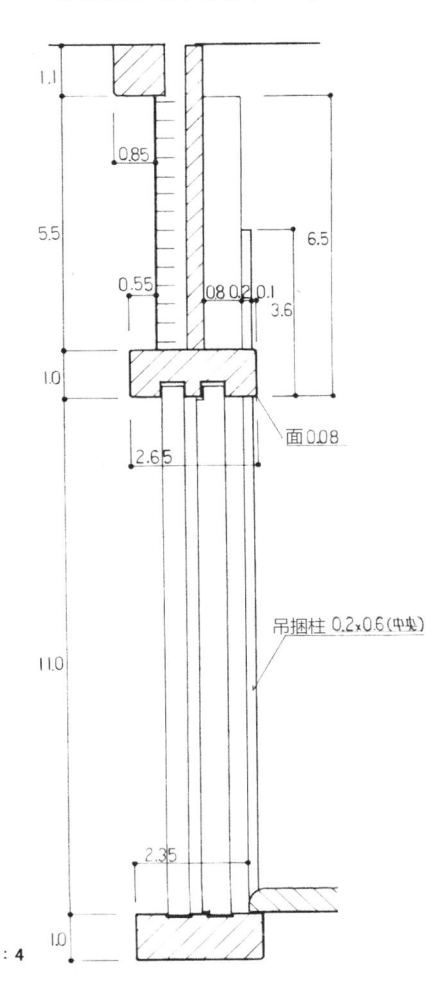

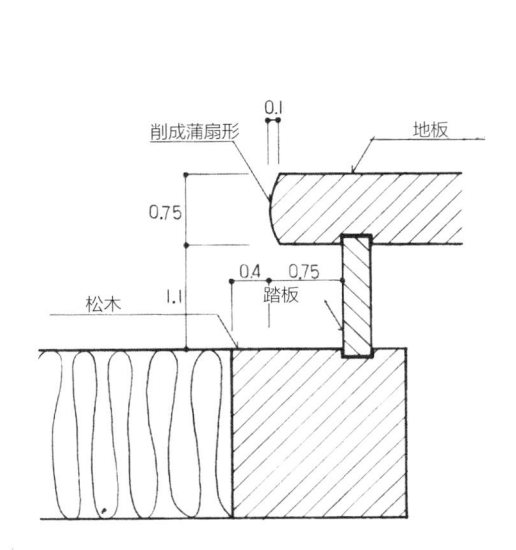

法螺贝之间 壁龛侧板截面图　比例尺1:2

小柜截面图　比例尺1:4

美浓幸　实测图

日本建筑集成　座敷的构成　76

竹之间　无双窗

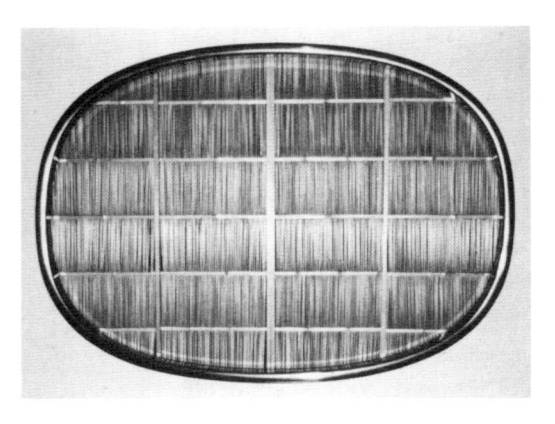

二楼西大茶室　夏季使用的纸拉窗

法螺贝之间　东侧旧大茶室

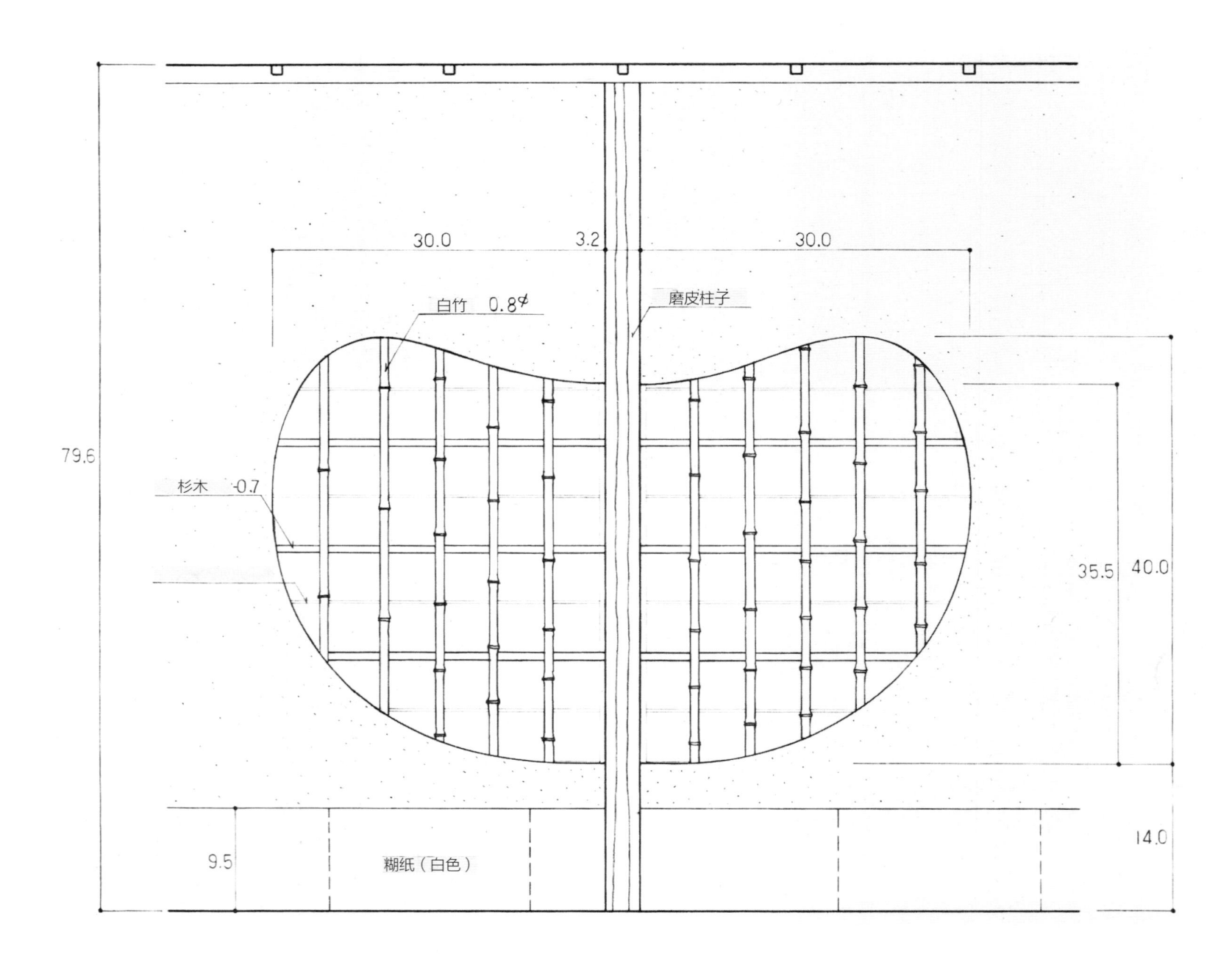

白竹 0.8ϕ

磨皮柱子

杉木 0.7

糊纸（白色）

30.0　3.2　30.0

79.6

35.5　40.0

9.5　14.0

窗户正面图　比例尺1:15

美浓幸　实测图

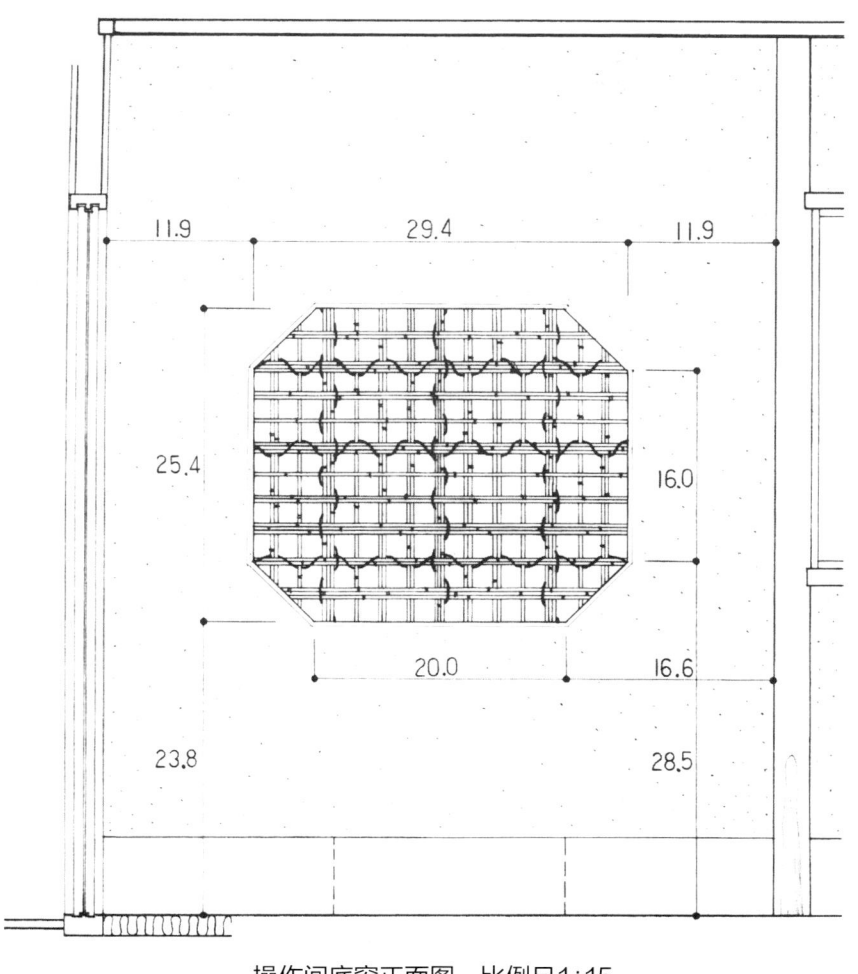

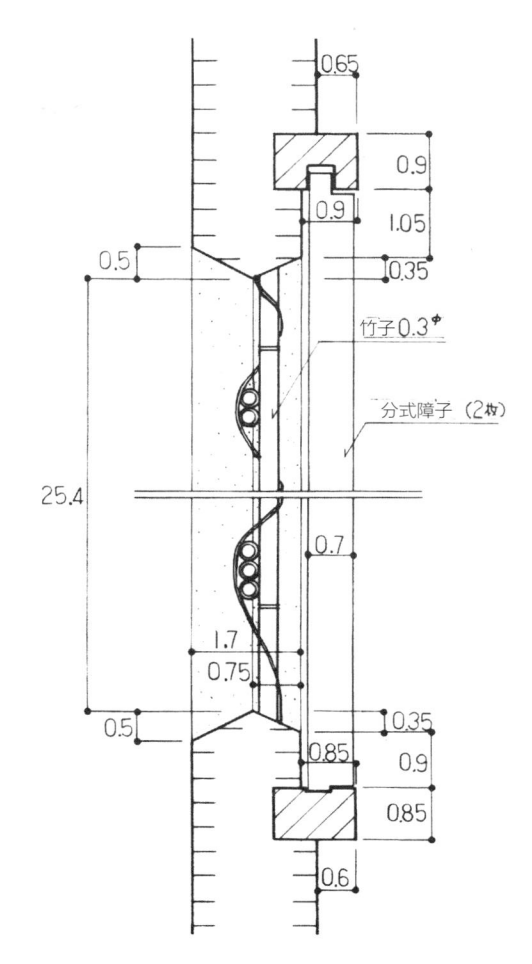

操作间底窗正面图　比例尺1:15

底窗截面图　比例尺1:3

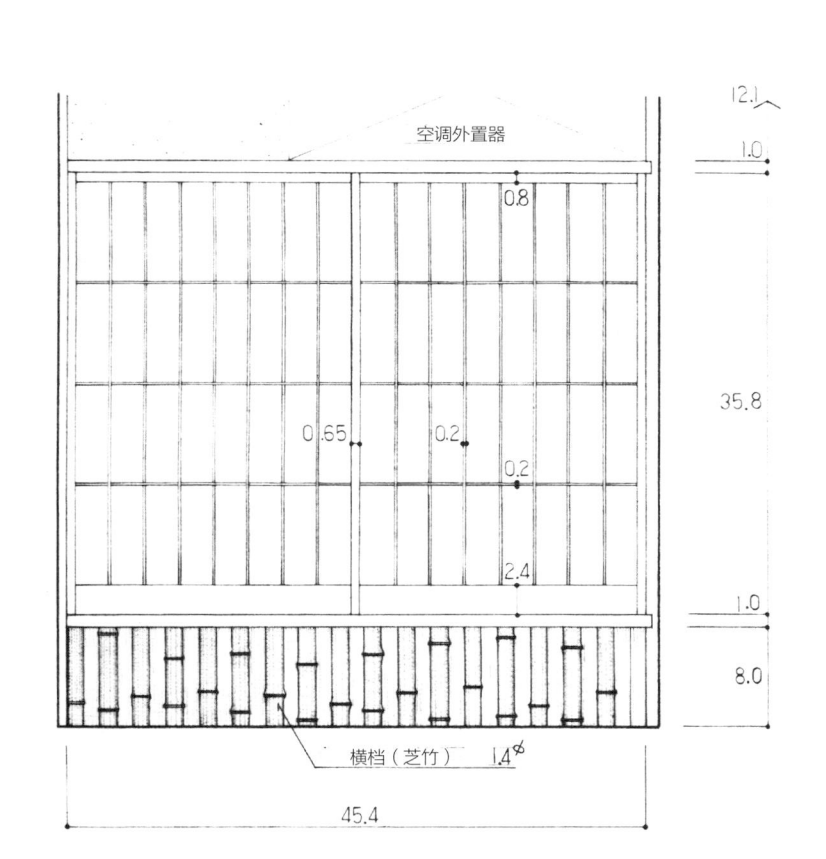

竹之间　无双窗正面图　比例尺1:15

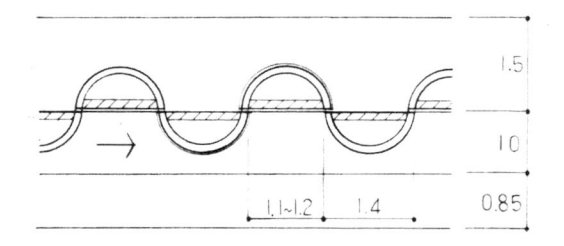

无双窗细节图　比例尺1:3

美浓幸　实测图

山口邸

所有者 山口源兵卫
所在地 京都市中京区

座敷

建造时间 1921年
施工 三上吉兵卫

本节介绍的是面向京都室町大道的大型町屋独立座敷。主室被7个大梁和6个横梁隔开，有15张榻榻米大小，偏厅有10张榻榻米大小。墙上有长隔板，栏间高五尺八寸，天花板高八尺六寸二分，壁龛柱立在中央偏左位置，壁龛旁铺着木板。壁龛框涂了真漆，壁龛柱是圆花纹的，用木材做了一些装饰。贴墙的柱子也是细长的圆木，使壁龛旁边的墙壁显得很宽。

宽敞的座敷整体显得非常清爽。长隔板和炉火的交界处一样高，临近壁龛柱，付书院处的天花板因此设计得比较高。在宽敞的壁龛右端放着一个储物柜。为了不让这个15铺席房间的氛围显得特别严肃，设计者可谓是煞费苦心。偏厅栏间的设计也与座敷整体的结构很协调。

座敷 附书院

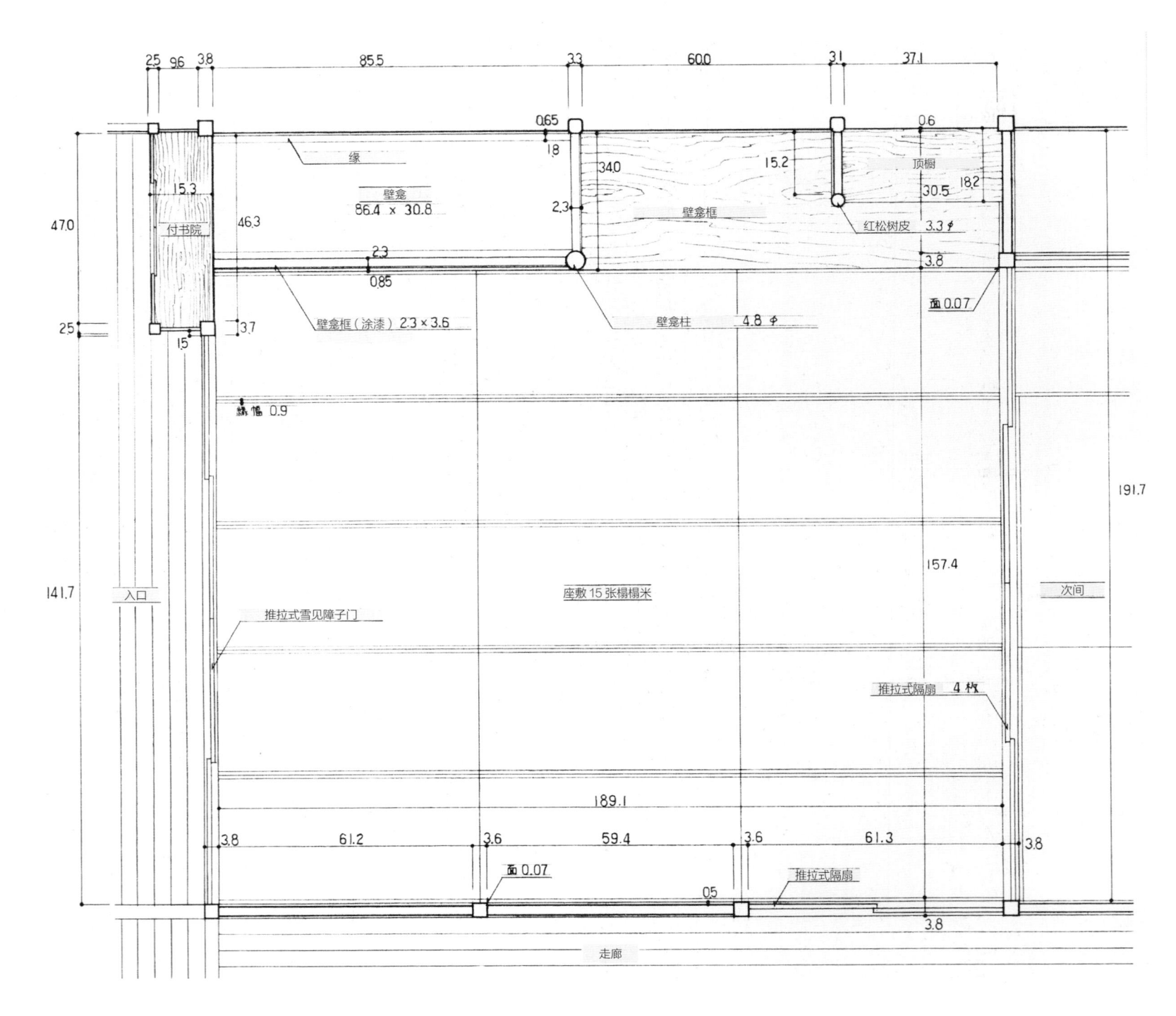

座敷平面图　比例尺1:30

山口邸　实测图

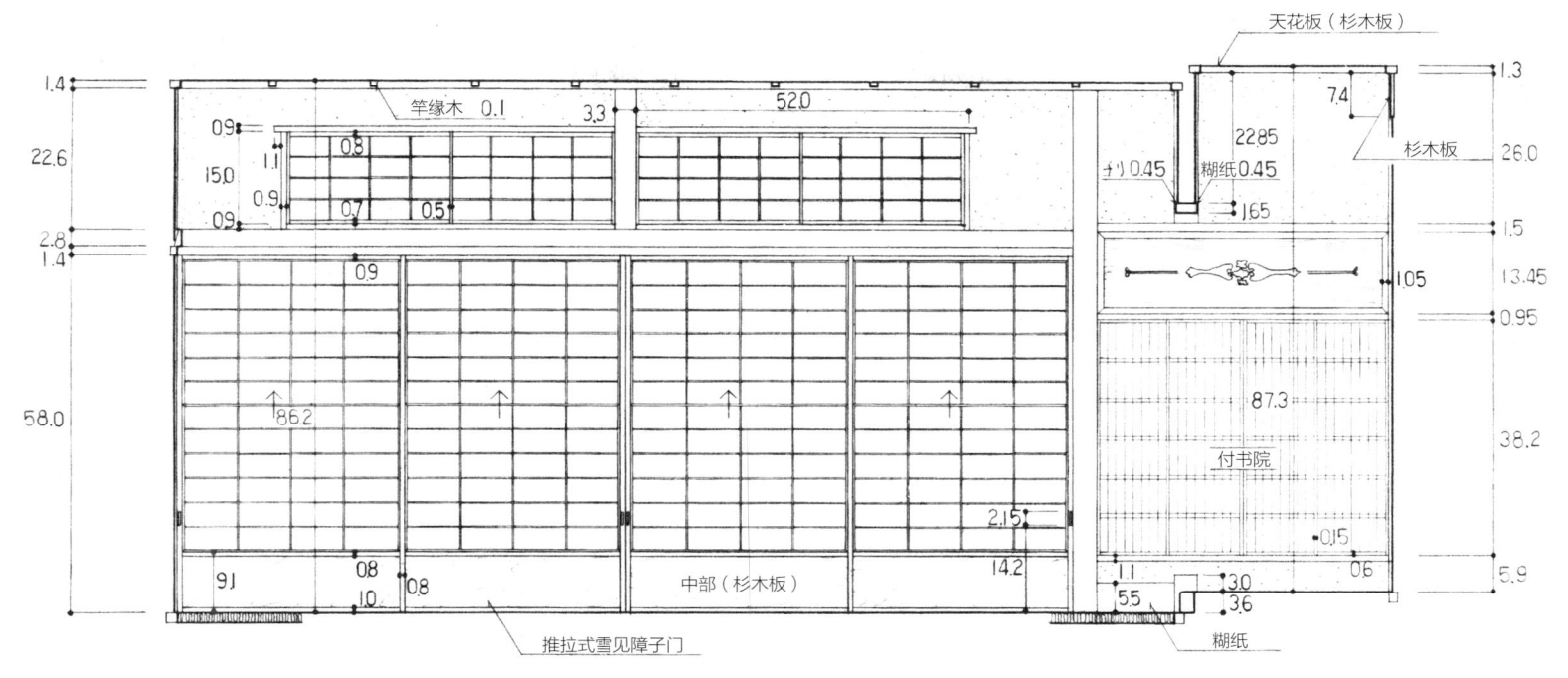

付书院一侧（西侧）

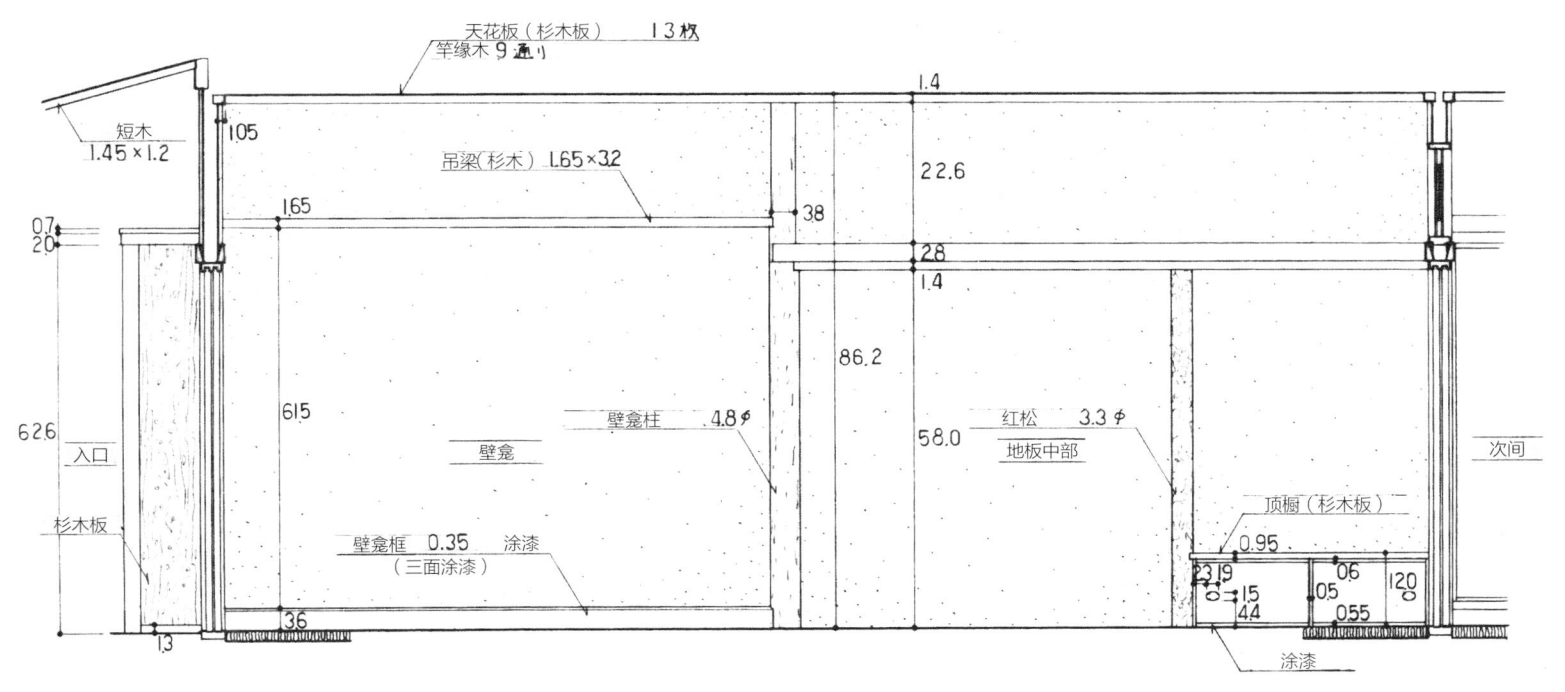

壁龛一侧（北侧）

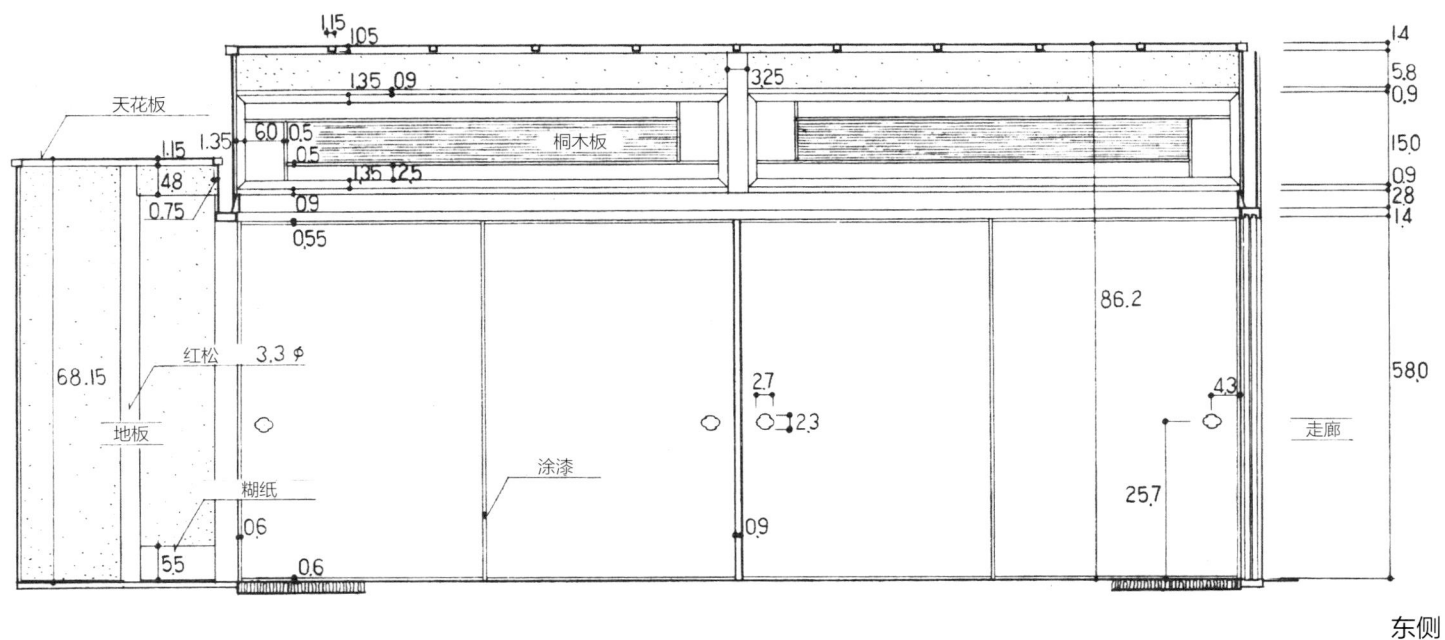

东侧

座敷展开图　比例尺1:30

山口邸　实测图

日本建筑集成　座敷的构成

座敷一角 　　　　　　　东侧栏间和钓柱 　　　　座敷一角 　　　　　　　付书院上部

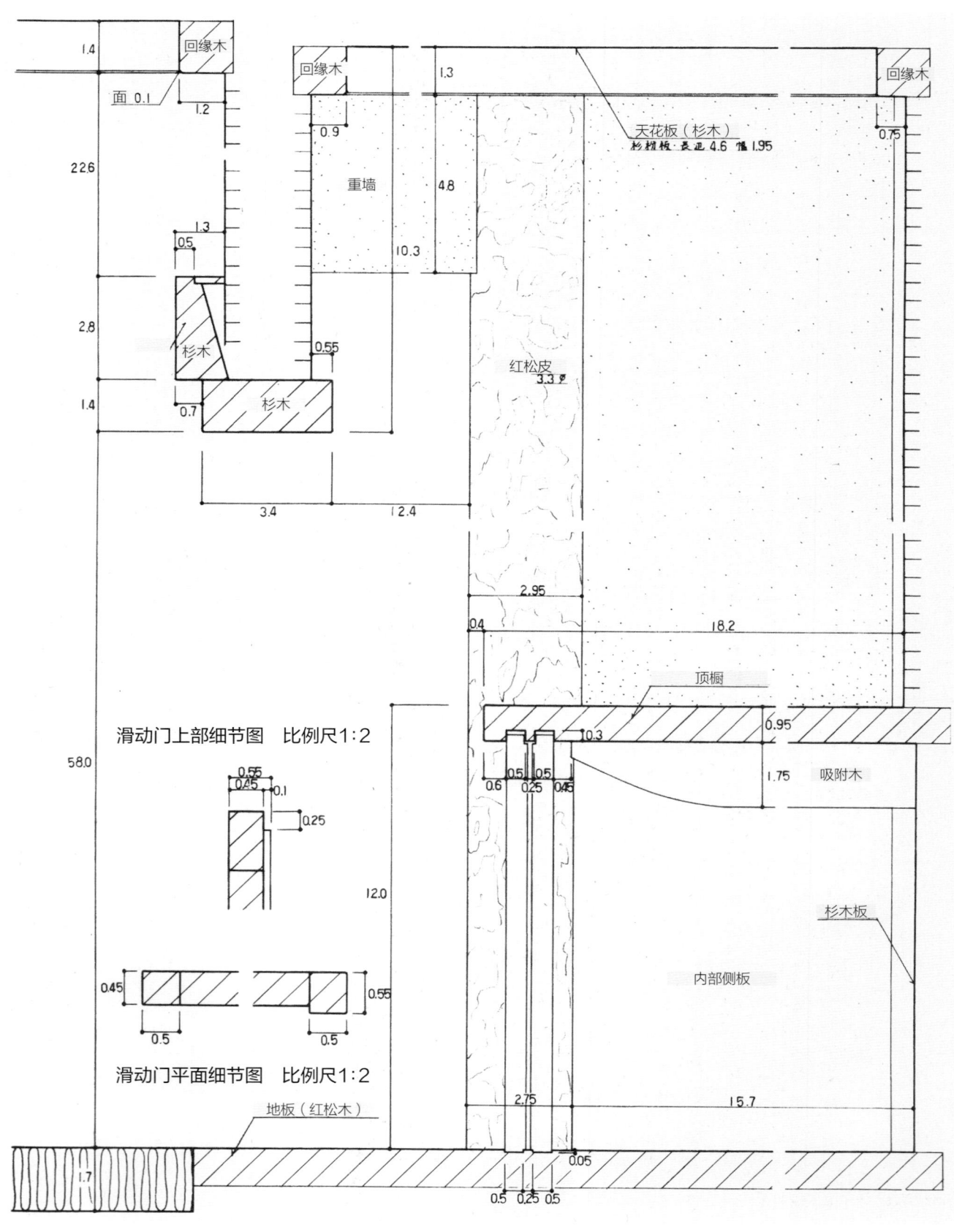

滑动门上部细节图　比例尺1:2

滑动门平面细节图　比例尺1:2

壁龛侧面的横截面图　比例尺1:4

山口邸　实测图

付书院栏间透雕 比例尺1:4

座敷 东侧栏间细节图 比例尺1:4

山口邸 实测图

翠之间

所有者 佐藤年
所在地 京都市中京区

建造时间 明治末期
设计 不明
施工 不明

"翠之间"是一间8张榻榻米大小的茶室，栏间处设有钓柱，高五尺七寸，天花板高七尺五寸。内部包含一间4张榻榻米大小的偏厅。房间正面的中央处立着壁龛柱。壁龛柱上包裹着红色的松树皮，极具数寄情趣。旁边是顶橱和单层的通橱，结构简单。落地窗设在低矮的位置。偏厅的圆木柱子、壁龛和装饰架搭配起来，看上去非常潇洒。

从铺着白竹的空间可进入青瓦色的土间。二者中间隔着没有横腰设计的拉门。翠之间茶室外没有设计檐廊，而是直接将土间与庭院相连，这也是传统茶室的一种设计方式。

翠之间 西侧栏间和钓柱

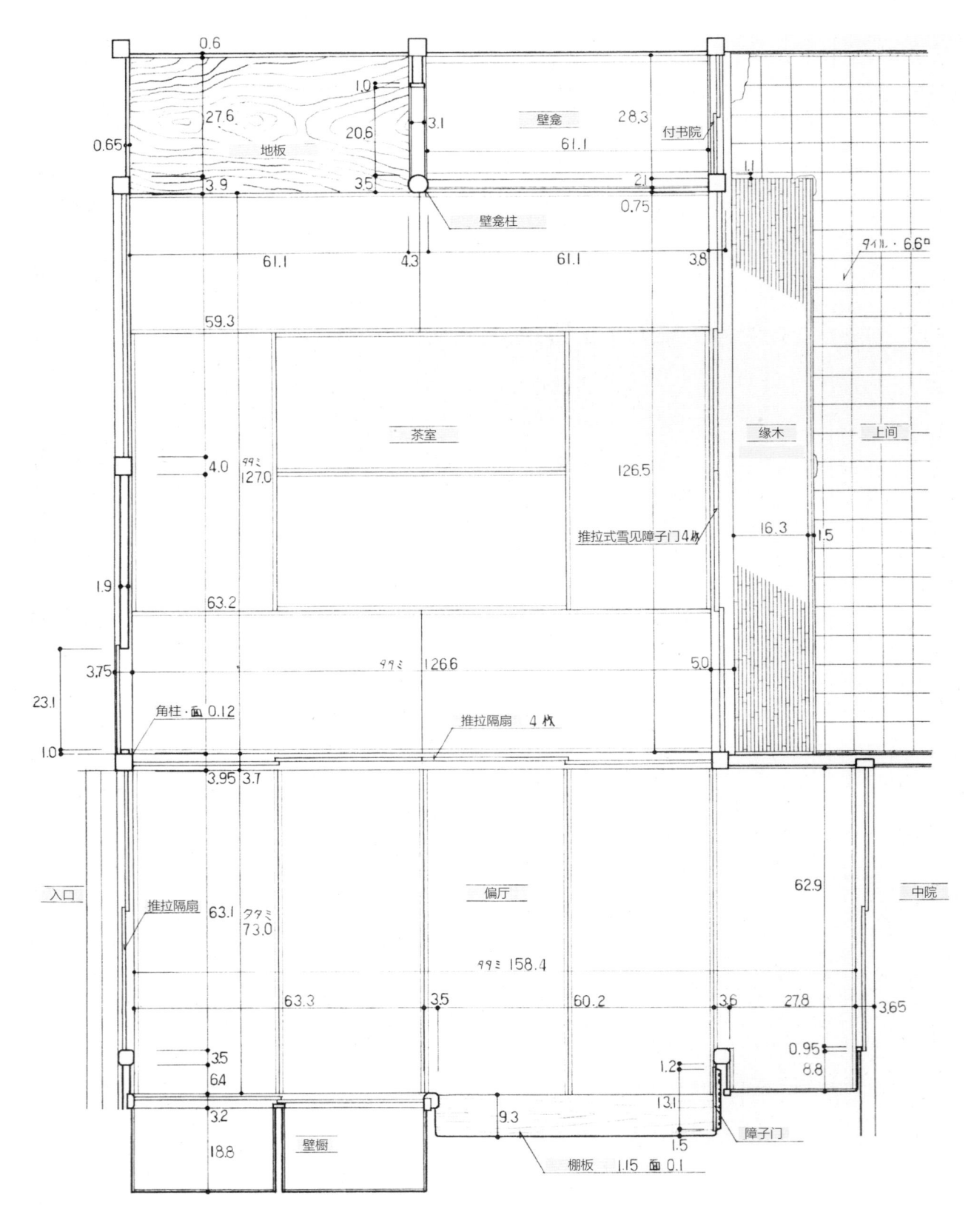

翠之间平面图　比例尺1：30

俵屋　实测图

壁龛一侧（东侧）

西侧栏间横截面图　比例尺1:4

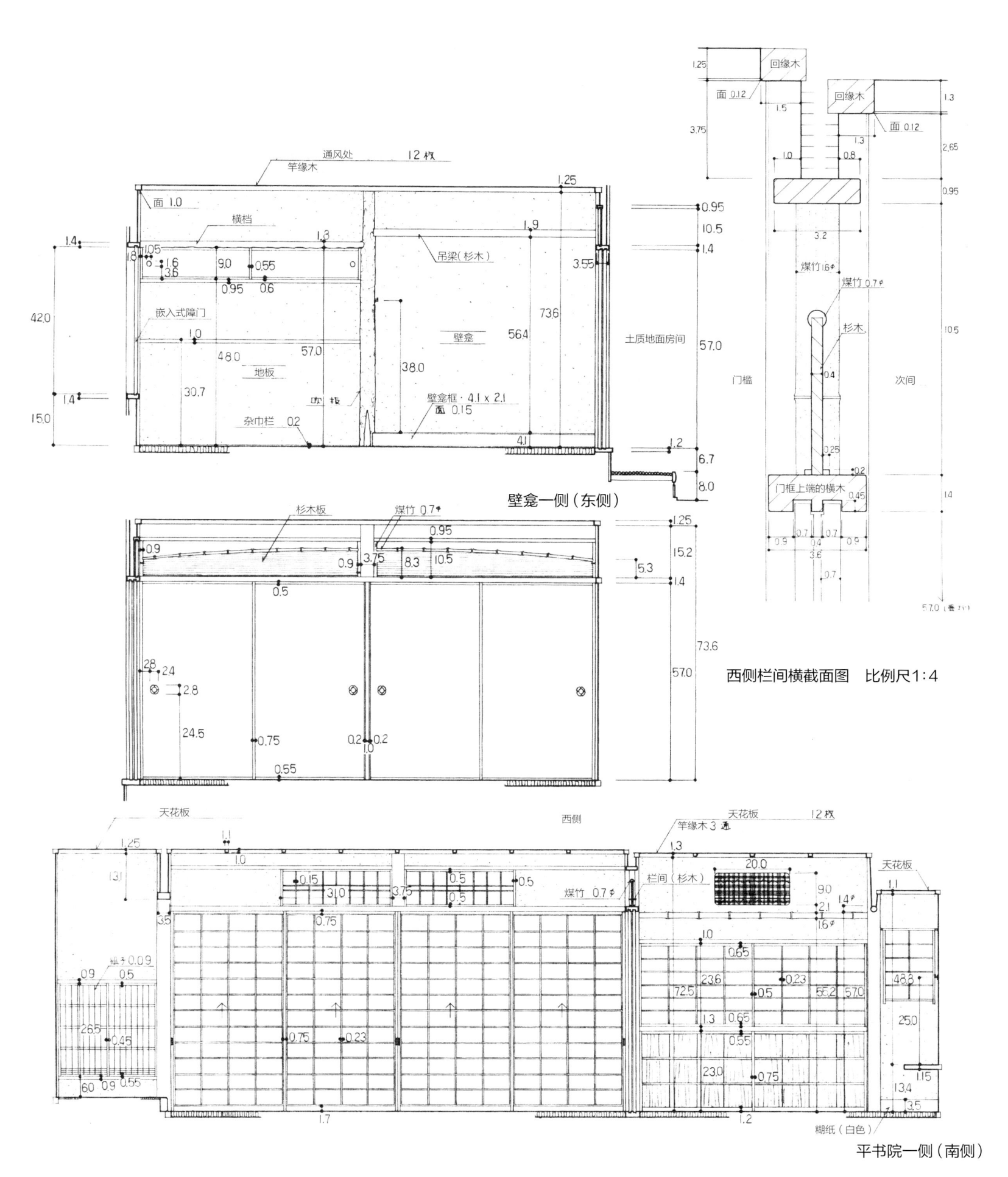

翠之间展开图　比例尺1:30

平书院一侧（南侧）

俵屋　实测图

栏间	建造时间	大正初期
	设计	堀部公允
	施工	不明

炭屋	
所有者	堀部公允
所在地	京都市中京区

栏间在座敷中往往能发挥很大的作用，能够体现设计者的风格。设计者们在设计栏间时，对隔扇打开和关闭时的效果也进行了充分的考虑。在炭屋各个房间的栏间上可以看到各种各样的设计。大部分栏间都是精心设计的镂空雕刻，像永德间这样在桐木板上镶嵌实物的实属少见。

另外，也有像井筒间、二楼六铺席房间那样采用镶嵌带框的格窗的形式。残月间的栏间，从檐廊上看像是涂了漆的底窗，从内侧看则像是房檐，柱子上装饰着胡枝子，横着两根竹子，上面插着藤蔓。

井筒间 钉隐

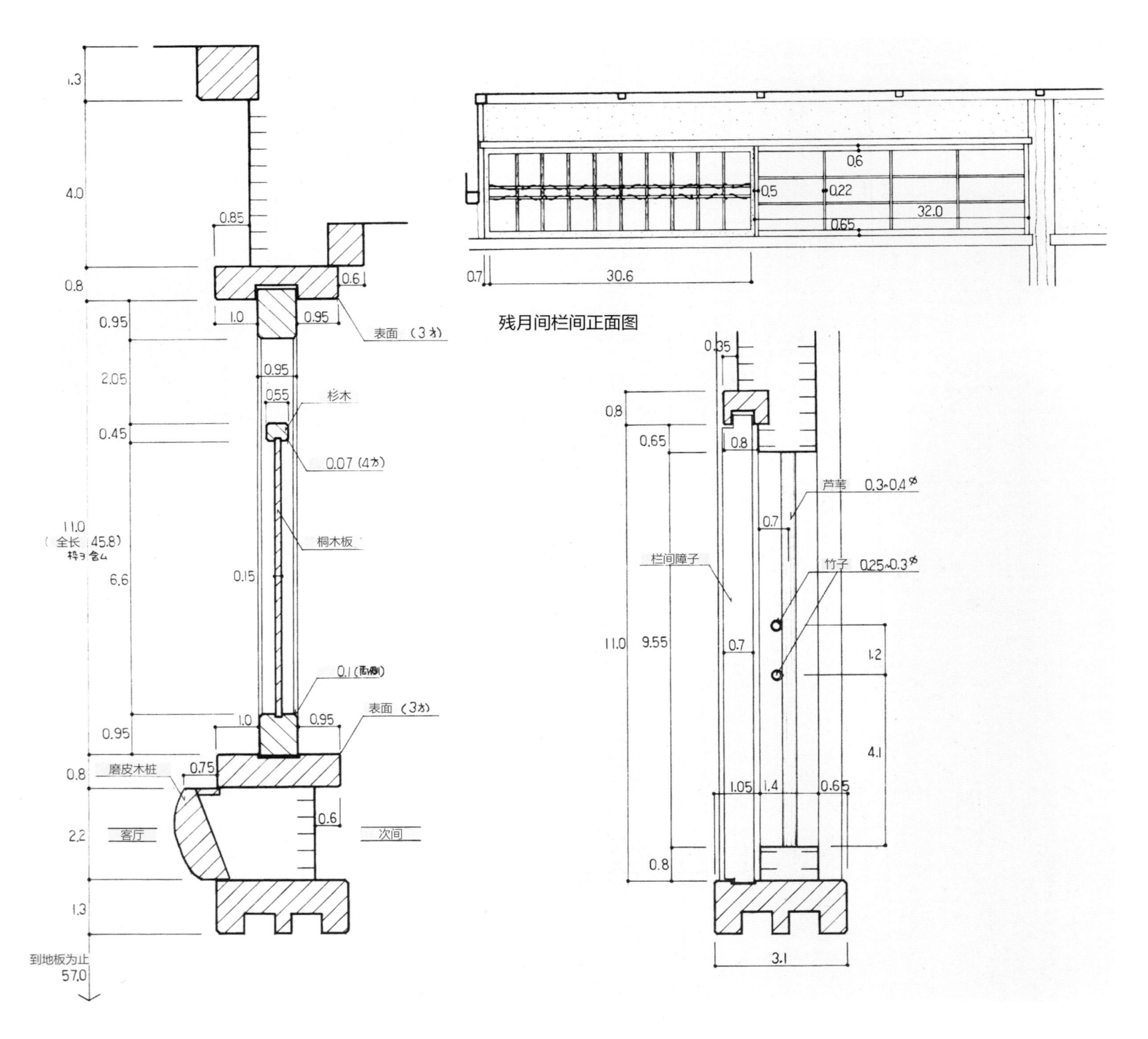

残月间栏间正面图

永德间 栏间截面图　比例尺1:3

残月间 栏间截面图　比例尺1:3

炭屋　实测图

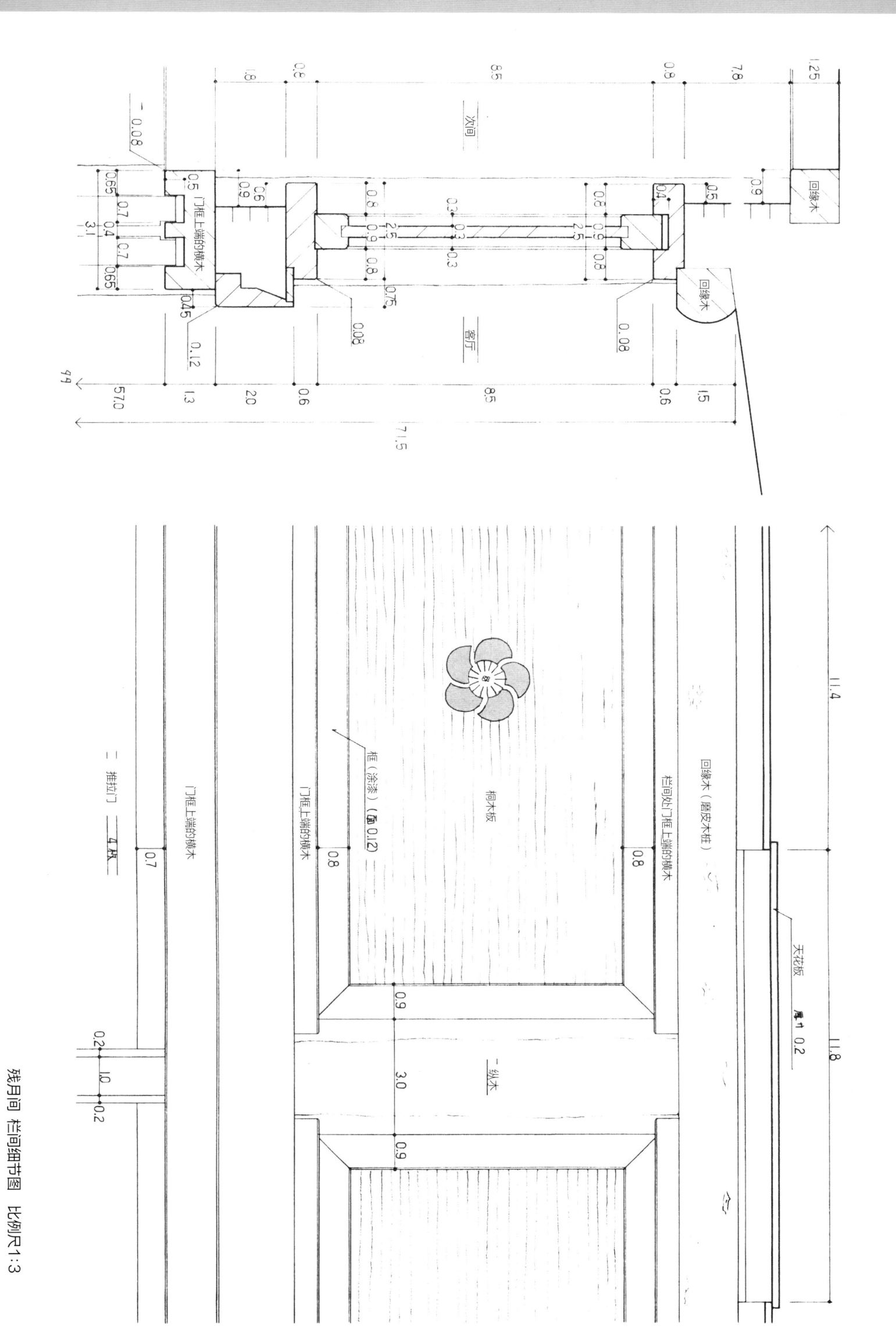

炭屋　实测图

残月间　栏间细节图　比例尺1:3

井筒间 栏间透雕　比例尺1∶2

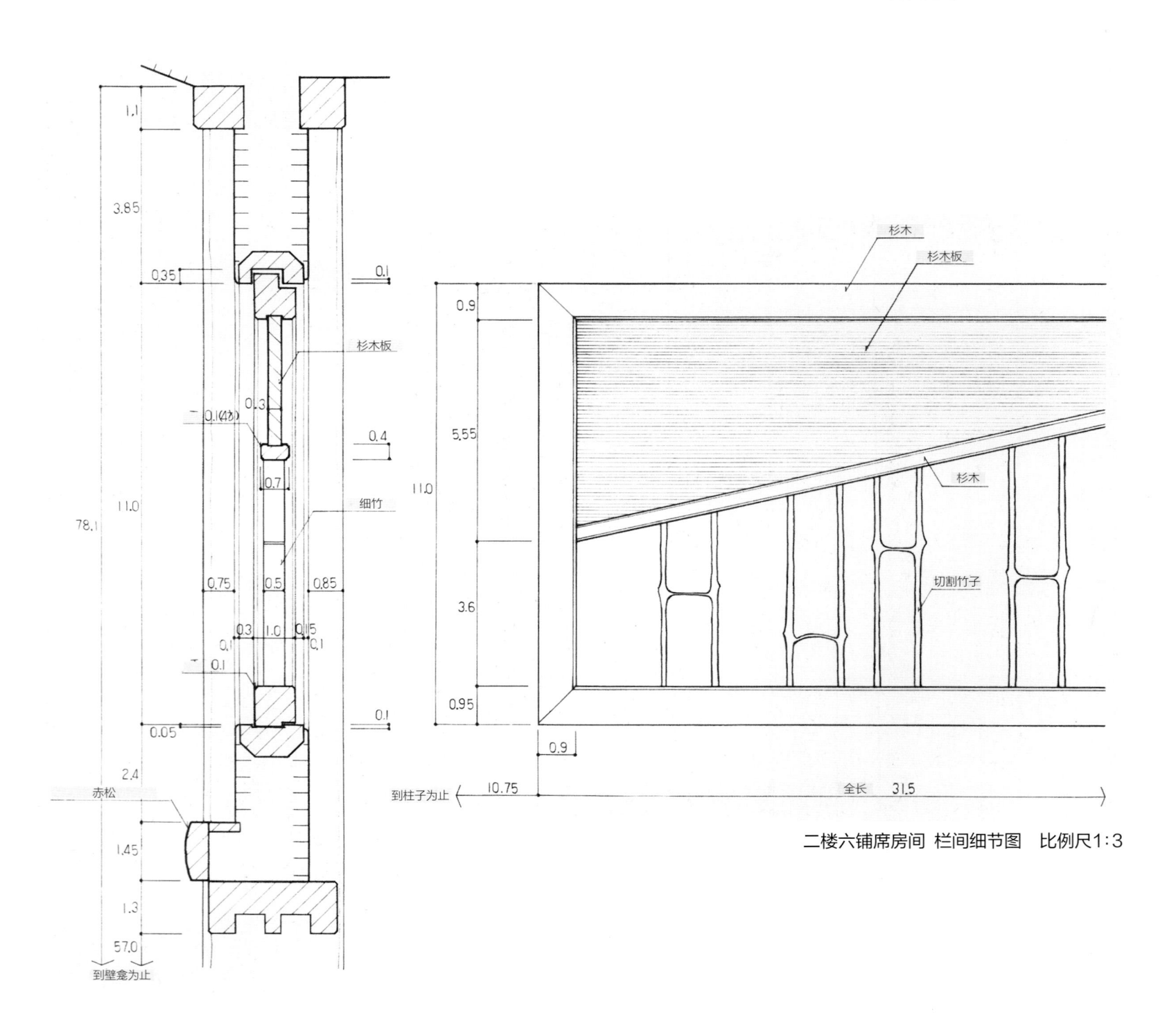

二楼六铺席房间 栏间细节图　比例尺1∶3

炭屋　实测图

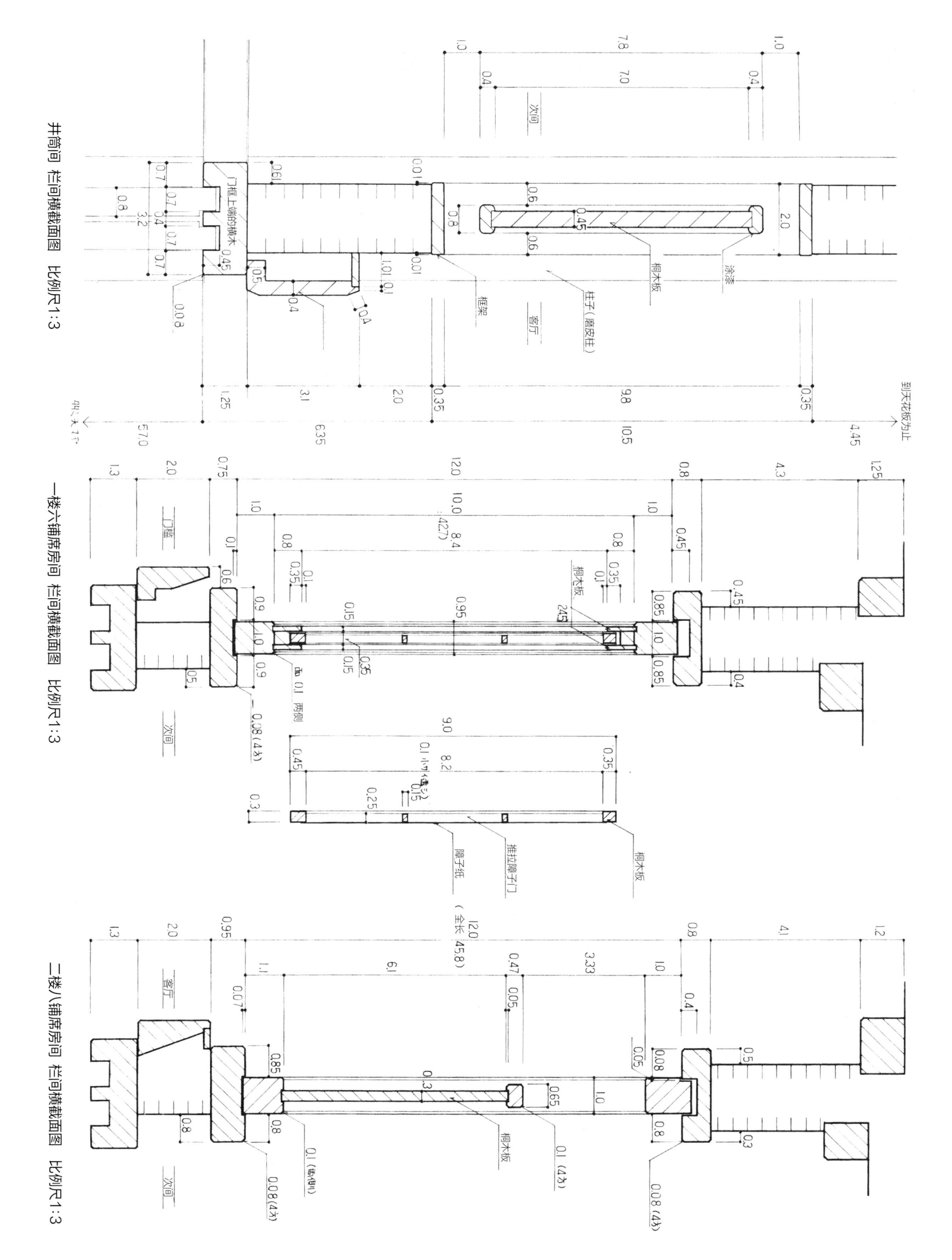

炭屋 实测图

一楼十五铺席房间

所有者 西村源一
所在地 京都市中京区
建造时间 1951年
设计 池田总一郎
施工 熊仓工务店

柊家

本节的主角是一间十五铺席大小的茶室，其旁边还有一间十四铺席大小的等候室。房间的棱柱上挂着长隔板，栏间高五尺七寸，壁龛旁边的长隔板一直延伸到了壁龛柱处。付书院的横梁平衡着长隔板的上下端。壁龛前面设置了一个地橱。壁龛柱用的是圆木。虽然总体风格与一般茶室并无差异，但书院的结构还是十分独特。比如说，右边留了一块小墙，拉门不对称。另外，小墙上还挂了一幅挂画。可见，在壁龛的构造上，也是下了功夫的。除了中央部分，房间被分成了四个区域，将各自的竿缘木按矩形的方向排列。其中两处设置照明器具，并把芦苇编织起来，盛装器物。天花板则与八胜馆的御率间的天花板有异曲同工之妙。

等候室的一侧设置一个储物柜，并在那里做了一个圆炉。整体设计非常用心，十分合理。

等候室 圆炉

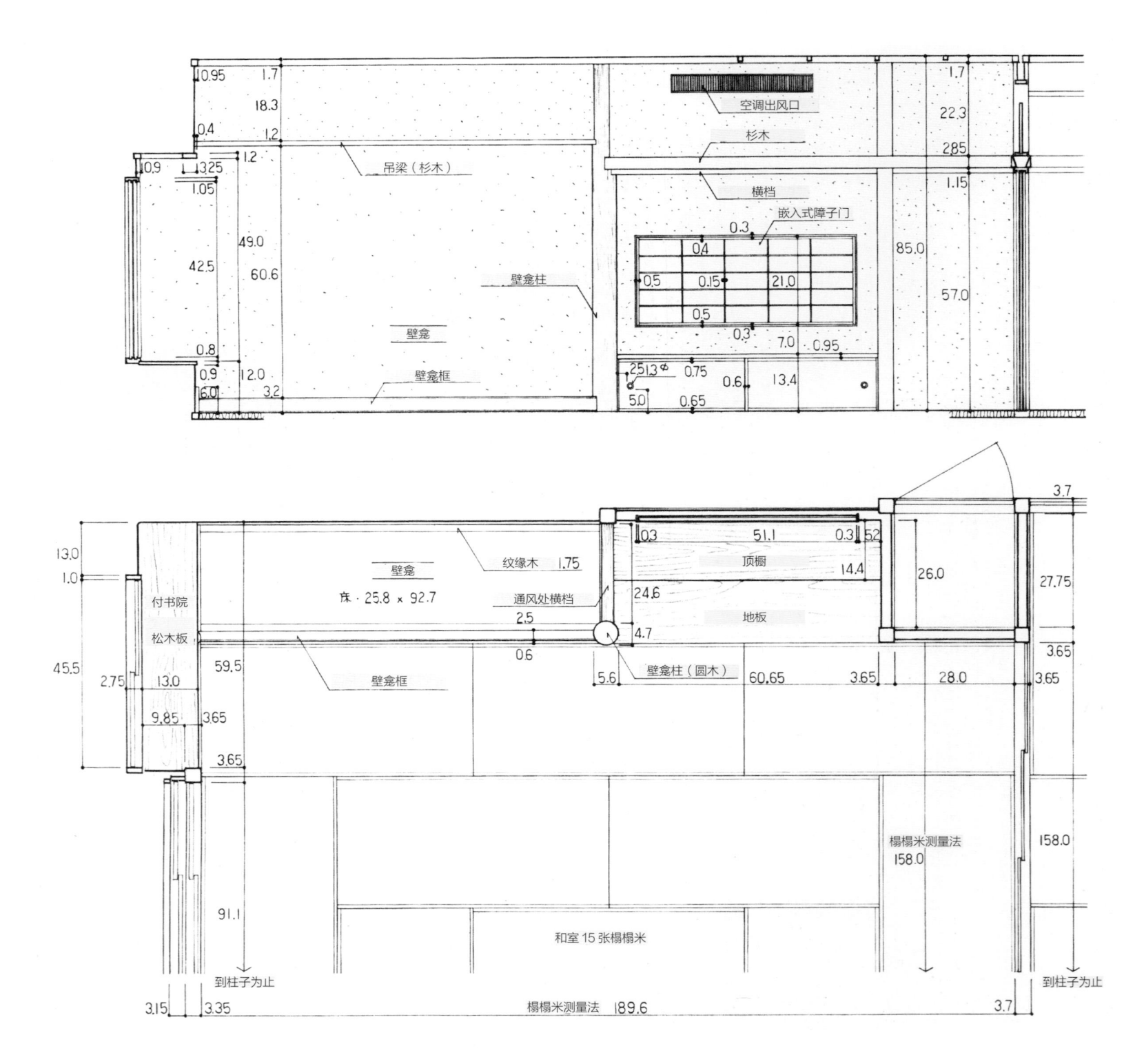

一楼十五铺席房间 壁龛正面平面图 比例尺1:30

柊家 实测图

天花板俯视图　比例尺1:30

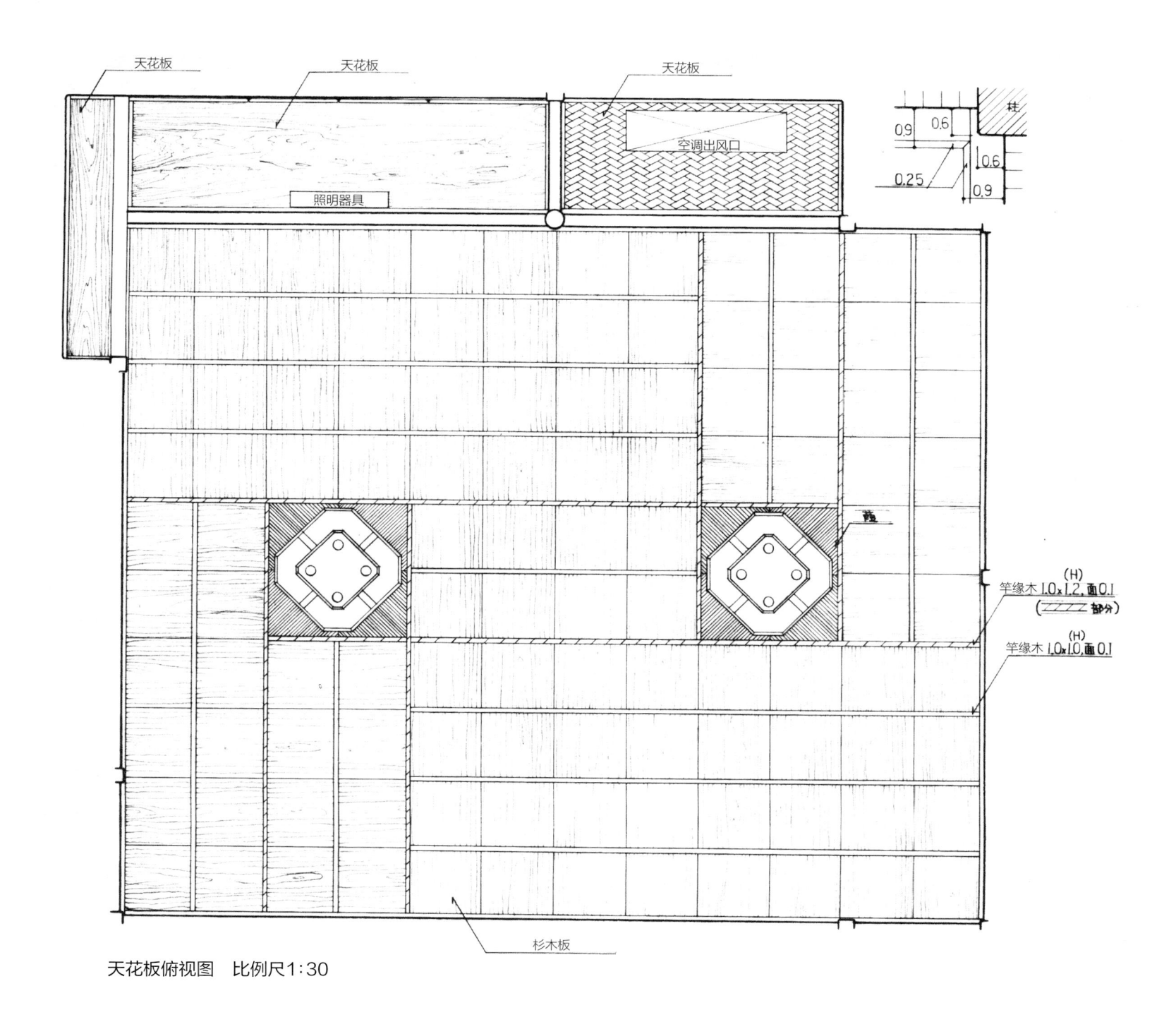

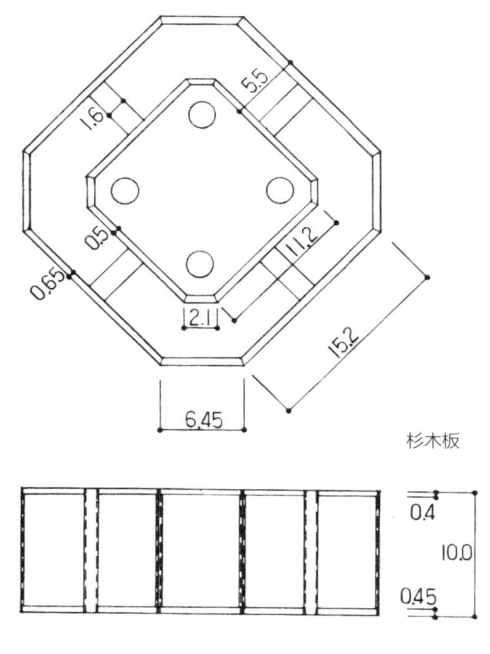

一楼十五铺席房间　照明器具　比例尺1:15

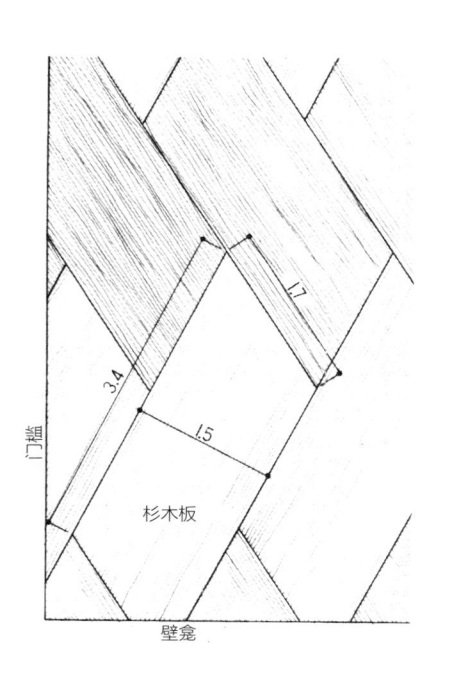

天花板竹栅细节图　比例尺1:2

柊家　实测图

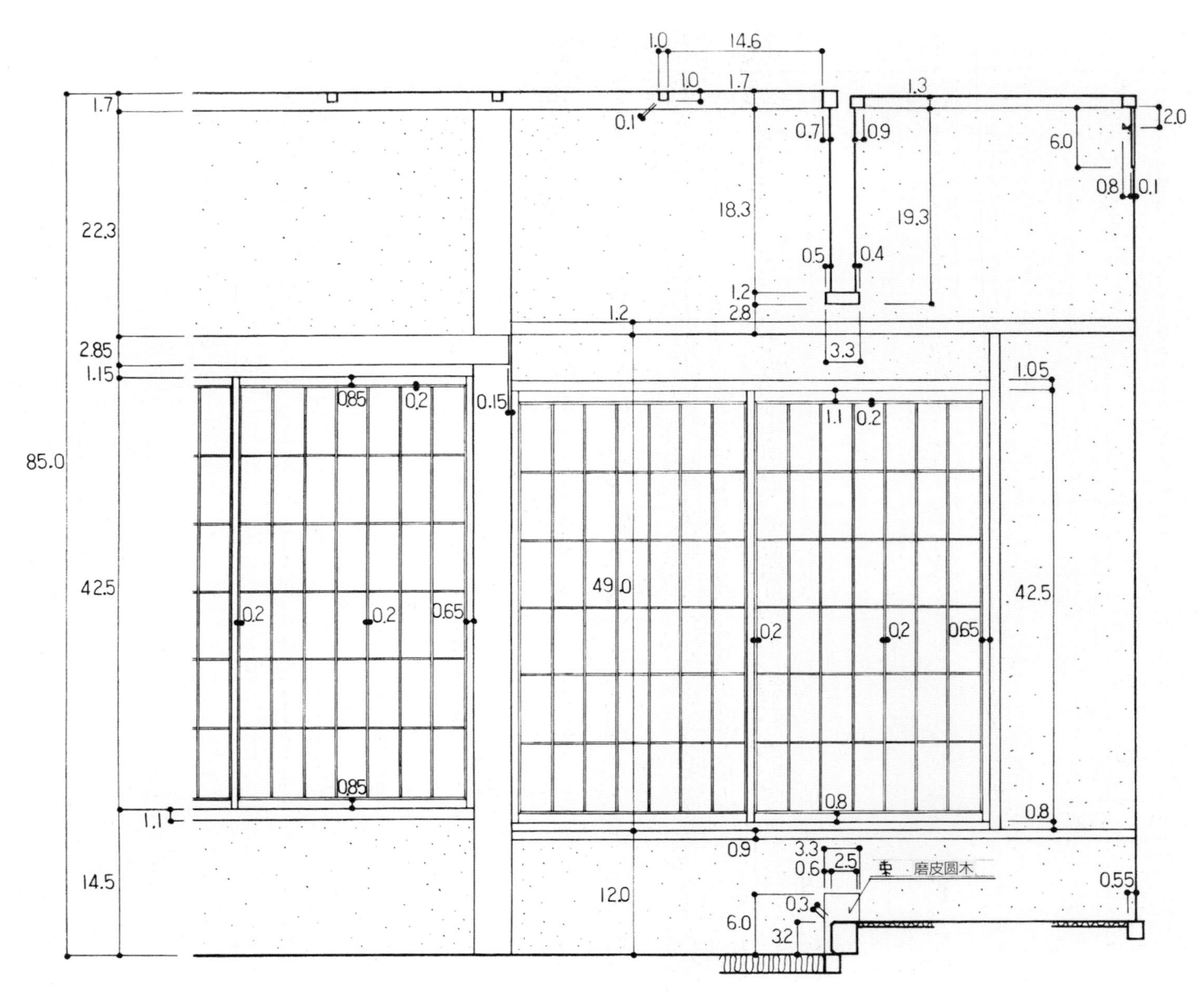

壁龛横截面图　比例尺1:15

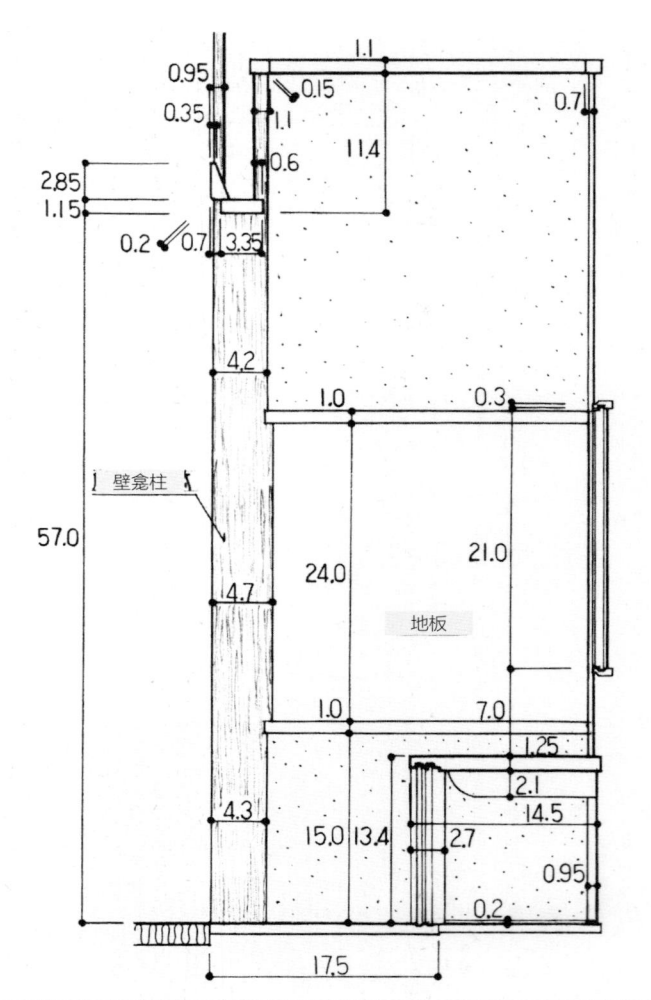

一楼十五铺席房间
壁龛侧面截面图　比例尺1:15

柊家　实测图

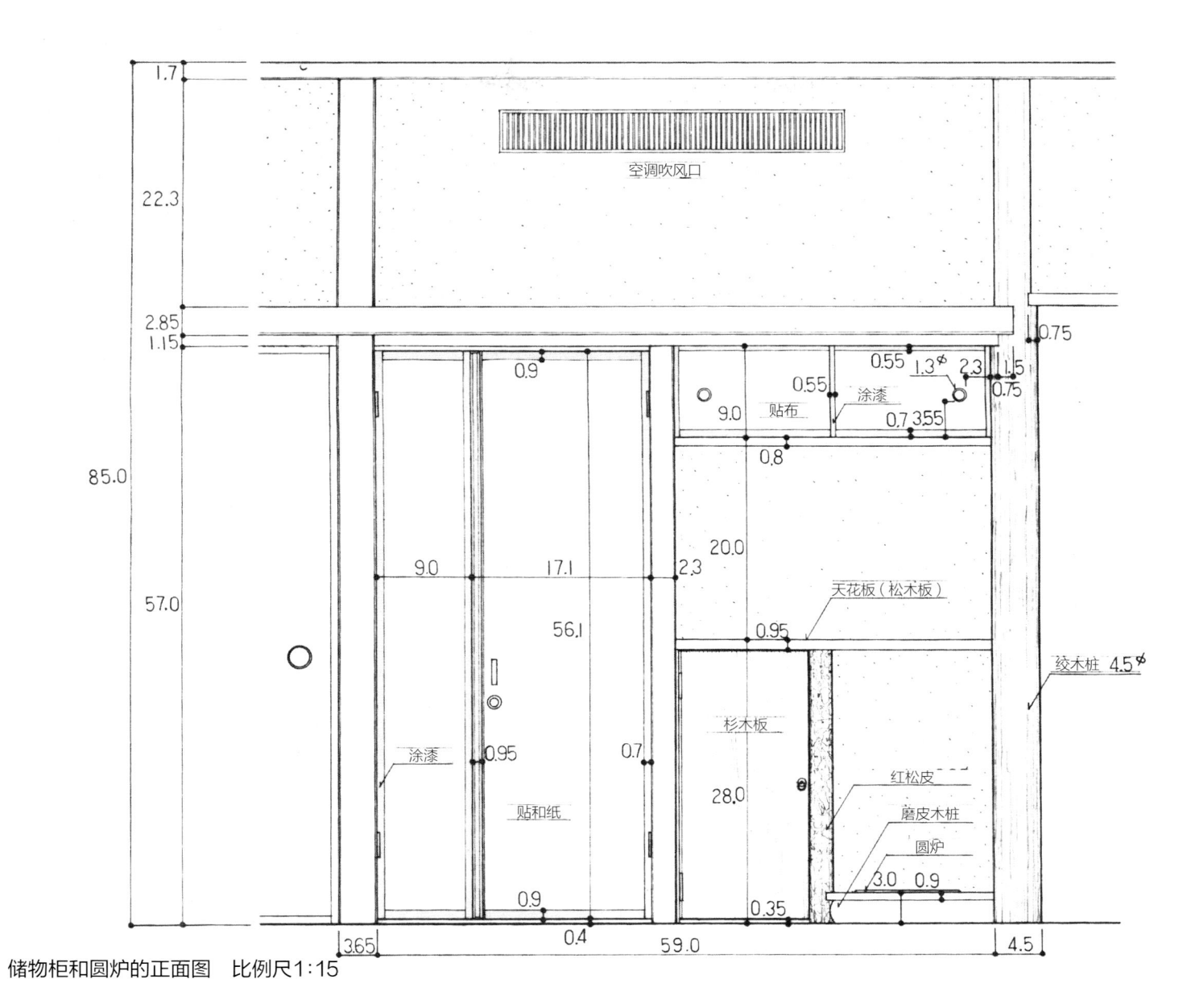

储物柜和圆炉的正面图　比例尺1:15

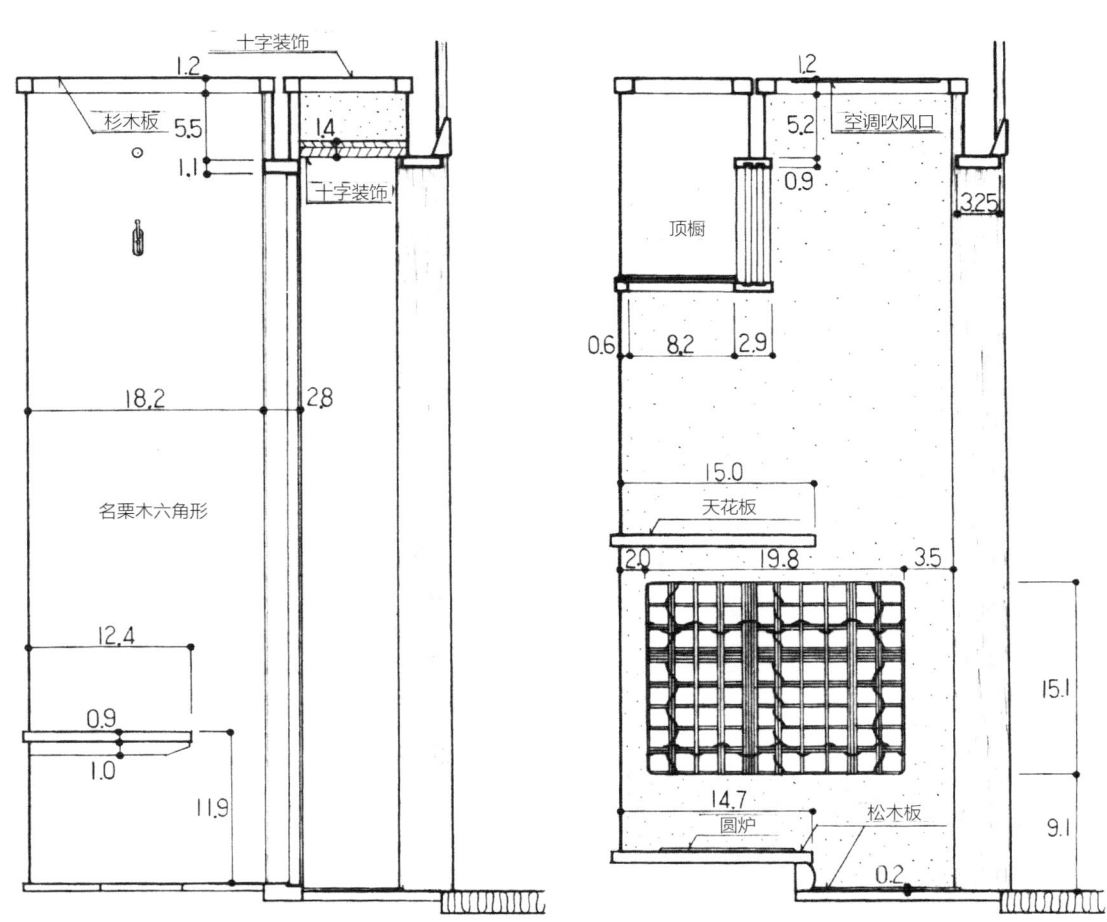

一楼十五铺席房间 储物柜和圆炉的横截面图　比例尺1:15

柊家　实测图

二楼西十一铺席房间

建造时间 1951年
设计 池田总一郎
施工 熊仓工务店

在原本十铺席房间里加设了一个一铺席大小的付书院，还设置了壁龛，从而形成十一铺席房间。栏间只有五尺七寸高，但是天花板高近九尺。房间里面没有棱柱和长隔板，榻榻米的边缘镶了两道边。壁龛柱是方柱，壁龛框上涂了真漆，壁龛地面用的是山毛榉木。壁龛右边做了一个地橱，左边放着一个单层架子。这个结构有效利用了空间。架子板上设置有笔返（桌子、架子边缘处安置的防止文具掉落的木质装饰物），地橱顶板上有装饰物，幕布板上透着格缝。像是缓和壁龛的死板一般，通过横梁与书院前面的一张榻榻米加强了柔和之感。落挂处也不乏装饰元素，材料选用的是红松木。壁龛的一侧镶嵌着雪松木板。书院处安装了桌板，中间留出空间，在另一侧设置地橱。

书院的纸拉窗、栏间的缝隙，它们与壁龛、袖壁共同营造出一种轻松的气氛。

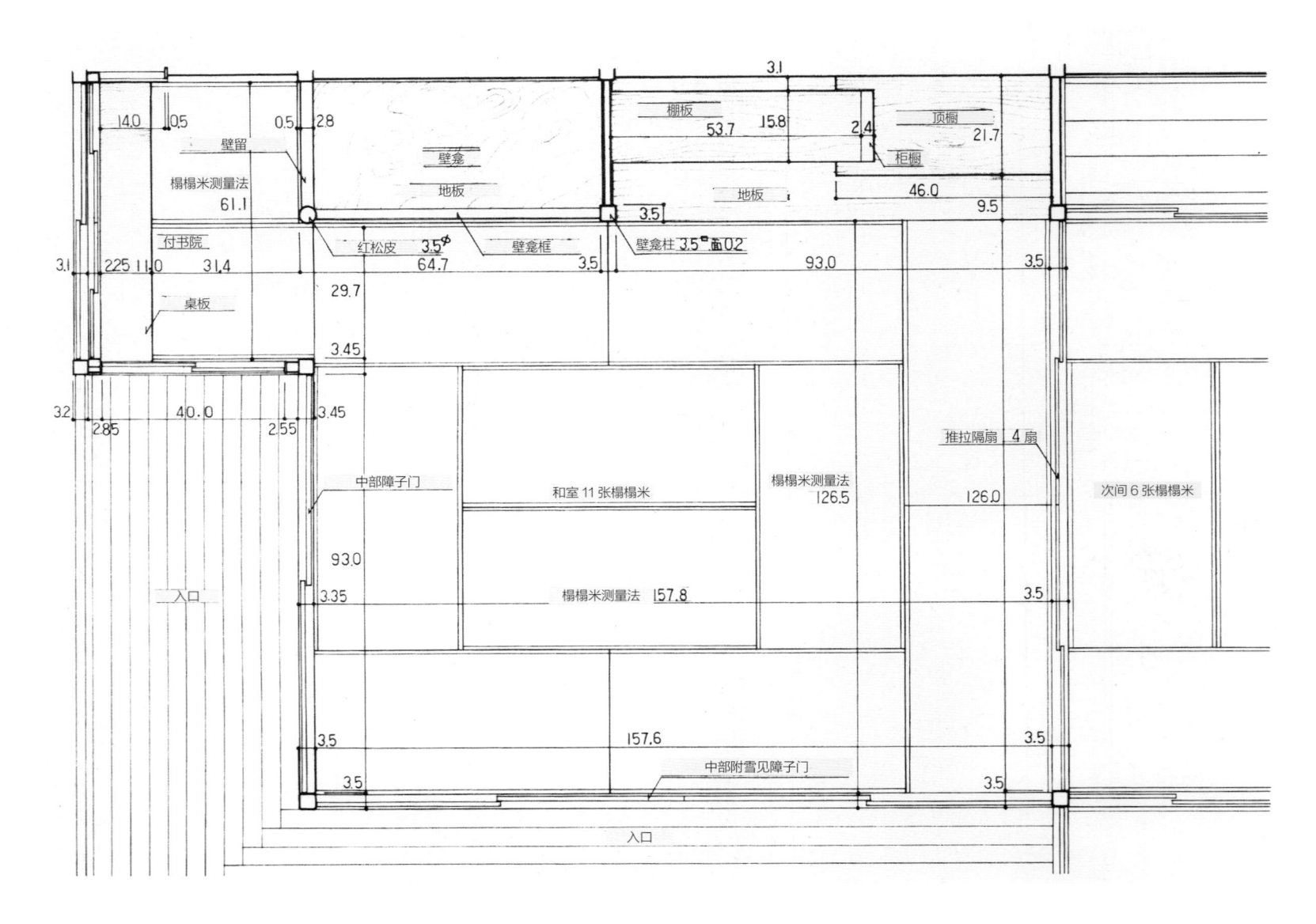

二楼西十一铺席房间平面图　比例尺1:30

柊家　实测图

二楼西十一铺席房间 置物架上的镂空装饰 　　二楼西十一铺席房间 笔返 　　二楼西十一铺席房间 床胁

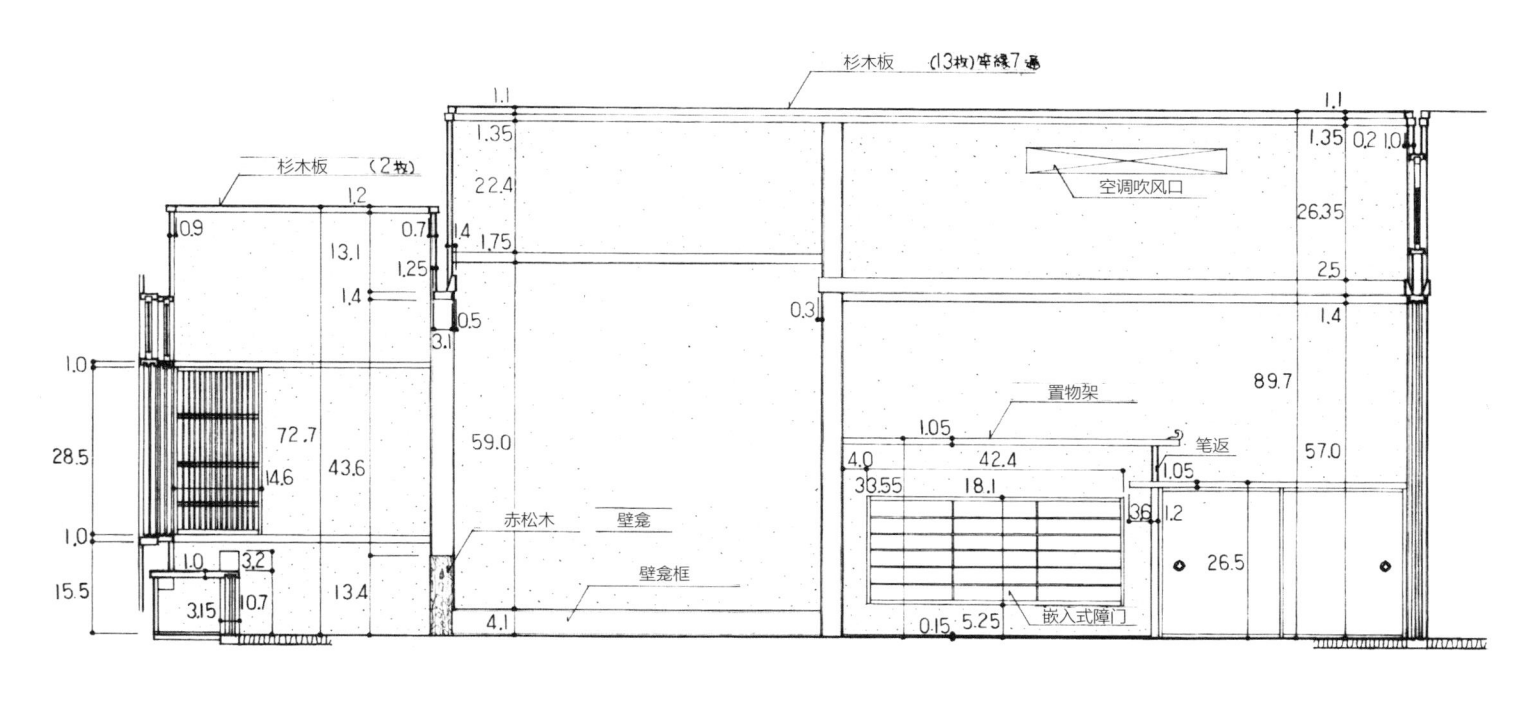

壁龛及床胁正面图　比例尺1:30

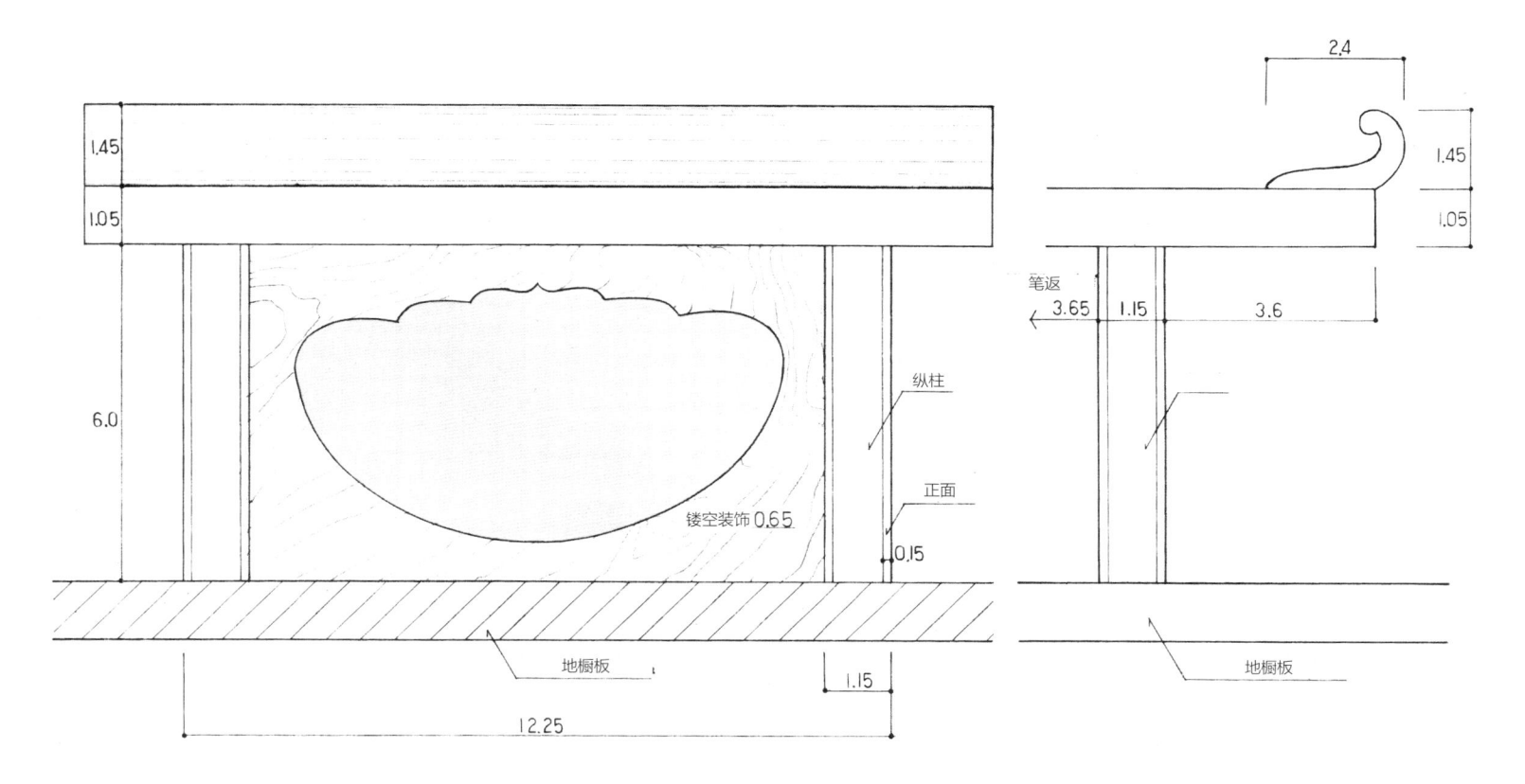

二楼西十一铺席房间 置物架、笔返细节图　比例尺1:3

柊家　实测图

日本建筑集成　座敷的构成　94

二楼西十一铺席房间　付书院栏间透雕

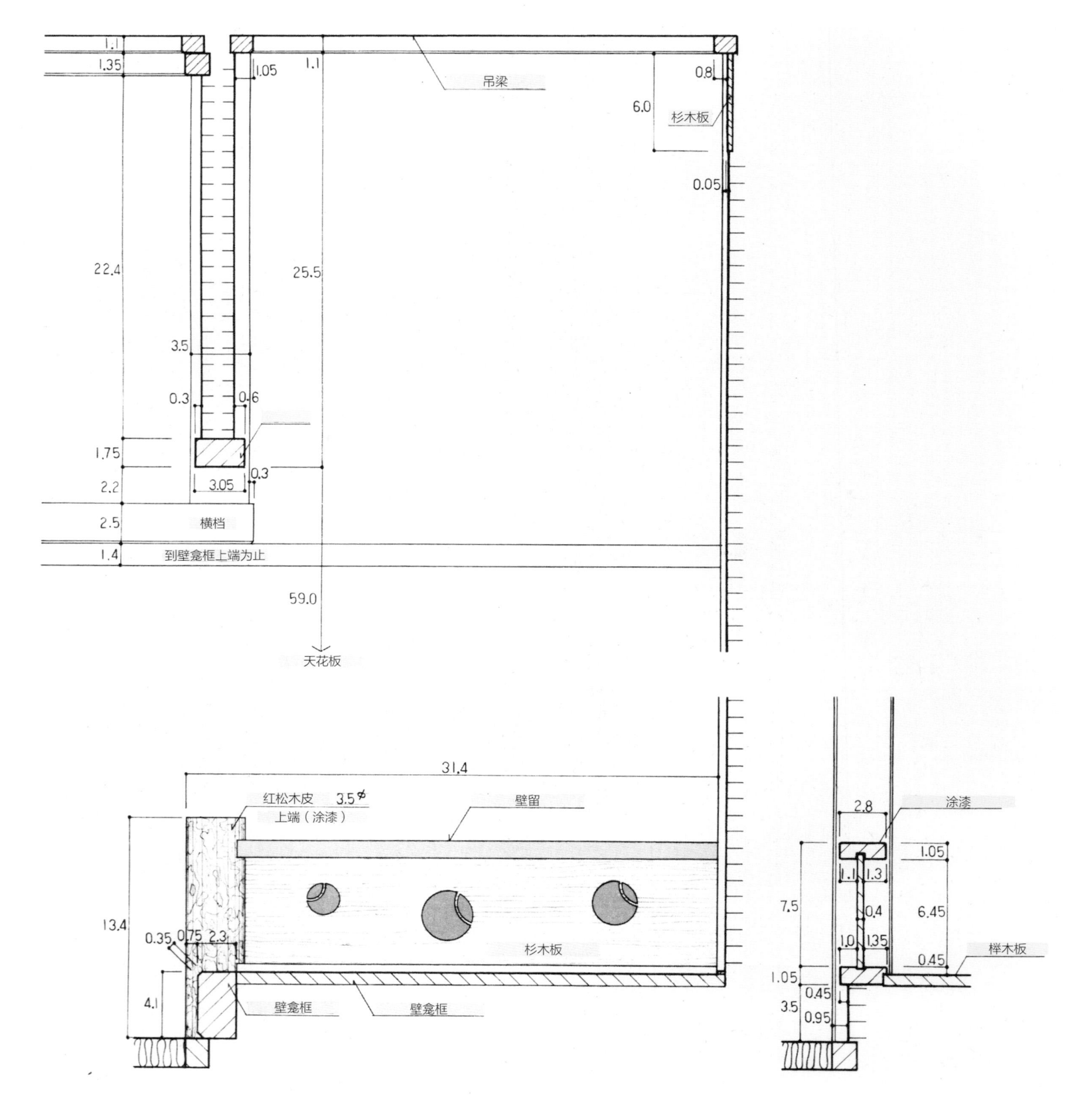

二楼西十一铺席房间　壁龛剖面图　比例尺1:8

柊家　实测图

付书院栏间透雕　比例尺1:4

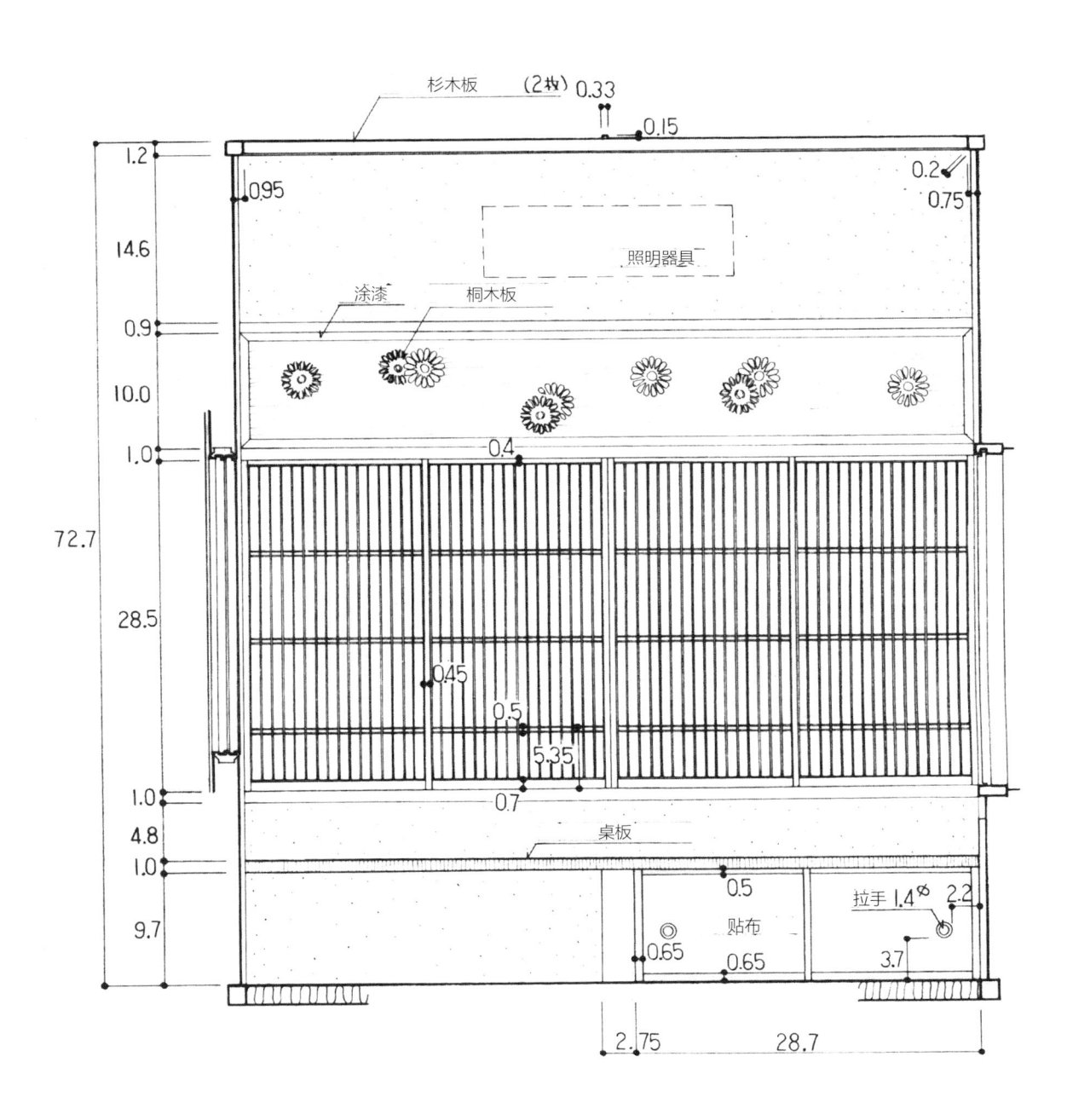

二楼西十一铺席房间　付书院正面　比例尺1:15

柊家　实测图

二楼北十一铺席房间

建造时间 1907年
设计 不明
施工 不明

房间中部是壁龛、架子和付书院。壁龛是木壁龛，壁龛外端没有设置柱子，角落里放着高一尺六寸的芝竹。壁龛旁边加设了一段墙壁。还设计了一个长长的地橱。长方形的墙面上开着两扇书院窗。与铺设榻榻米之处隔着一尺五分的地方放有一张桌子。书院窗的上半部分用的是幕布，幕布的下端呈油灯形。在地橱和书院的桌子交接处的一角，还有一个高约一尺五寸三分的桌子。这张桌子比书院的桌子高五寸七分，有两层抽屉。

二楼北十一铺席房间 天花板结构

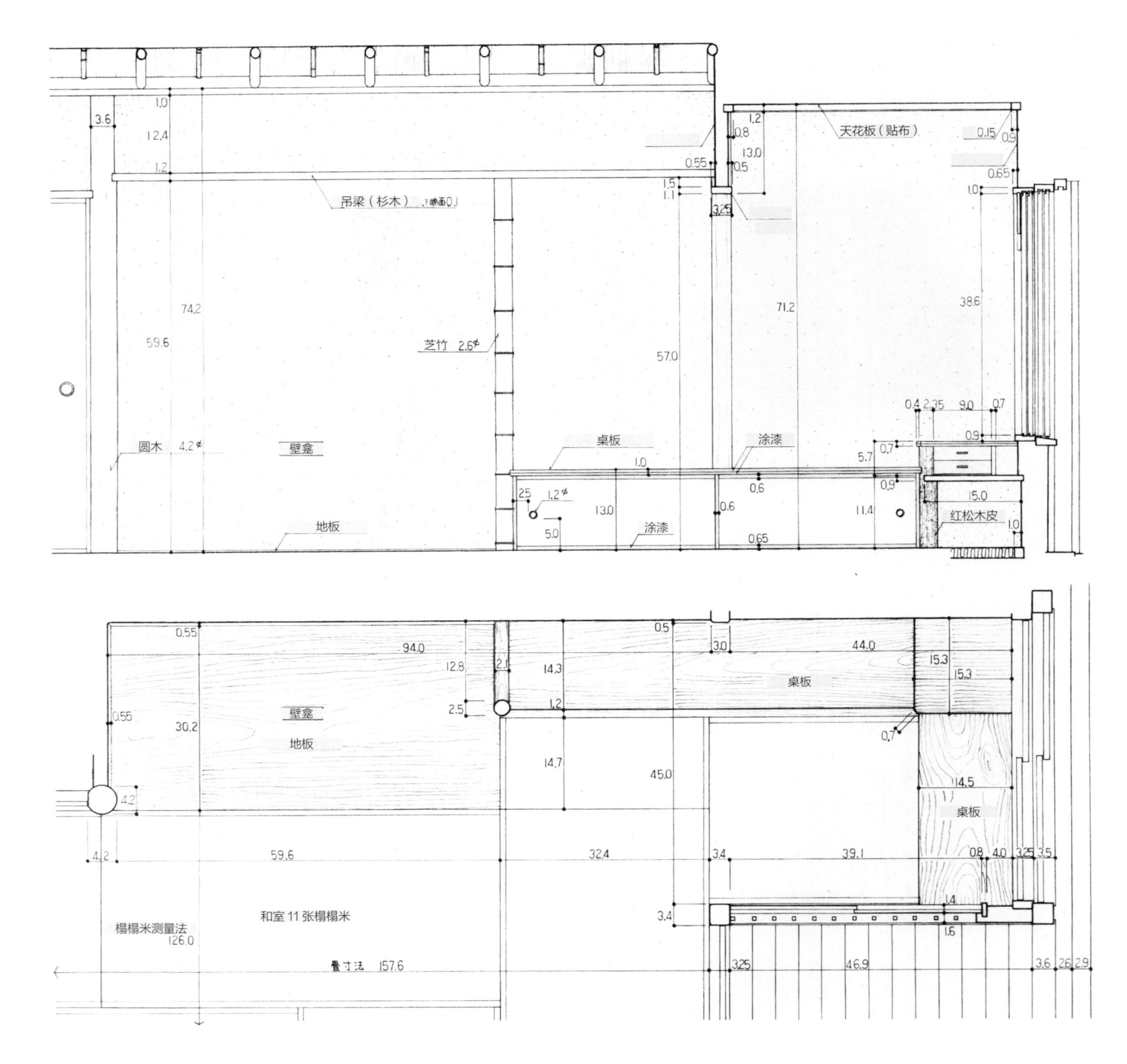

二楼北十一铺席房间 壁龛正面平面图 比例尺1:20

柊家 实测图

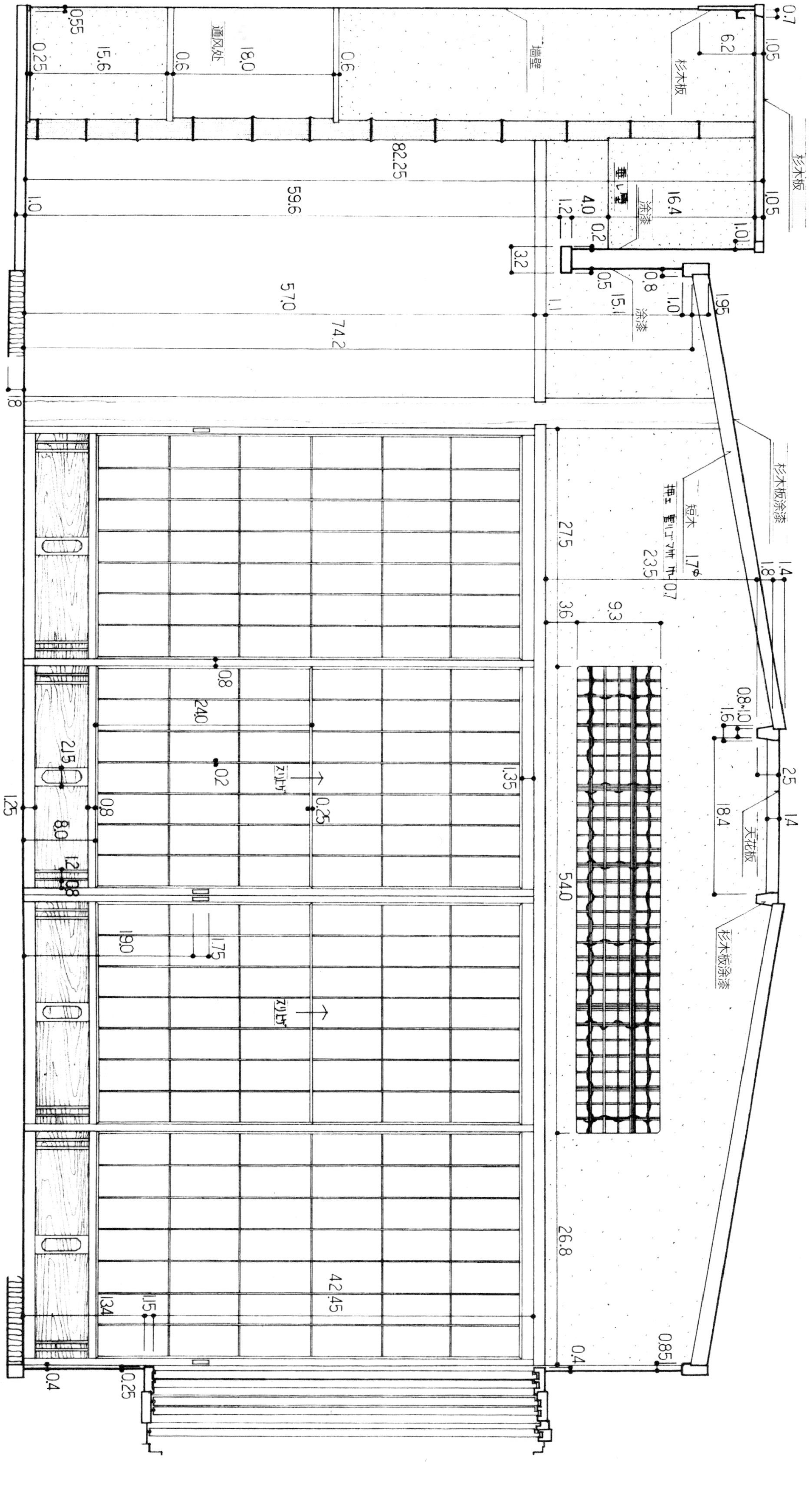

二楼北十一铺席房间 付书院展开图 比例尺1:15

二楼北十一铺席房间 腰门

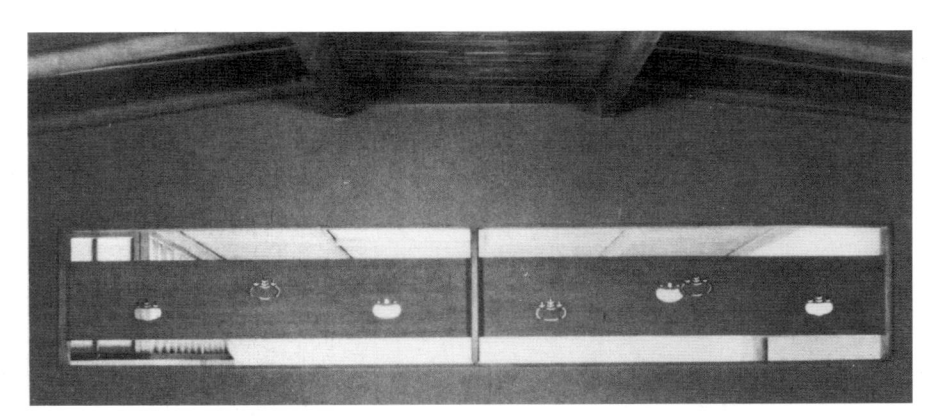

二楼北十一铺席房间 东侧栏间

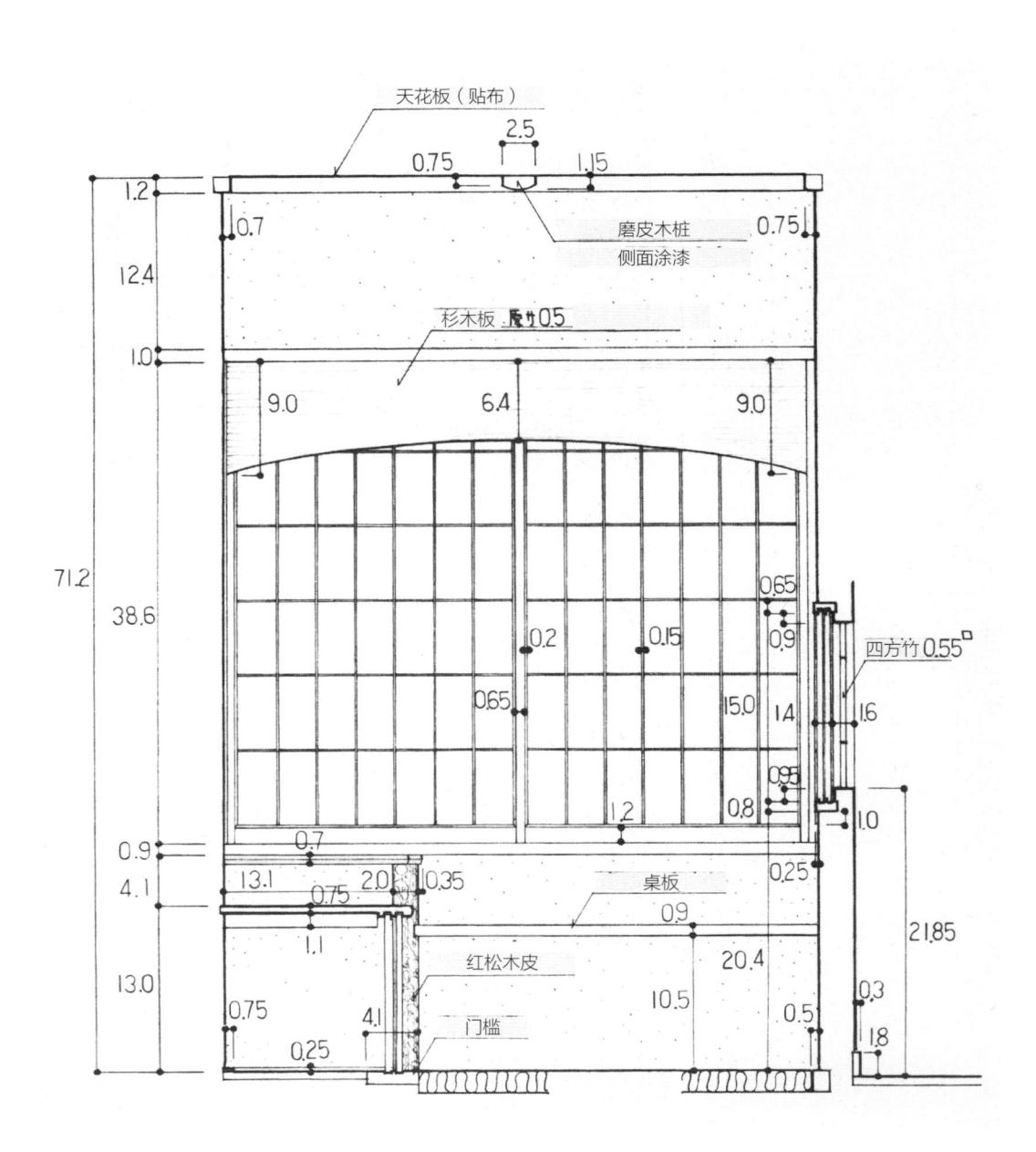

二楼北十一铺席房间 付书院西侧　比例尺1:15

柊家　实测图

侧面格窗截面图　比例尺1:2

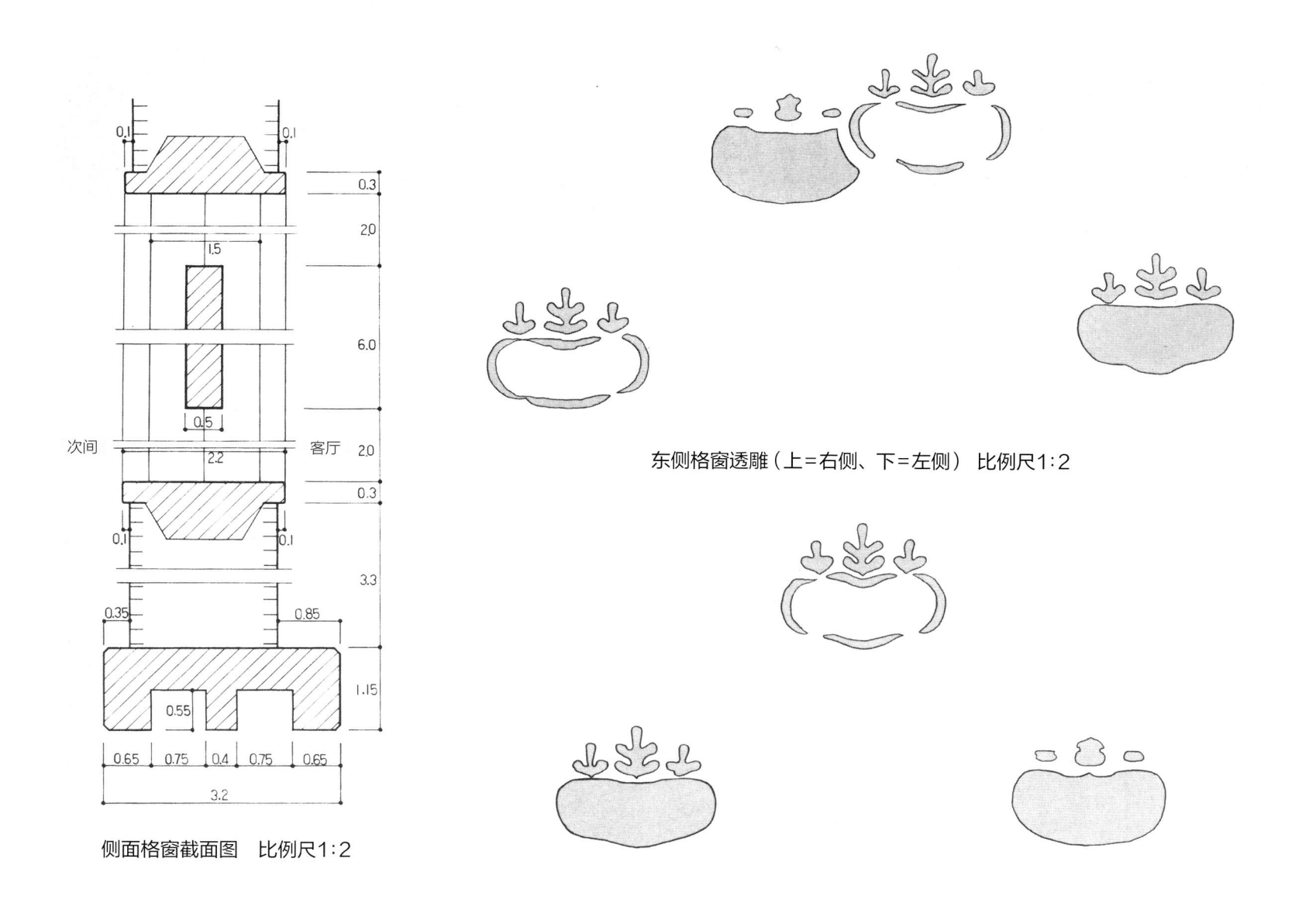

东侧格窗透雕（上＝右侧、下＝左侧）　比例尺1:2

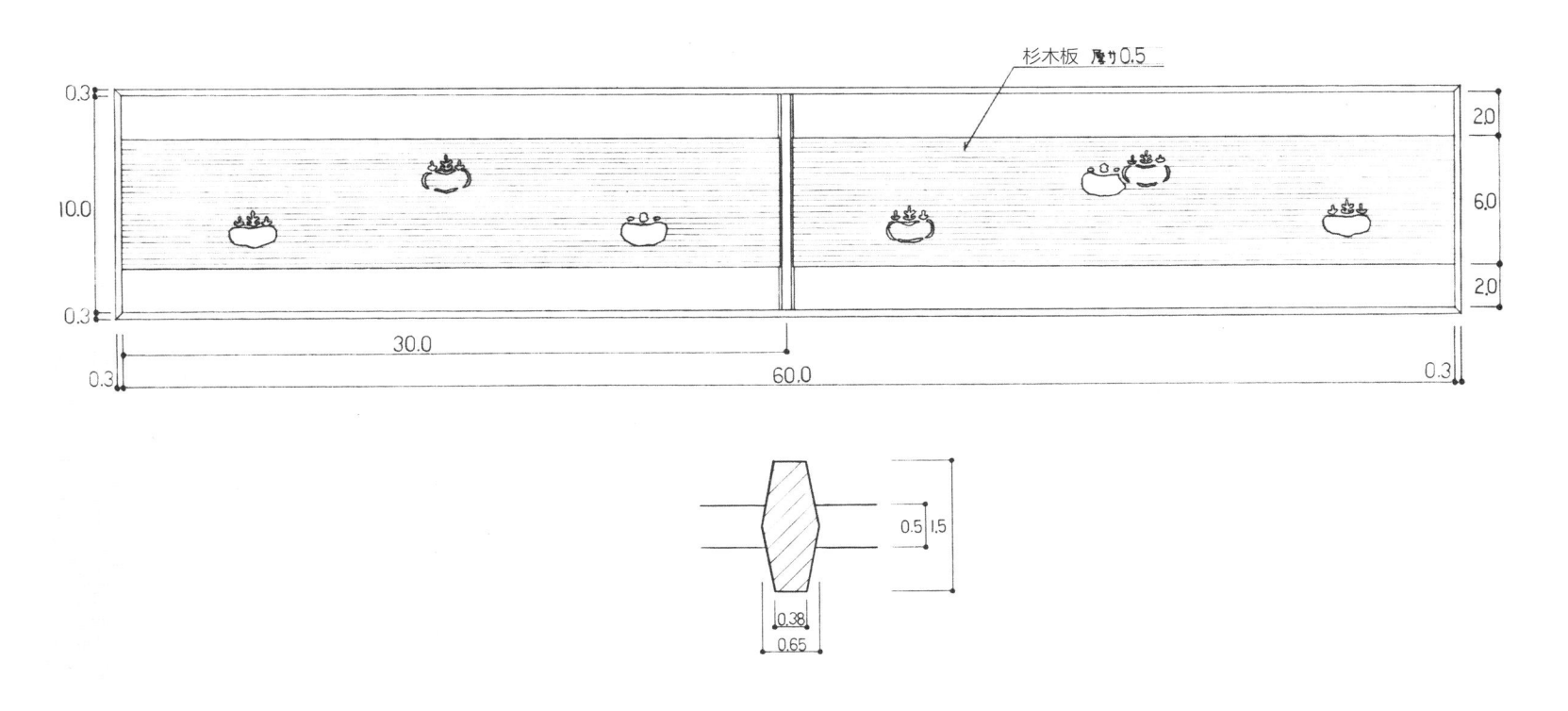

杉木板 厚り0.5

二楼北十一铺席房间　东栏间细节图　比例尺1:8，1:2

柊家　实测图

听竹居

客厅及和室

所在地 京都府乙训郡
所有者 藤井寿子
建造时间 1927年
设计 藤井厚二

本建筑是藤井厚二在京都设计的一系列住宅之一,也是他最后的作品。

日本的近代住宅,无论是客房还是主人卧室都会使用椅子这个摆件,这是和风与西洋风的共存,或者说是两种风格的共融。作为研究座敷的学者,不应该忽视这一点。藤井厚二以"以椅子生活为主,也混用榻榻米生活"(藤井厚二著《听竹居图案集》)为理念设计的听竹居,从这个观点来看是特别值得关注的作品。每个房间可以称得上是一本书。

在客厅的一侧有一个餐厅,餐厅地板进行了垫高。再往里面有4张半榻榻米大小的卧室。庭院的那边连着走廊。餐厅的入口处呈圆弧形,并且与客厅相连。与檐廊交错的出入口与中门槛窗相接。其与和室的交界处,现在铺了榻榻米,设置了四道隔扇,还设有栏间,之前是没有任何隔断的。利用高低差,在壁龛框和壁龛之间设置了"导气口",并安装了拉门。由此,木板间和三铺席铺的和室连在一起,形成了一个完全连贯的空间。在此处可以看到由顶橱、地橱、抽屉等组合而成的罕见的结构。三铺席和室与卧室隔着两道隔扇相连。餐厅入口旁边的架子和上面的时钟都是藤井设计的。

"日本的住宅为了避免夏季日光的直射,会在主要的房间外侧设置檐廊。"这一点非常重要。以前的檐廊没有这么细长,甚至有的檐廊是朝北的,后来慢慢地进行了统一,檐廊开在南面和西面的比较多。如前所说,这座建筑中的

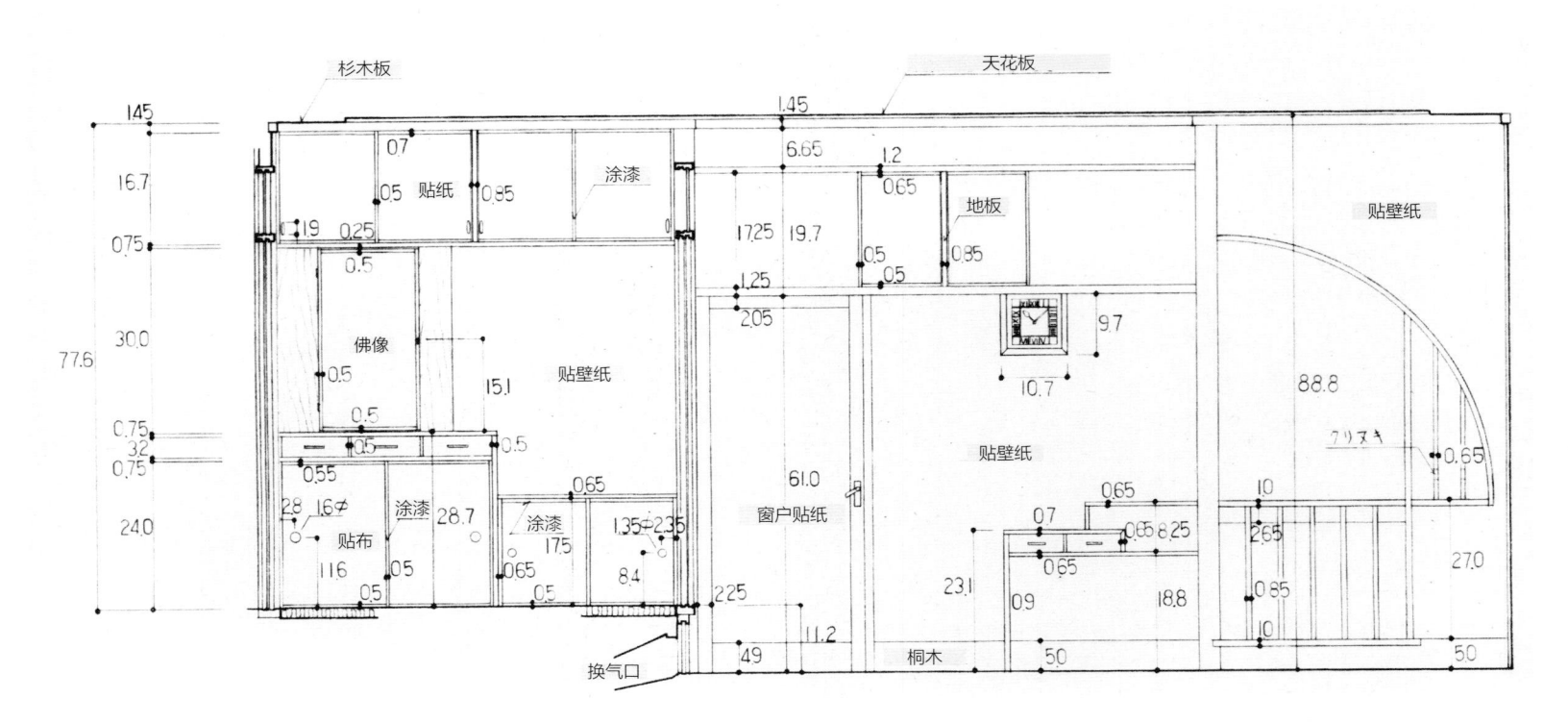

客厅及和室的西侧　比例尺1:30

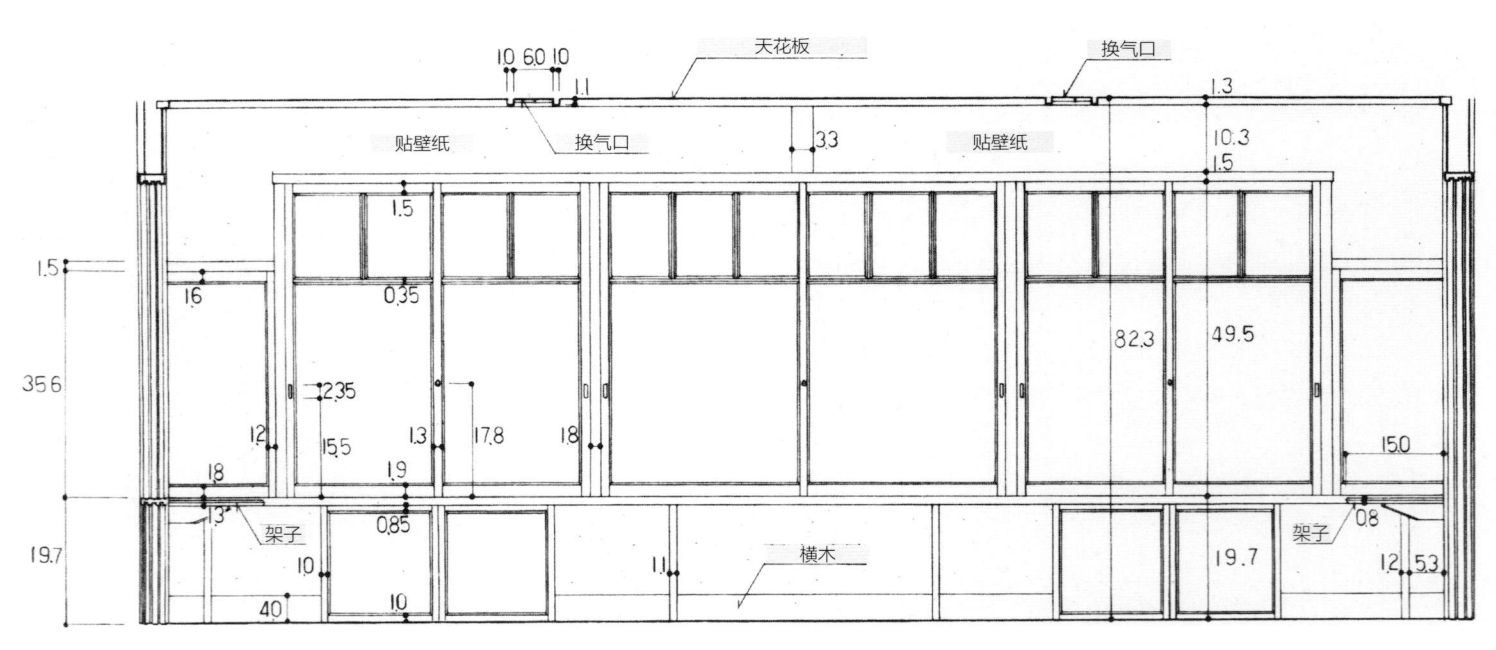

宽走廊展开图　比例尺1:30

东侧(庭院一侧)

听竹居　实测图

檐廊不仅用来通风换气，具有实用性，其每一个细节，都进行了用心的设计，同时具有美观性。

为了方便瞭望风景，檐廊上不会设计柱子，而是设计成一种嵌入窗的形式，这可以说是现代建筑设计的先驱。

藤井厚二根据美学法则创作的《听竹居图案集》中对听竹居的细节尺寸进行了记录。比如：

柱子的直径为10厘米，角面宽度5厘米。墙壁上的柱子，间隔2米或1.5米。

天花板的高度为2.7米。出入口高度为1.85米，没有栏间的话为1.8米，栏间的高度为30厘米。

窗口高度为1.5米，宽度为1.9米或1.4米，位置为从地面到门槛上面的70厘米之间。窗户厚度为4厘米。回线厚度为4.5厘米。

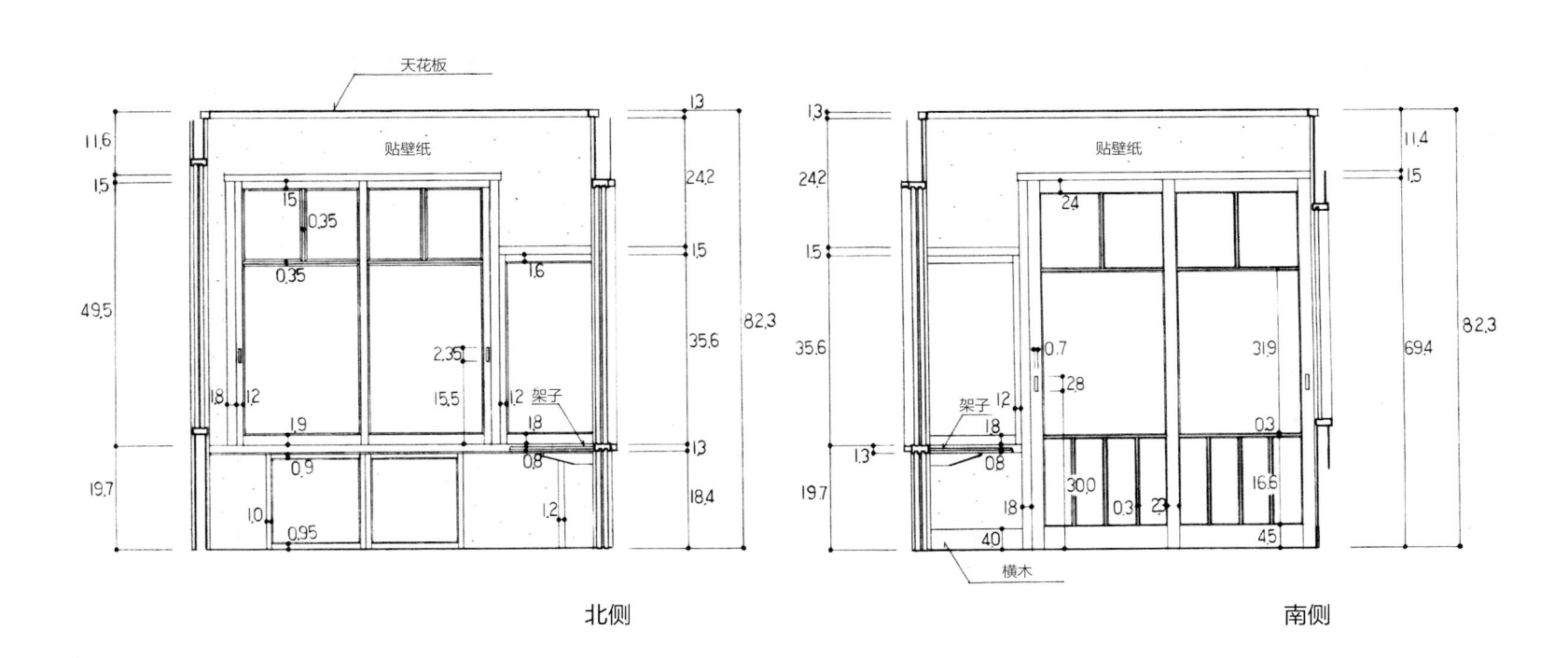

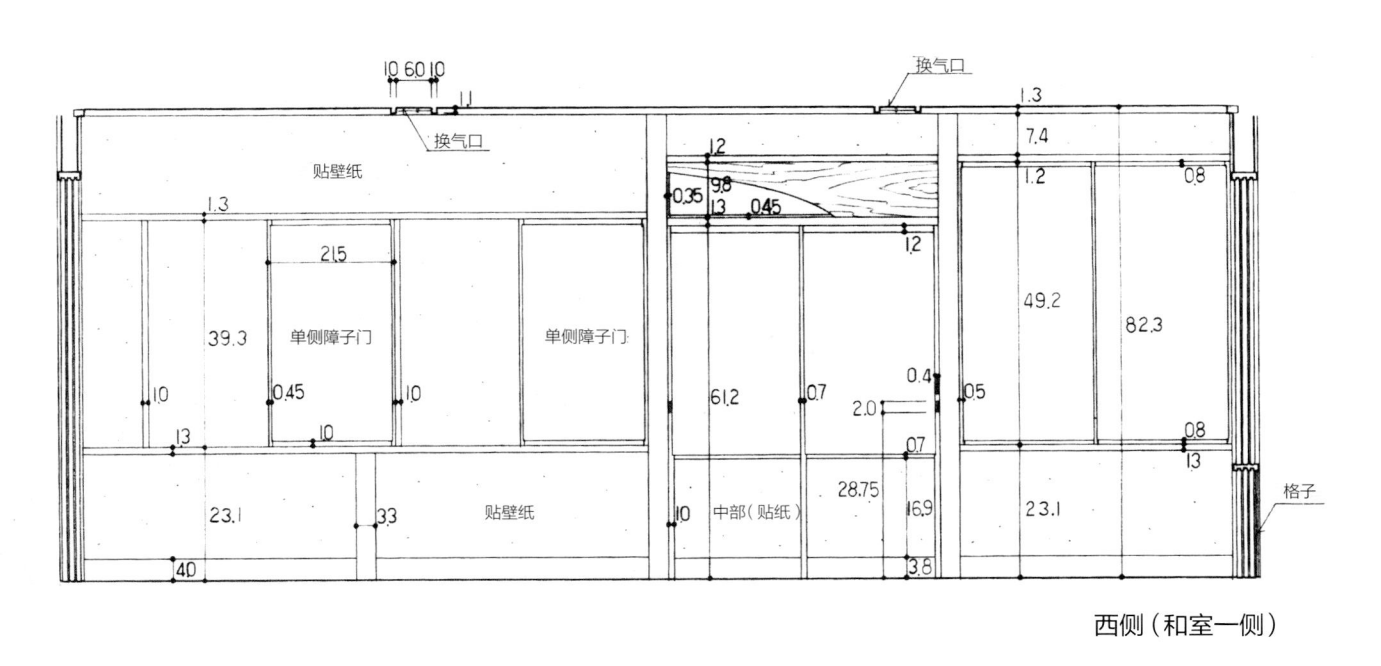

北侧　　　　　　　南侧

宽走廊展开图　比例尺1:30

听竹居　实测图

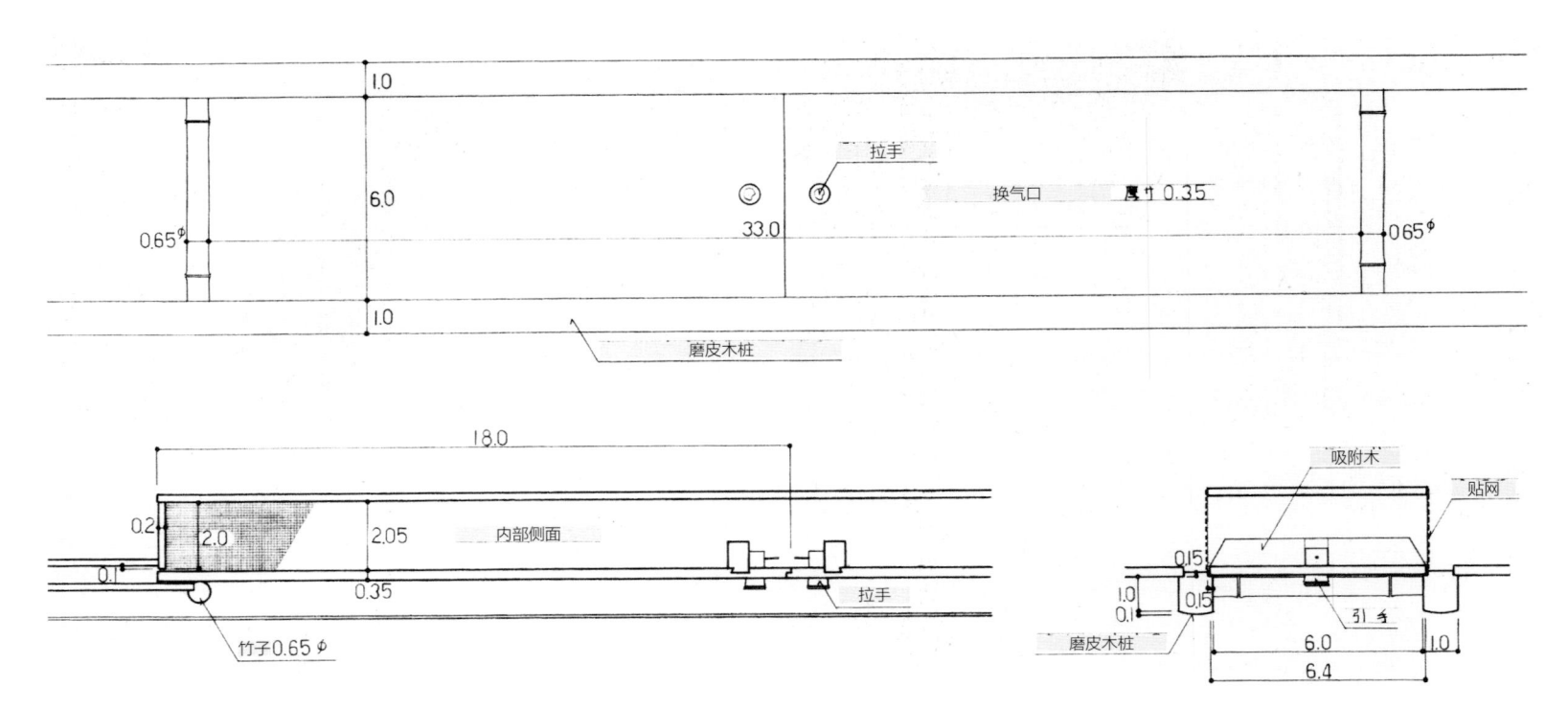

宽走廊天花板换风口细节图　比例尺1:5

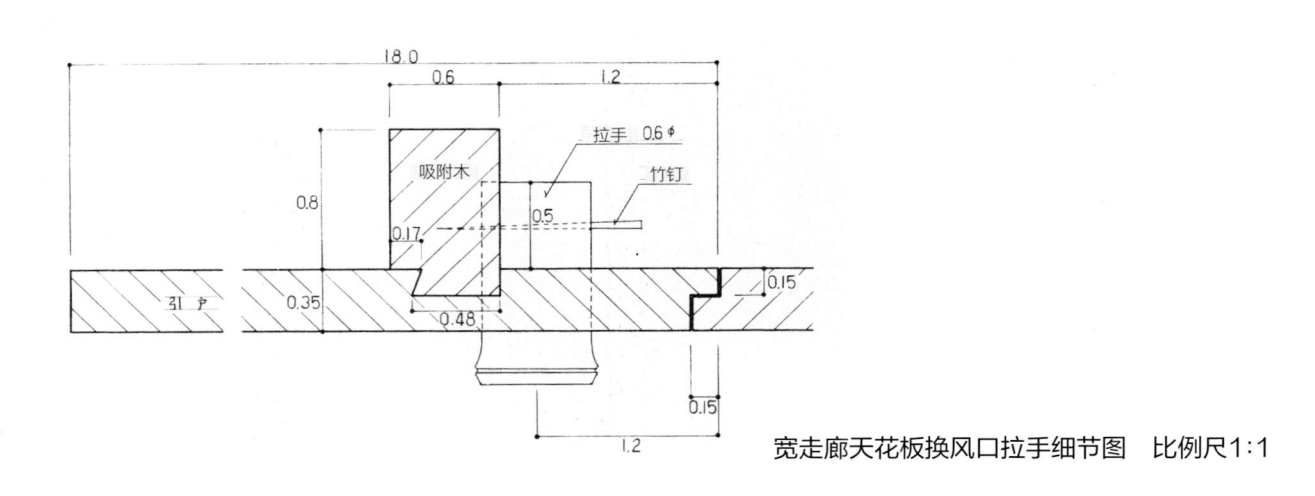

宽走廊天花板换风口拉手细节图　比例尺1:1

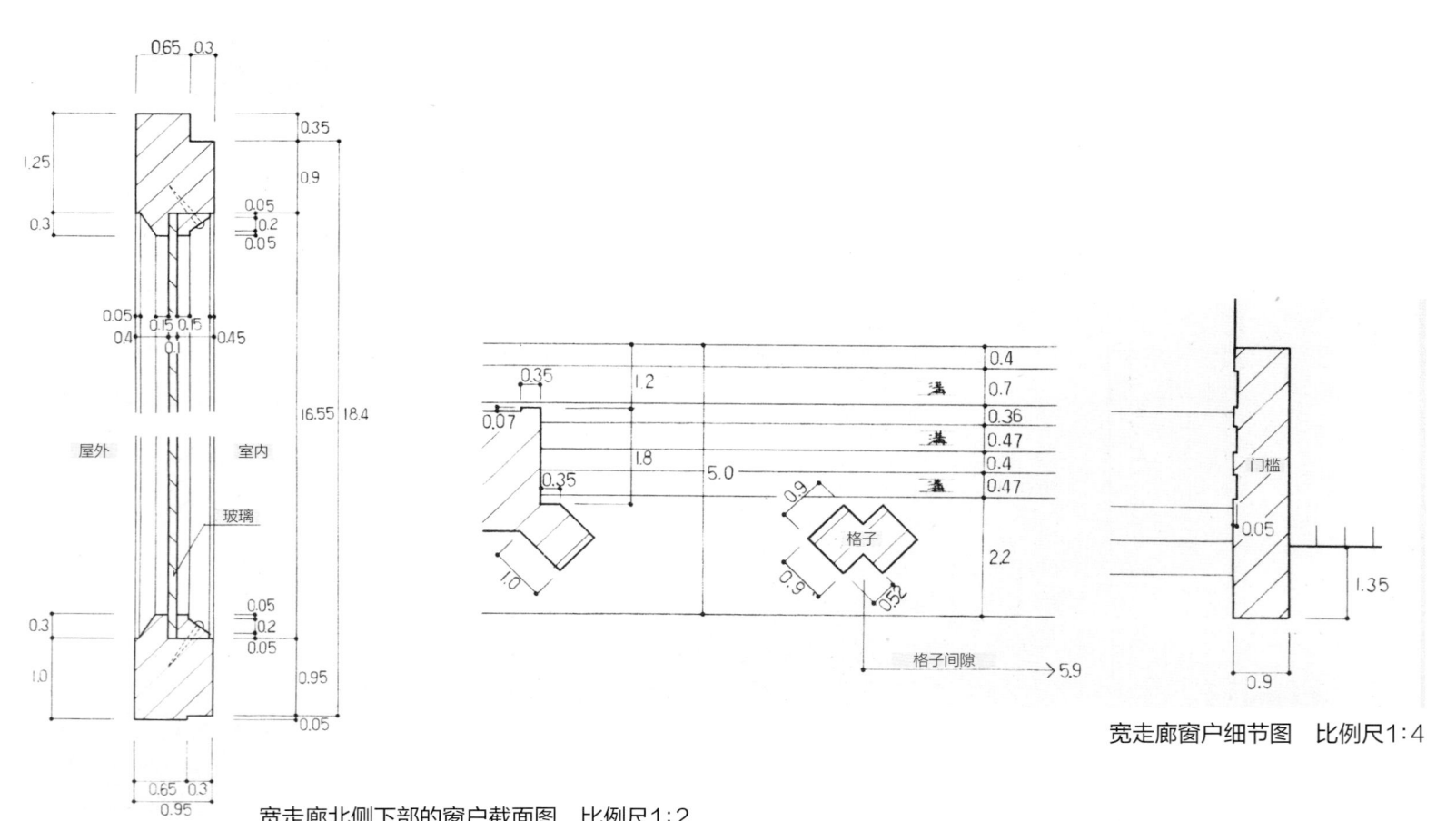

宽走廊北侧下部的窗户截面图　比例尺1:2

宽走廊窗户细节图　比例尺1:4

听竹居　实测图

客厅入口处的拉手 　　　　　时钟 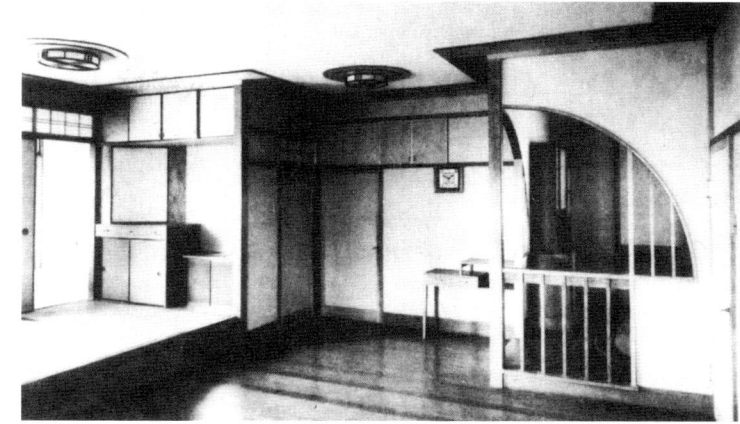　　　　　　　　从宽走廊的一侧看客厅

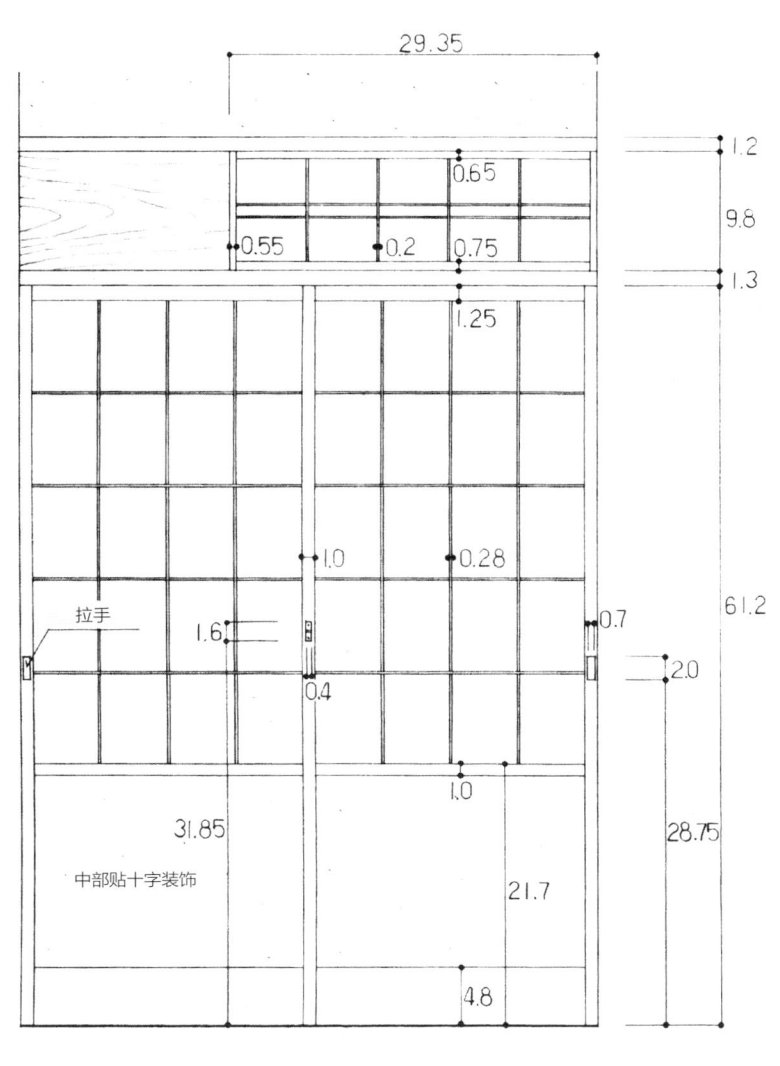

结构正面图　比例尺1:15

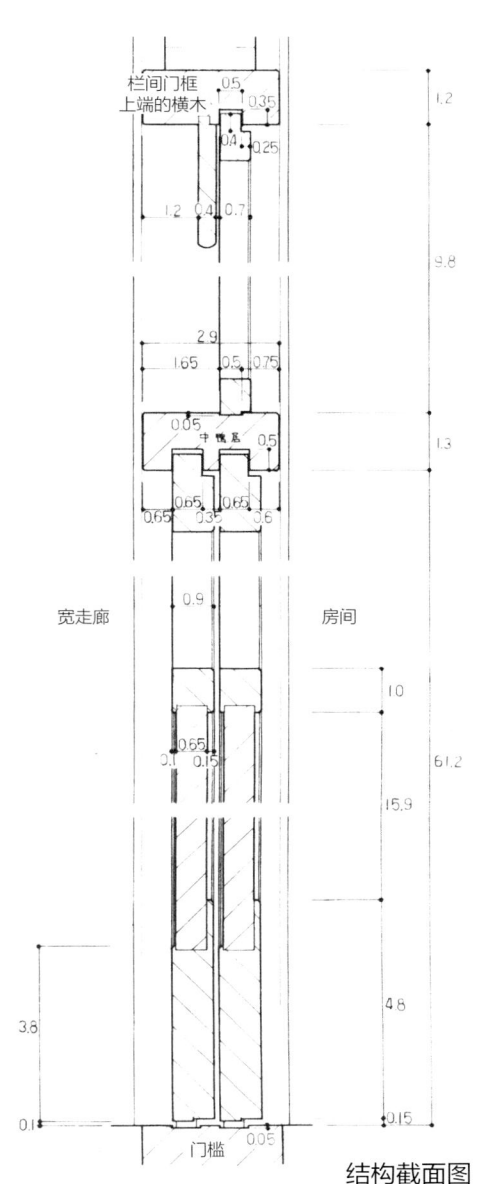

结构截面图　比例尺1:4

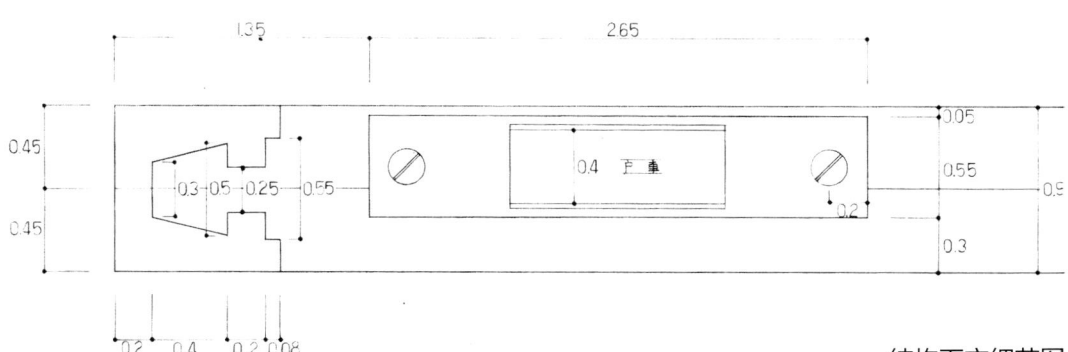

客厅和宽走廊连接处的结构细节图

结构下方细节图　比例尺1:1

听竹居　实测图

加藤邸 客厅 壁龛和平书院

加藤邸 客厅
上＝壁龛一侧　下＝客厅东侧

加藤邸 客厅
上＝客厅西侧　下＝客厅南侧（隔扇对面是茶室）

加藤邸 客厅
上＝从入口处看向玄关方向　下＝入口处　右＝相邻茶室

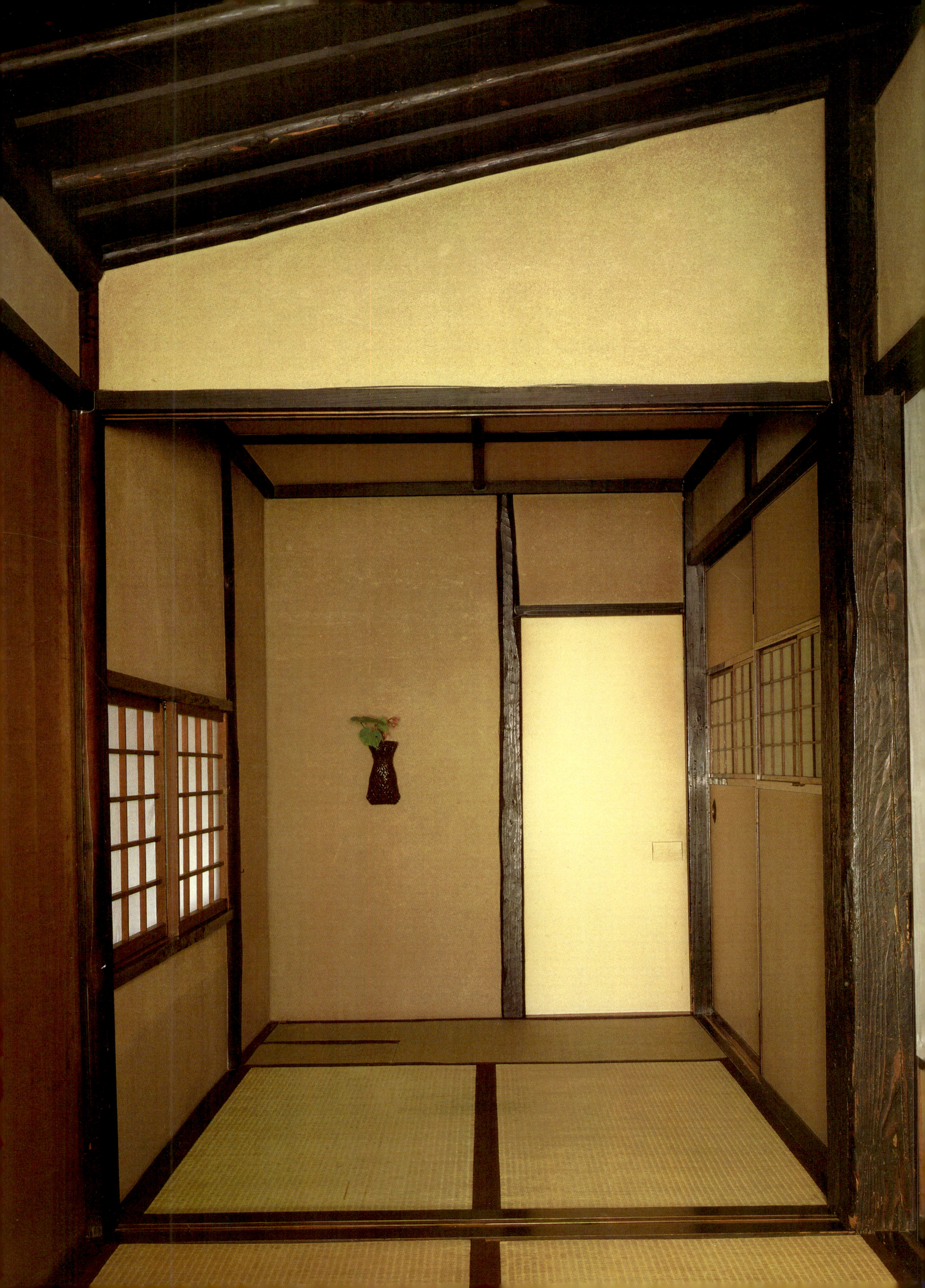

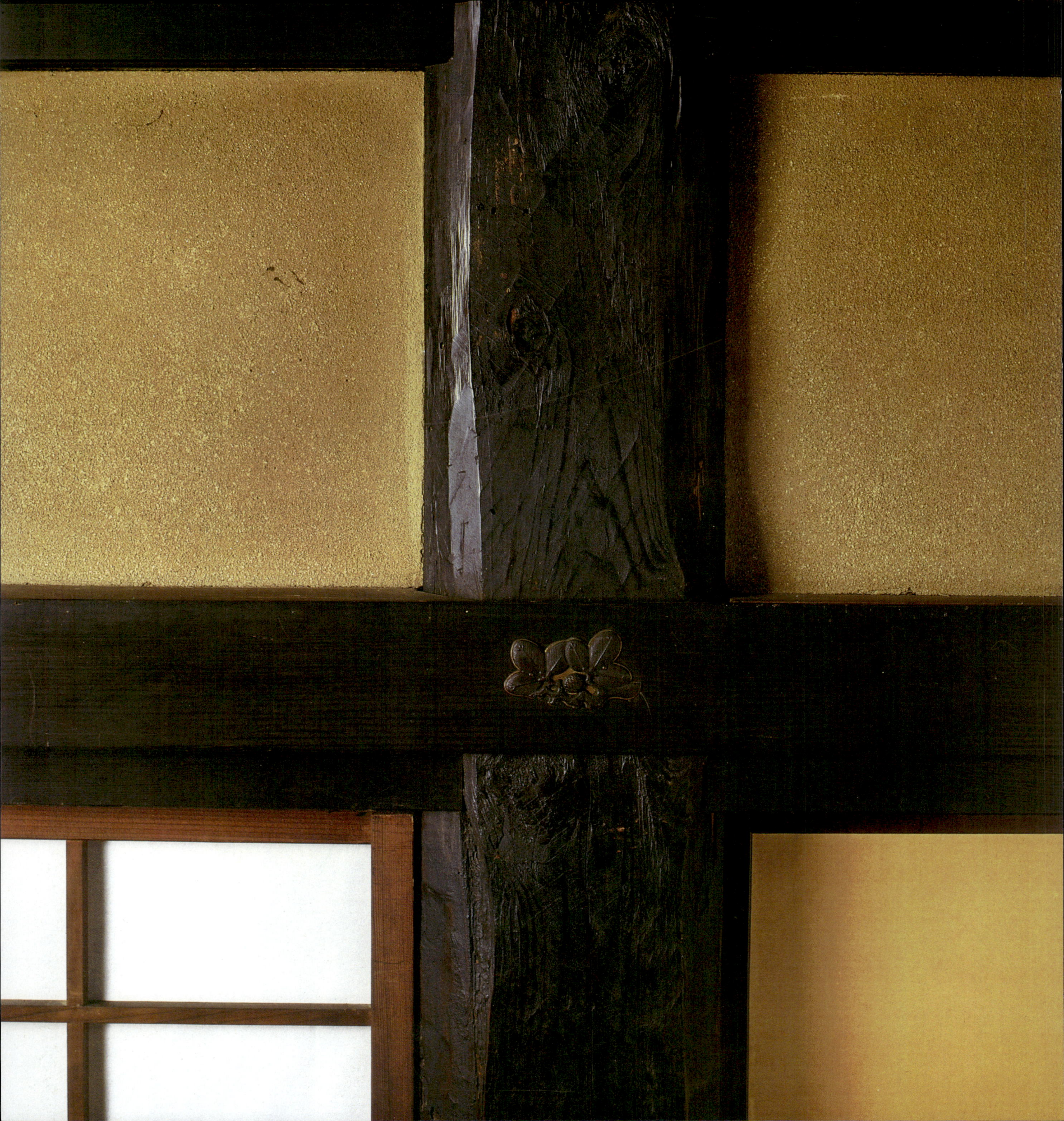

加藤邸 客厅
左＝壁龛柱、长隔板、天花板

加藤邸 拉手
右上＝客厅 顶橱拉手　左上＝客厅 隔扇拉手
右下＝茶室 隔扇拉手　左下＝入口处 隔扇拉手

饭岛邸 二楼座敷 壁龛一侧

饭岛邸 二楼座敷
上＝座敷东侧　下＝座敷西侧 看向次间

竹中邸 座敷
右＝琵琶台和平书院

饭岛邸 二楼座敷
上＝栏间　右下＝地橱拉手　左下＝桌子拉手

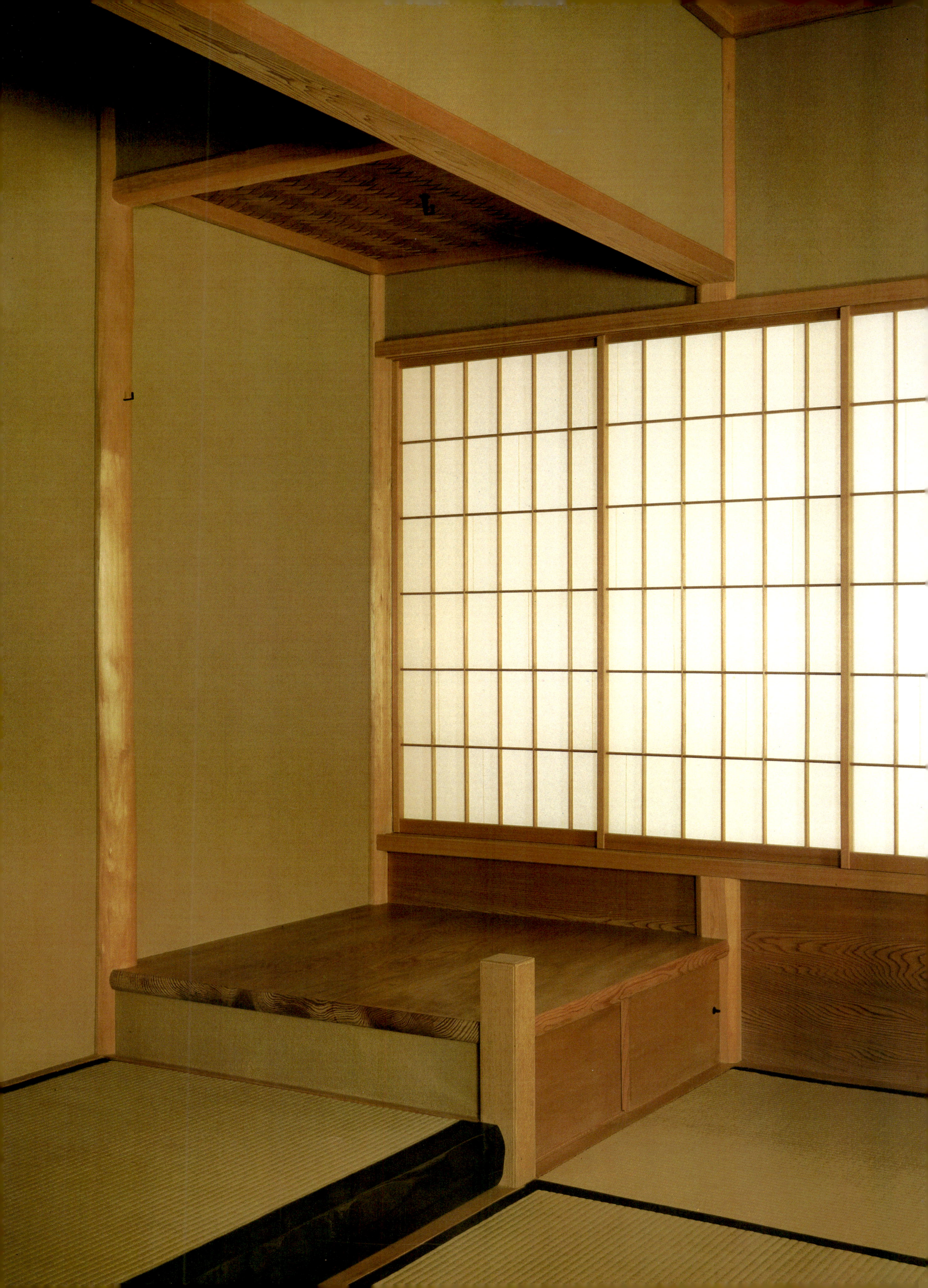

竹中邸 座敷
上＝壁龛一侧　下＝座敷南侧 看向入口　右＝座敷西侧 看向次间

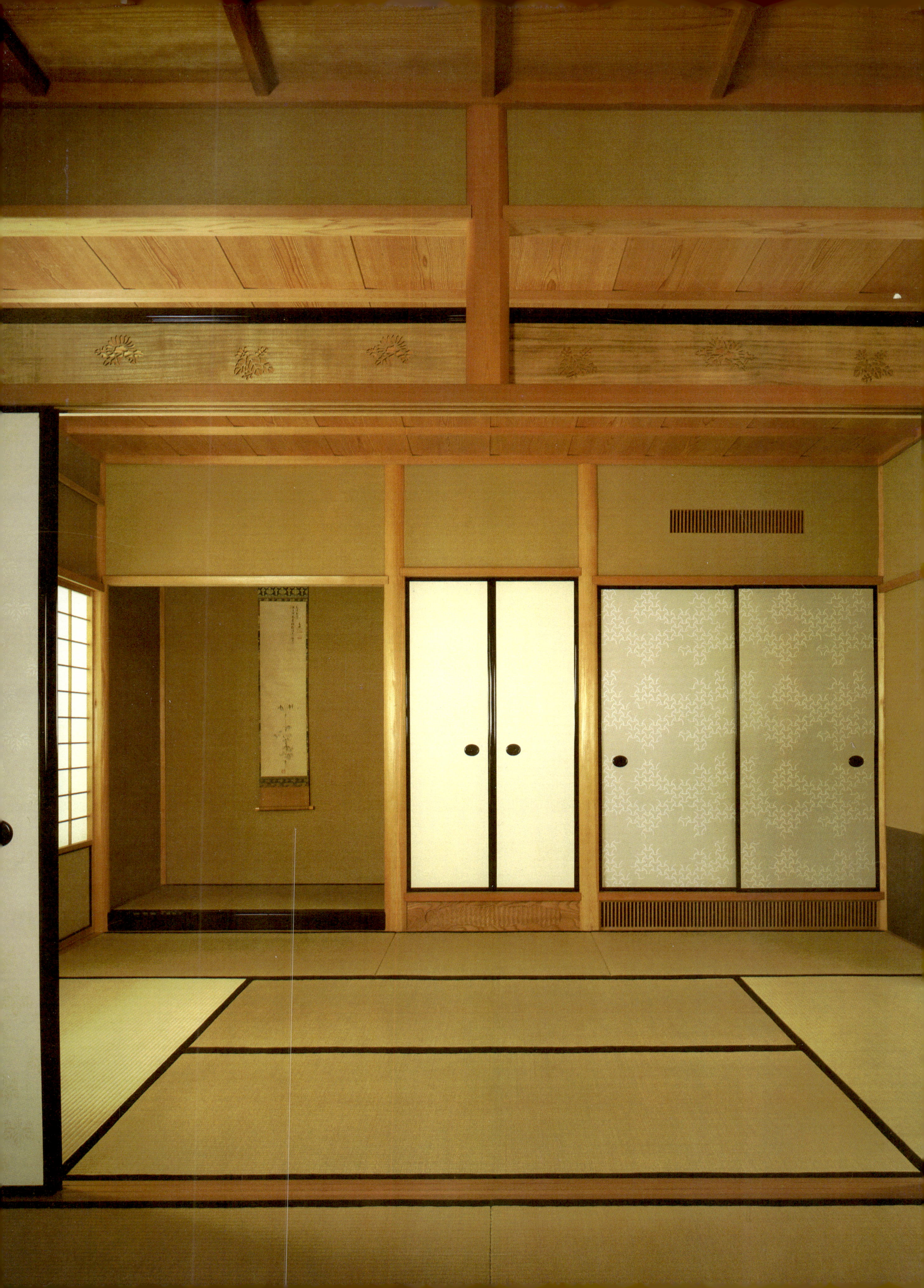

秀明 舞之间
上＝壁龛一侧　下＝从床胁看向壁龛

秀明 舞之间
上＝房间西侧　下＝房间南侧　看向次间

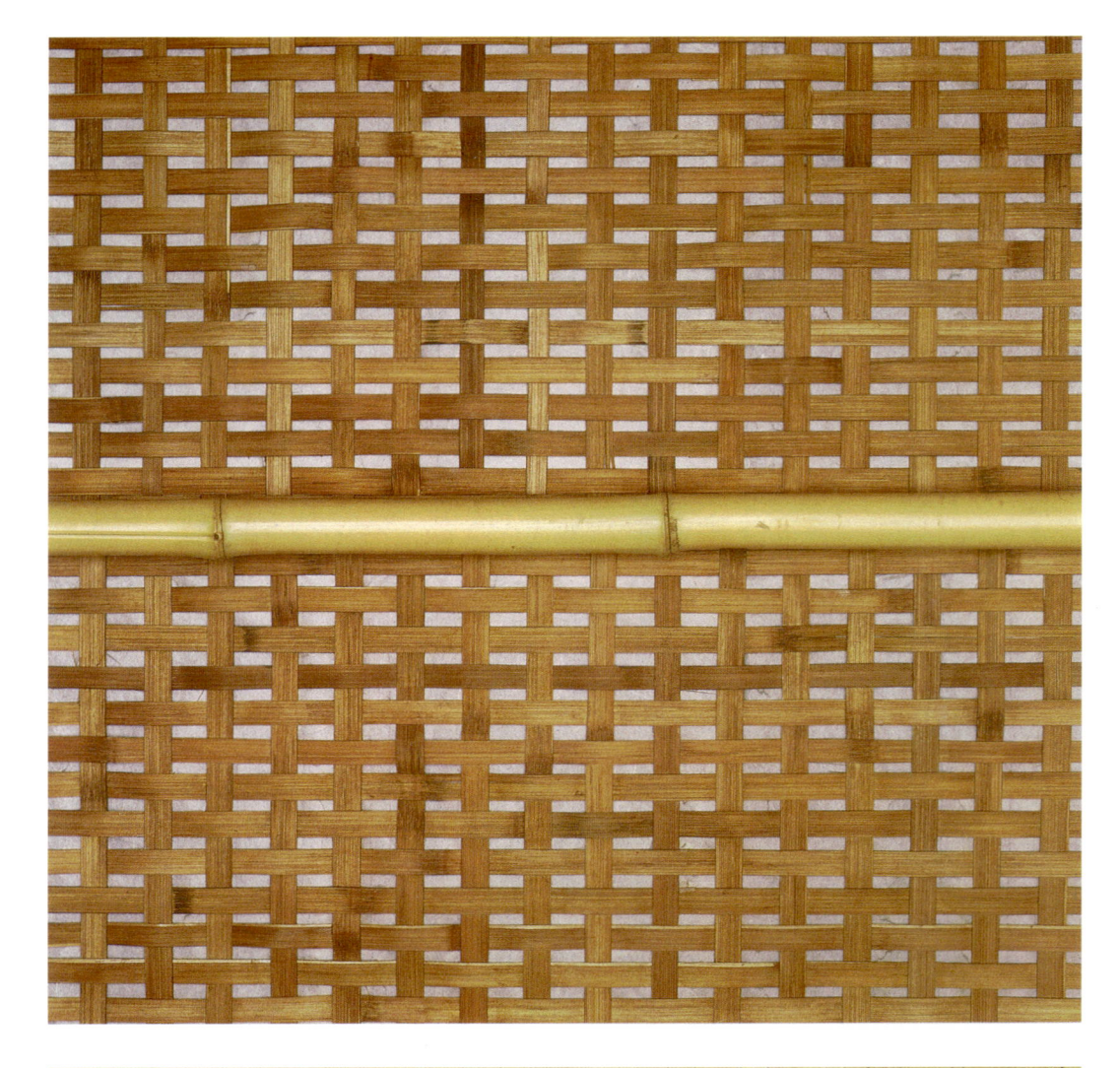

秀明 天花板
上＝茶室 天花板 下＝走廊 天花板和灯

河文 水镜之间
上＝壁龛一侧　下＝房间东侧

河文 水镜之间
上＝房间南侧 看向庭院　左下＝天花板和栏间　123页右下＝门厅

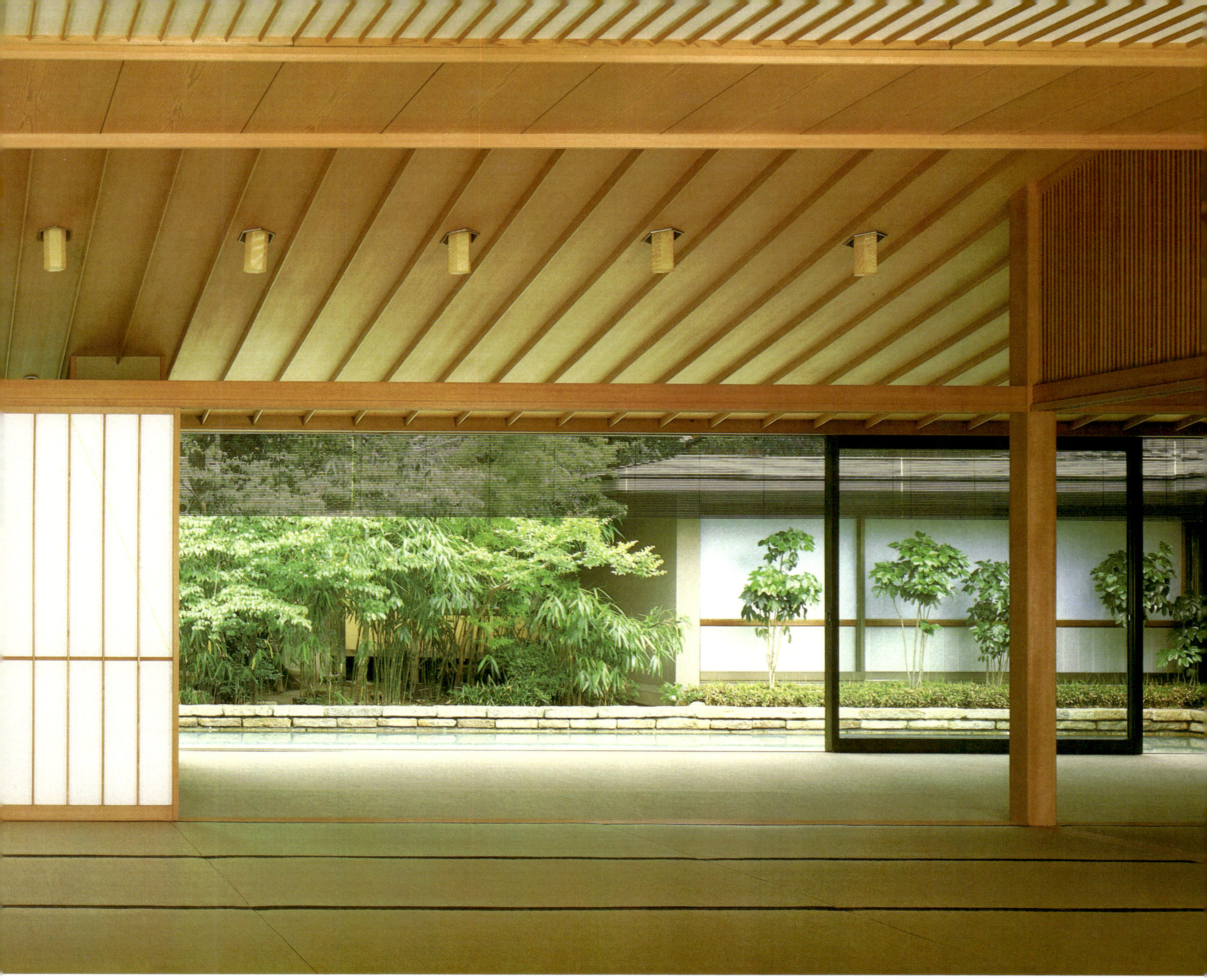

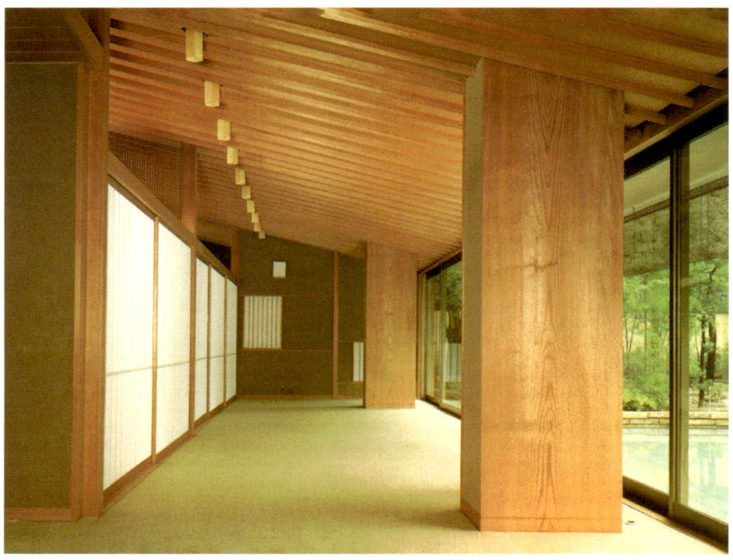

日本建筑集成　座敷的构成　124

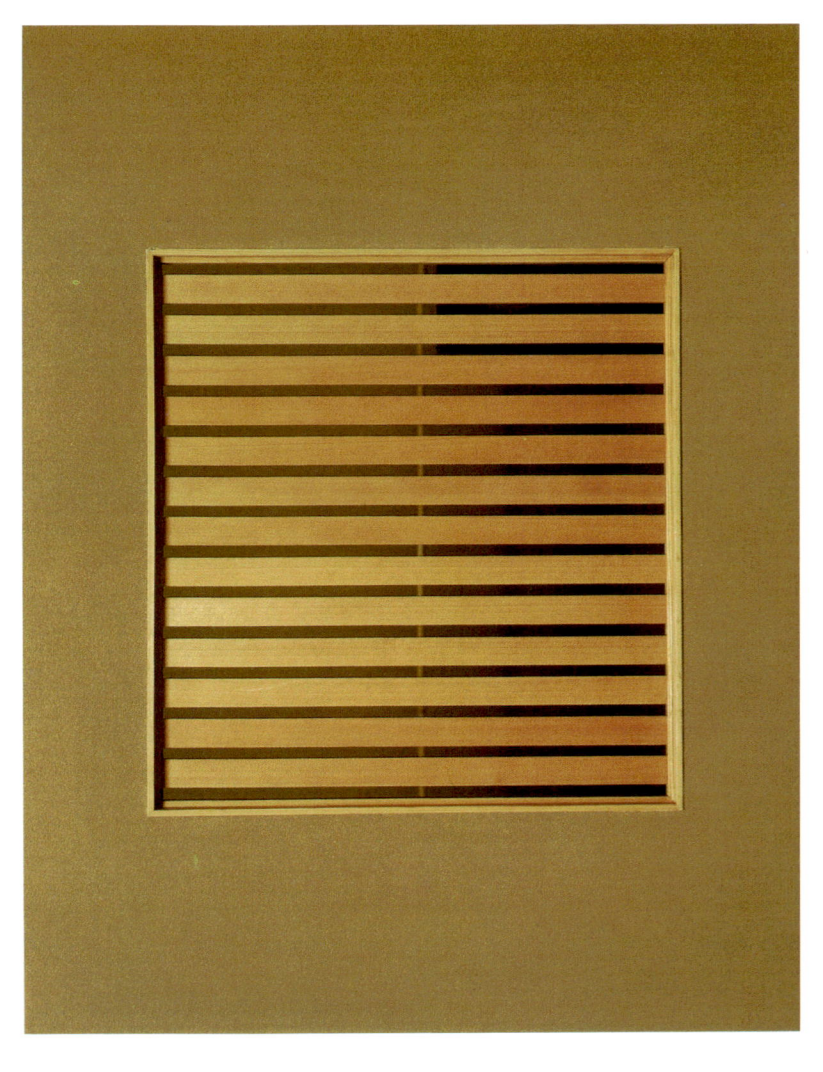

河文　水镜之间
右上＝壁龛旁边天花板处的灯　左上＝壁龛旁边的窗户
右下＝壁龛柱和置物架　左下＝壁龛旁边的置物架

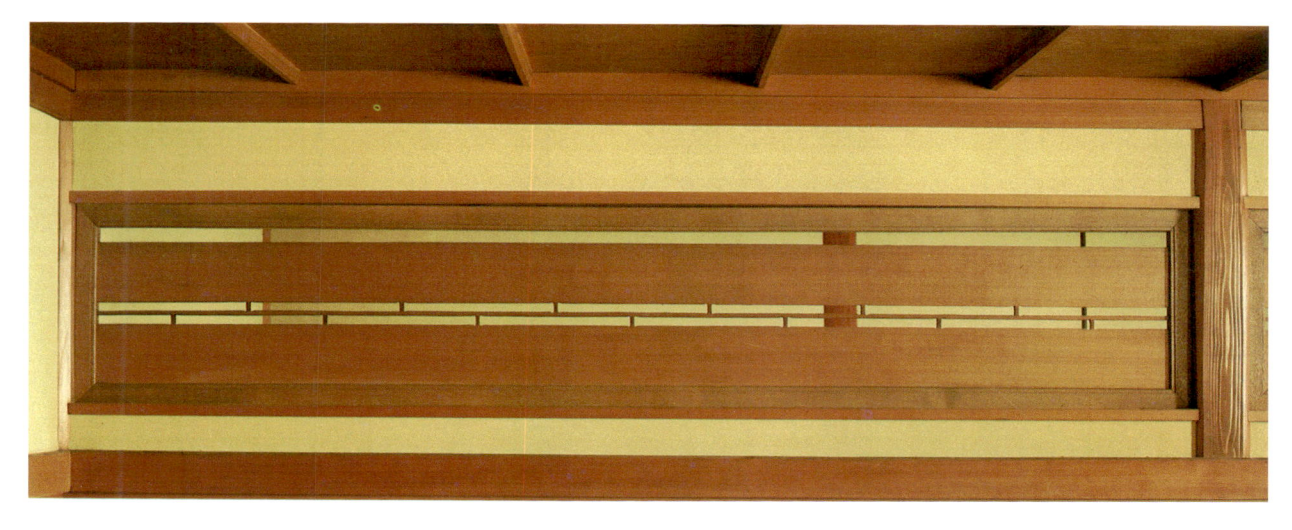

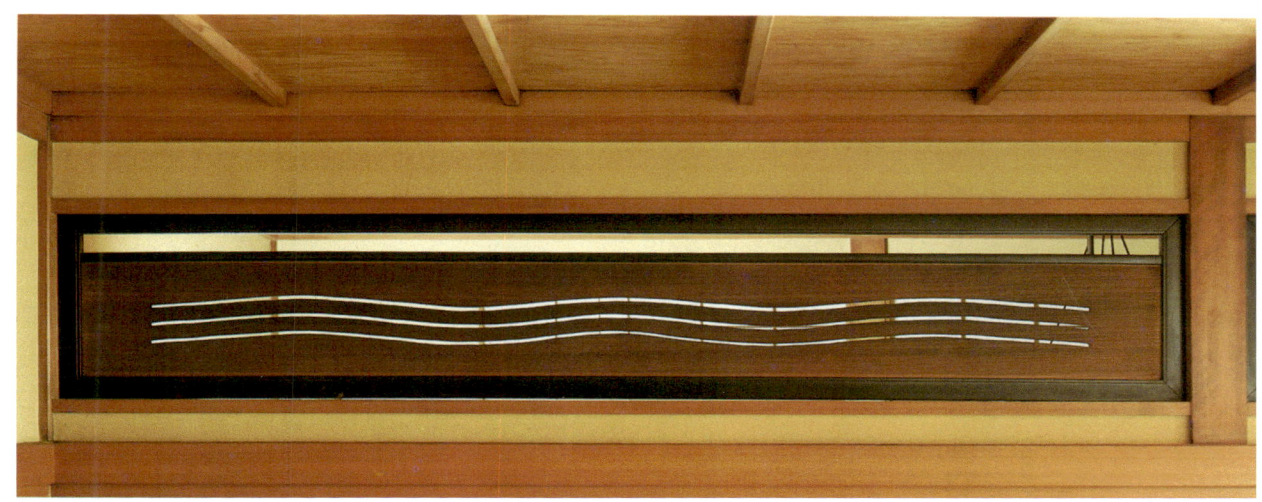

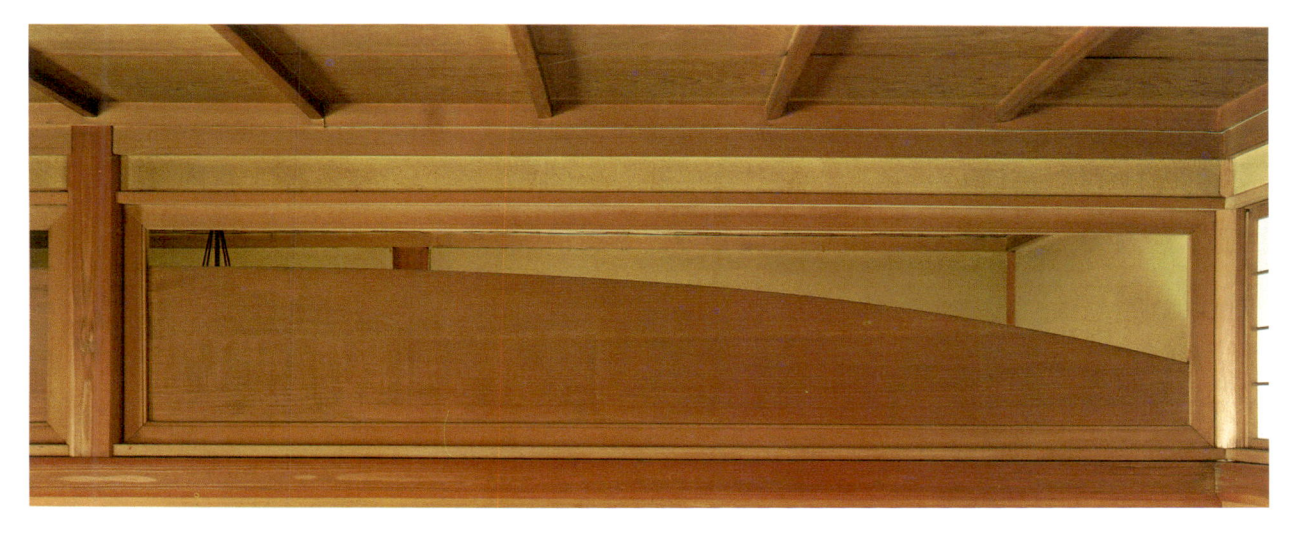

河文 栏间
从上到下＝菊之间、西下之间、青之间、大茶室的栏间

河文 大茶室
上＝壁龛一侧　下＝大茶室北侧　看向入口

河文 桐之间
上＝壁龛一侧　下＝看向次间

八胜馆八事店 樱花间
上＝壁龛一侧　下＝房间北侧

八胜馆八事店 樱花间
上＝天花板结构　下＝看向次间

山翠楼 带腰板障子门
上＝水仙间带腰板障子门（内侧） 中＝水仙间带腰板障子门（外侧）
下＝丰之间带腰板障子门

山翠楼 拉手
从右列往左列（从上到下）＝丰之间、丰之间、宝间、水仙间、白兰间、白兰间的拉手

坐渔庄 二楼座敷
上＝壁龛一侧 下＝天花板

坐渔庄 二楼座敷
上＝壁龛一侧 下＝天花板

坐渔庄 二楼座敷
上＝座敷东侧　看向走廊　下＝座敷南侧

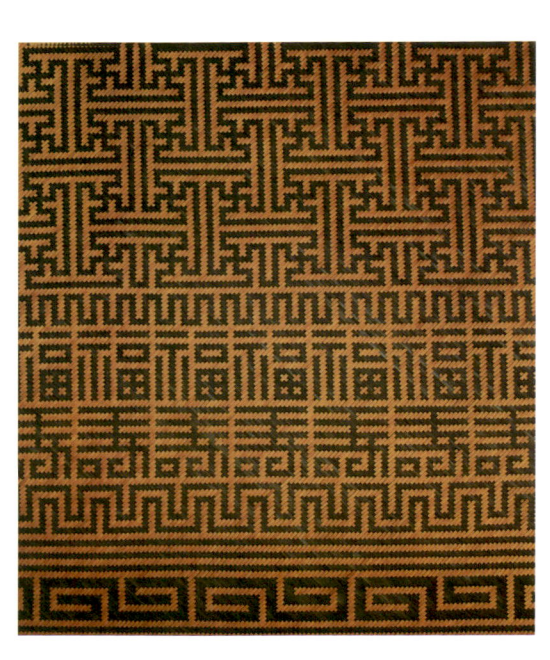

日本建筑集成　座敷的构成

中野邸　二楼六铺席房间
上＝天花板网格　右＝壁龛和床胁

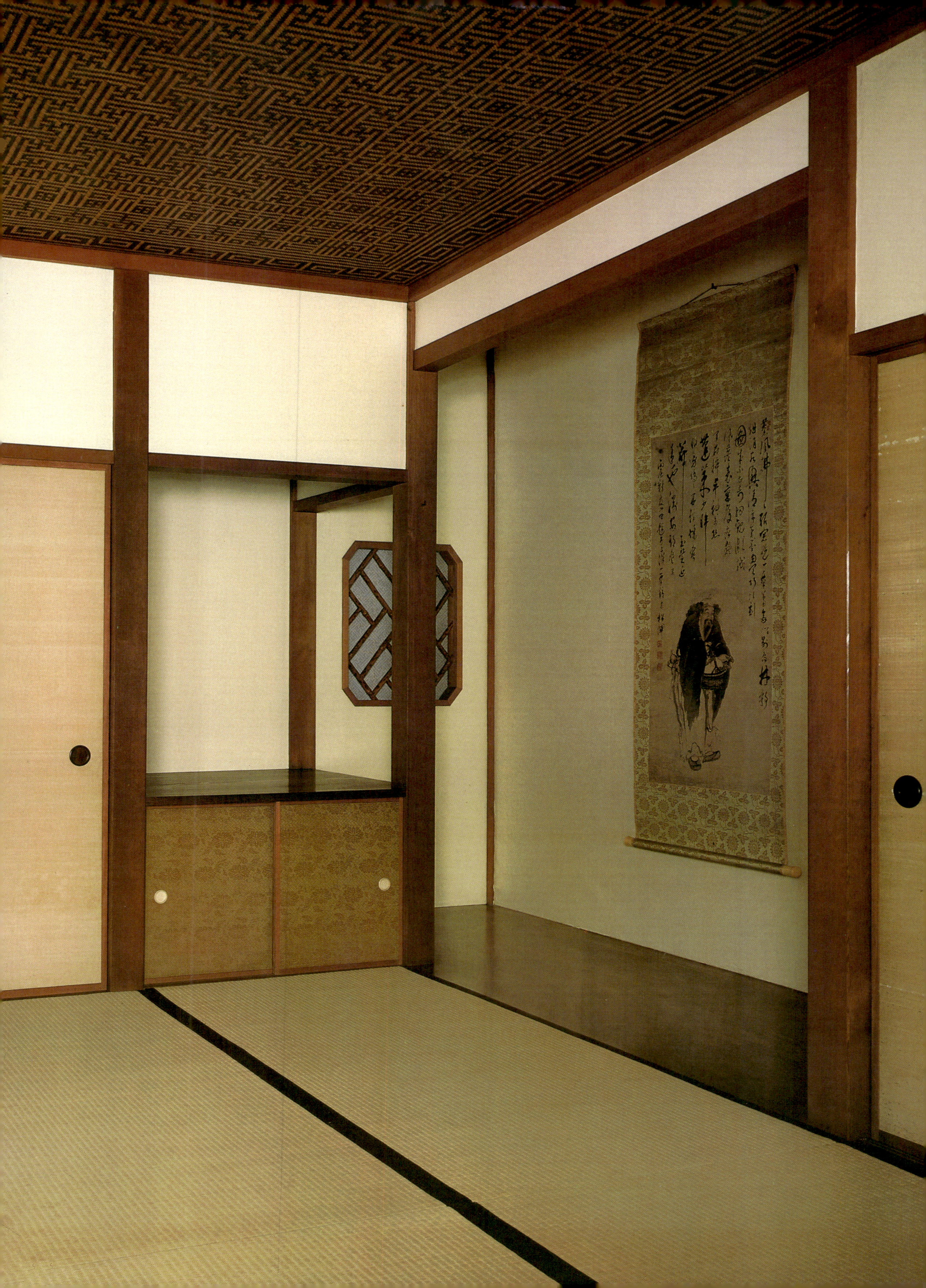

中野邸 二楼六铺席房间
上＝壁龛一侧　下＝房间南侧

中野邸 一楼九铺席房间
上＝一楼九铺席房间 栏间　下＝一楼九铺席房间 夏季推拉门

中野邸 水亭
上＝壁龛一侧　下＝房间东侧的中敷窗

中野邸　水亭
上＝看向房间南侧　　下＝从玄关看向隔壁房间

西日本工业俱乐部 洋馆二楼大茶室
上＝壁龛一侧　下＝大茶室北侧

西日本工业俱乐部 洋馆二楼大茶室 暖炉

西日本工业俱乐部 书院
右上＝洋馆二楼大茶室 付书院　左上＝和馆一楼八铺席房间 平书院
右下＝和馆二楼八铺席房间 付书院　左下＝和馆二楼八铺席房间 付书院（去掉栏间障子）

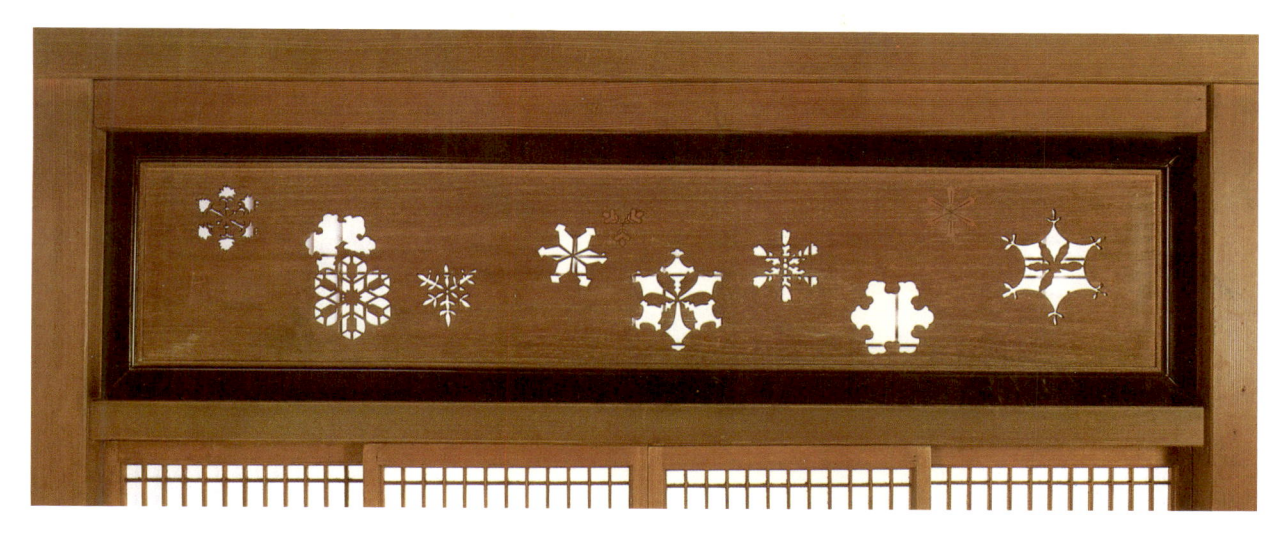

西日本工业俱乐部 栏间
从上到下＝均为和馆一楼八铺席房间的栏间

西日本工业俱乐部 和馆一楼八铺席房间
上＝壁龛一侧　下＝床胁

设计图详解（二）

客厅

加藤邸

所有者 加藤美保子
所在地 神奈川县三浦郡
建造时间 1939年
设计 仰木鲁堂
施工 仰木事务所

本建筑是仰木鲁堂建于1939年的别墅建筑。鲁堂在明治、大正、昭和时代，受到益田钝翁、高桥带庵等著名数寄爱好者的信任，通过建筑、造园为茶道界做出了贡献。他不是以工匠，而是以设计者的立场，带领手下的工头和工匠一起工作。鲁堂在充分领会数寄爱好者们的意图和喜好，准确地进行设计方面堪称大师。这大概是因为他本身也是个捐助者吧。他还是一位收藏家，甚至还进行了藏品拍卖。

数寄爱好者们喜欢乡间闲寂风格的茶道意境。他们经常利用古老的乡间住宅重新打造茶室。鲁堂好像也做过这样的工作。鲁堂深刻理解富有野趣的乡间风格茶室。对乡间意境的爱好又与对旧木材的兴趣相连。利用旧木材的魅力营造茶道意境，这也是数寄爱好者们所乐见的。用古朴风格的建材建造的建筑能够展现主人追求闲寂的心境。

鲁堂在加藤邸中实践了数寄爱好者的追求。这座建筑的外观看起来像是三月堂的背面，坡度比较陡，作为建筑物来说，有些奇特。但是屋檐的顶部很低，玄关也不显眼，整体布置得很雅致。

建筑物的建材几乎都是旧材料。大多是粗犷的木头涂上了浓厚的颜色。根据需要将加工过的旧材料安置在适当的位置，成功打造出与构思一致的空间。鲁堂就是这样，据说他亲自参与了木材的配置和各部分尺寸的决定，非常一丝不苟。

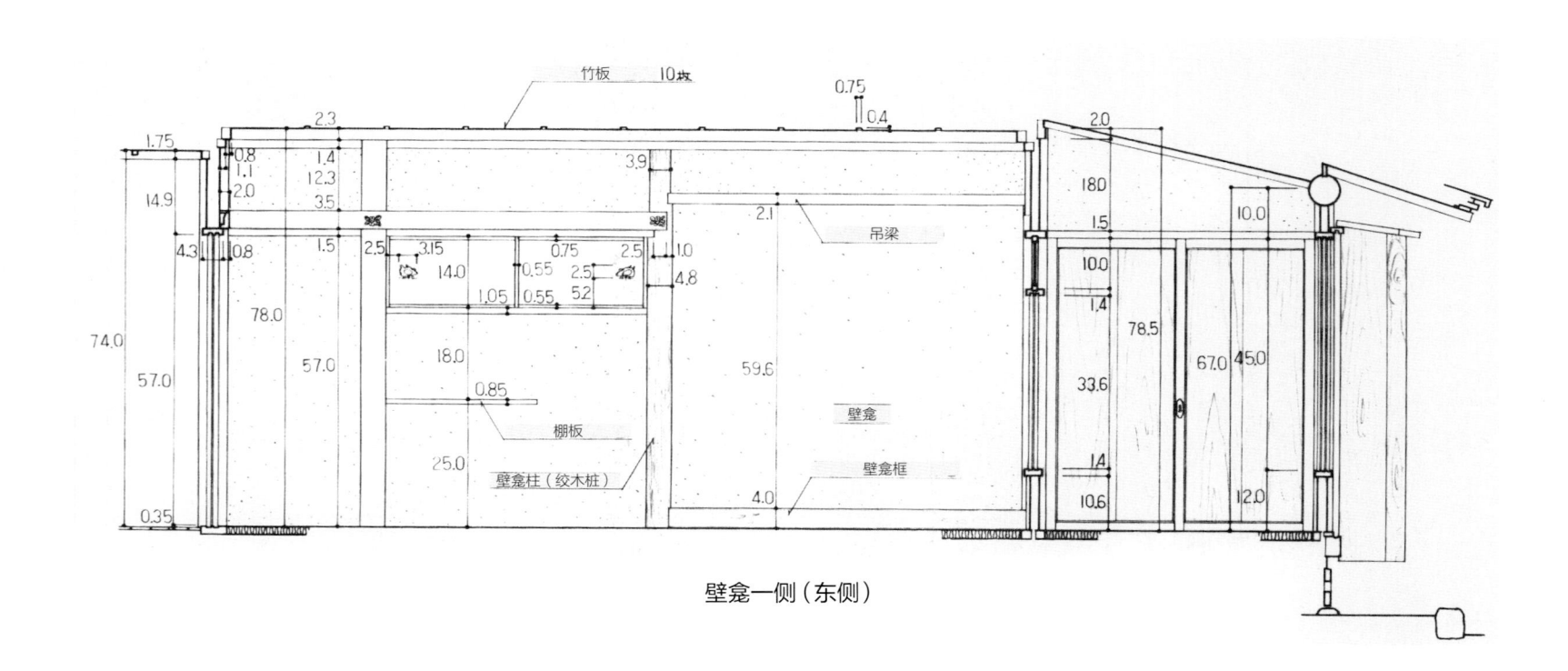

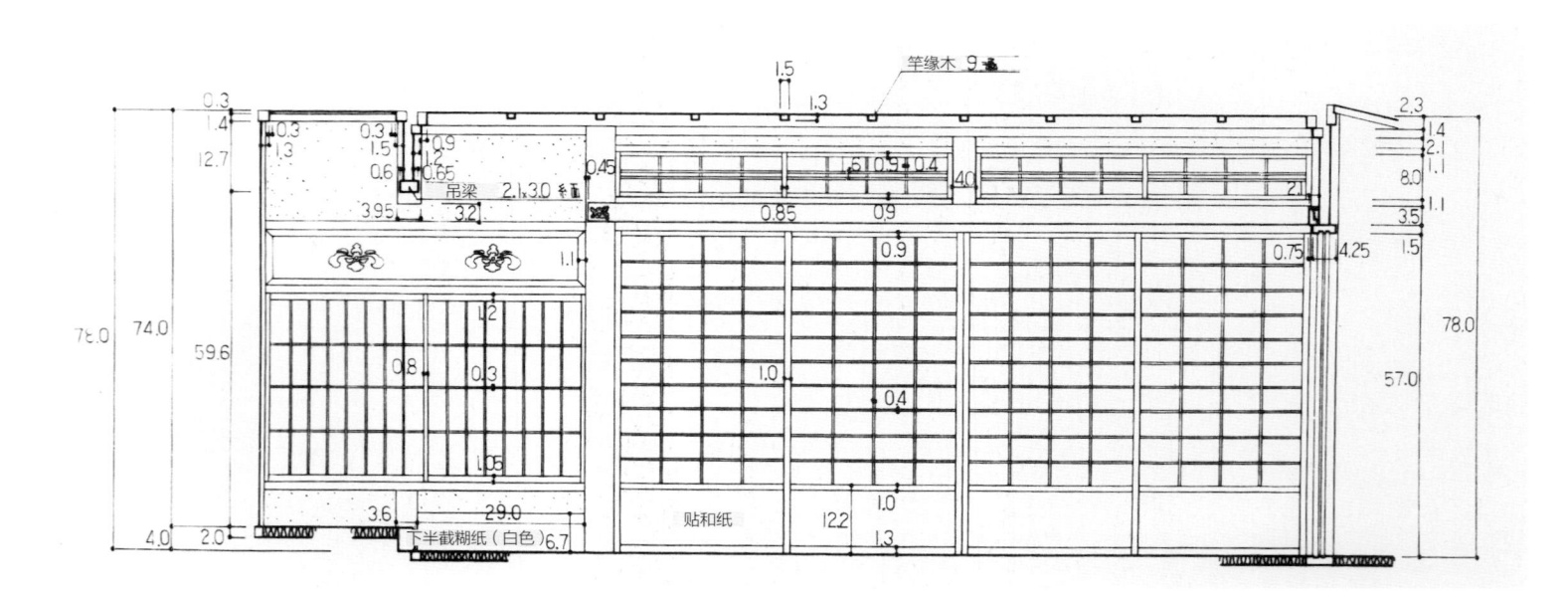

壁龛一侧（东侧）

平书院一侧（南侧）

加藤邸　实测图

客厅有十二铺席半大。面向庭院的方向竖着一扇推拉门。房间中用到的木材质朴而自然，天花板低矮，却不给人沉重的感觉。整个空间在简约的设计中散发着野趣，营造出茶室一般的宁静。

　　将入口的一端自然地围起来，形成三铺席大的小空间。四处的墙角都经过粉刷，足见设计者的用心。

　　曾经有许多数寄爱好者到访过这栋别墅。别墅的客厅里时常散发着线香的幽香。鲁堂于昭和年间，在附近的自家宅邸中溘然长逝。

客厅 东南角

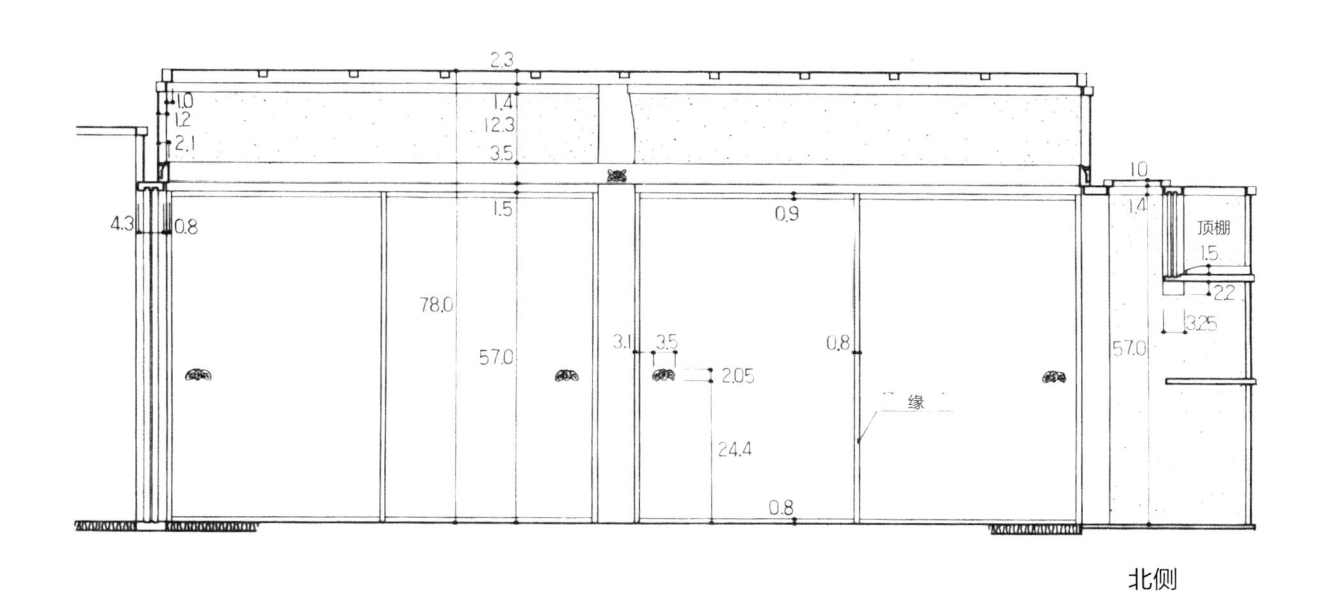

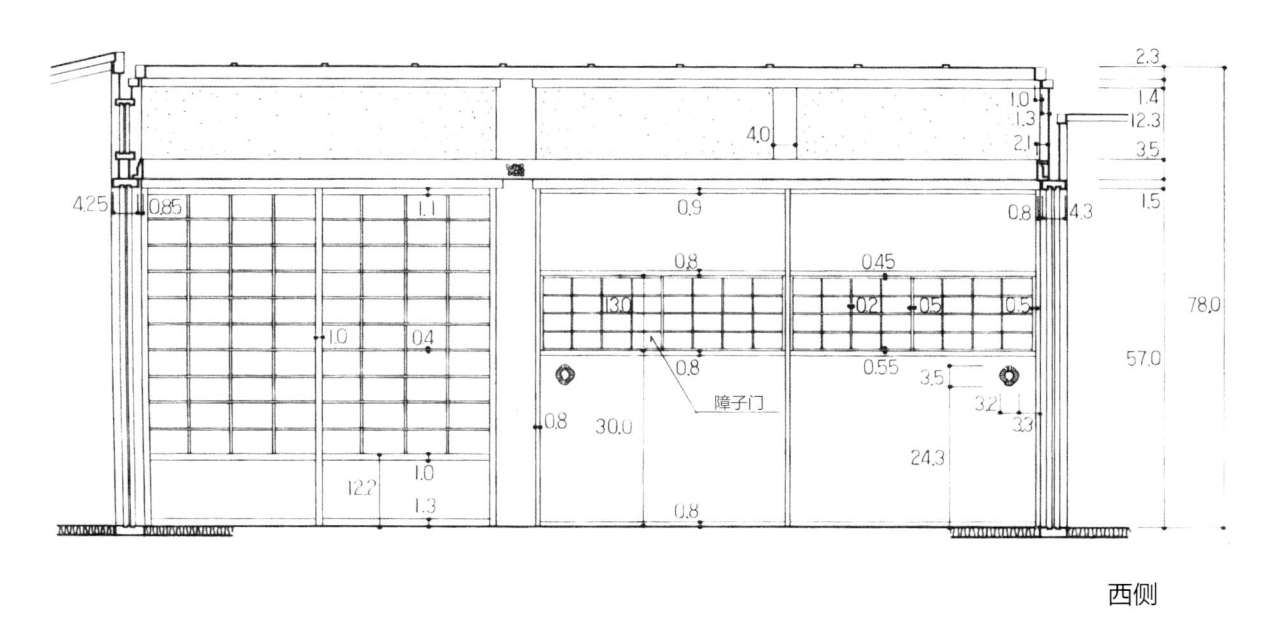

北侧

西侧

客厅展开图　比例尺1:30

加藤邸　实测图

客厅 入口处天花板 　　　　　　客厅 长隔板和栏间 　　　　　　客厅 长隔板和竿缘木

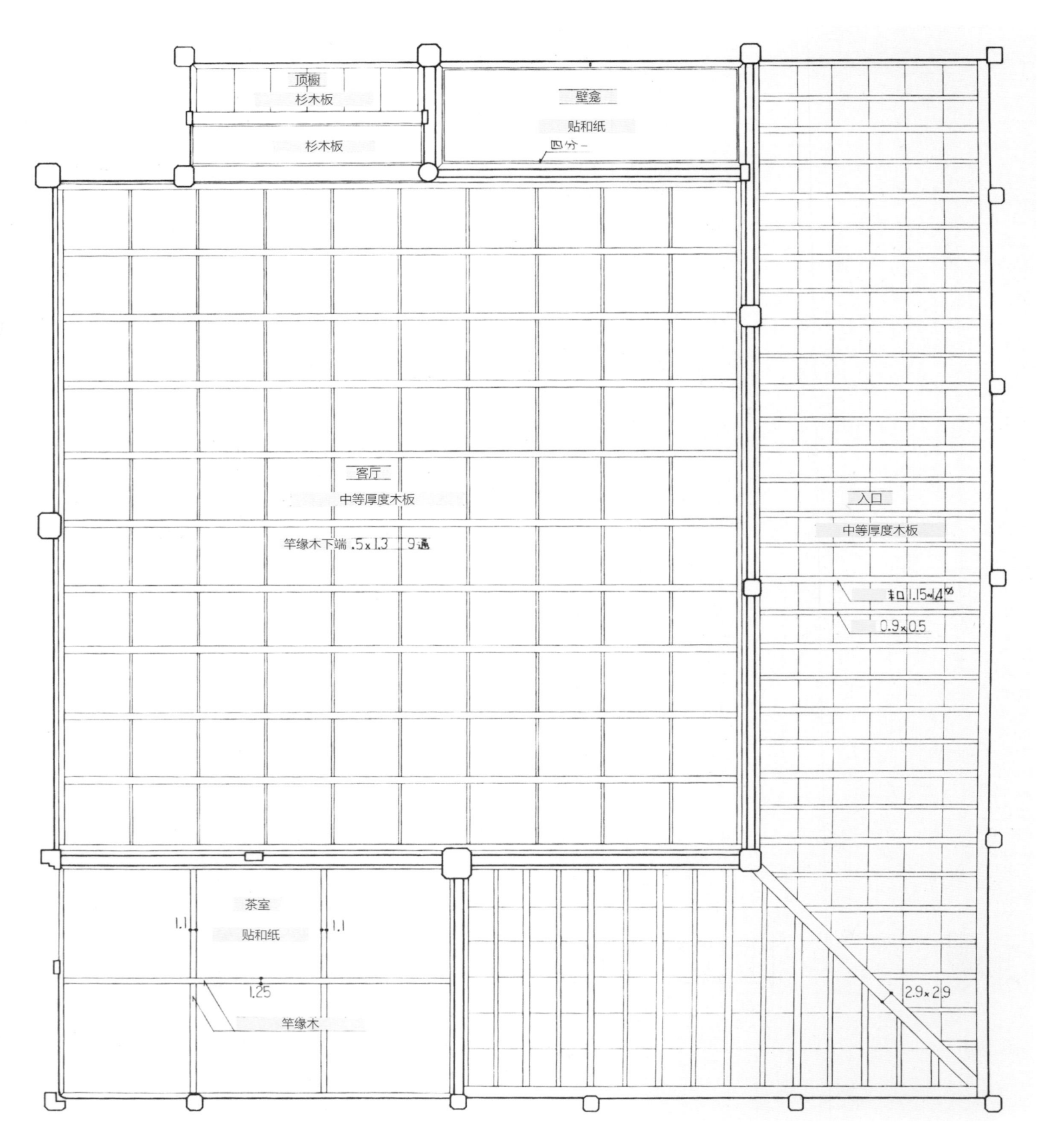

顶橱
杉木板
杉木板

壁龛
贴和纸
四分一

客厅
中等厚度木板
竿缘木下端 .5×1.3 二9通

入口
中等厚度木板
和1.15×4
0.9×0.5

茶室
贴和纸
1.1　　1.1
1.25
竿缘木

2.9×2.9

天花板结构图　比例尺1∶30

加藤邸　实测图

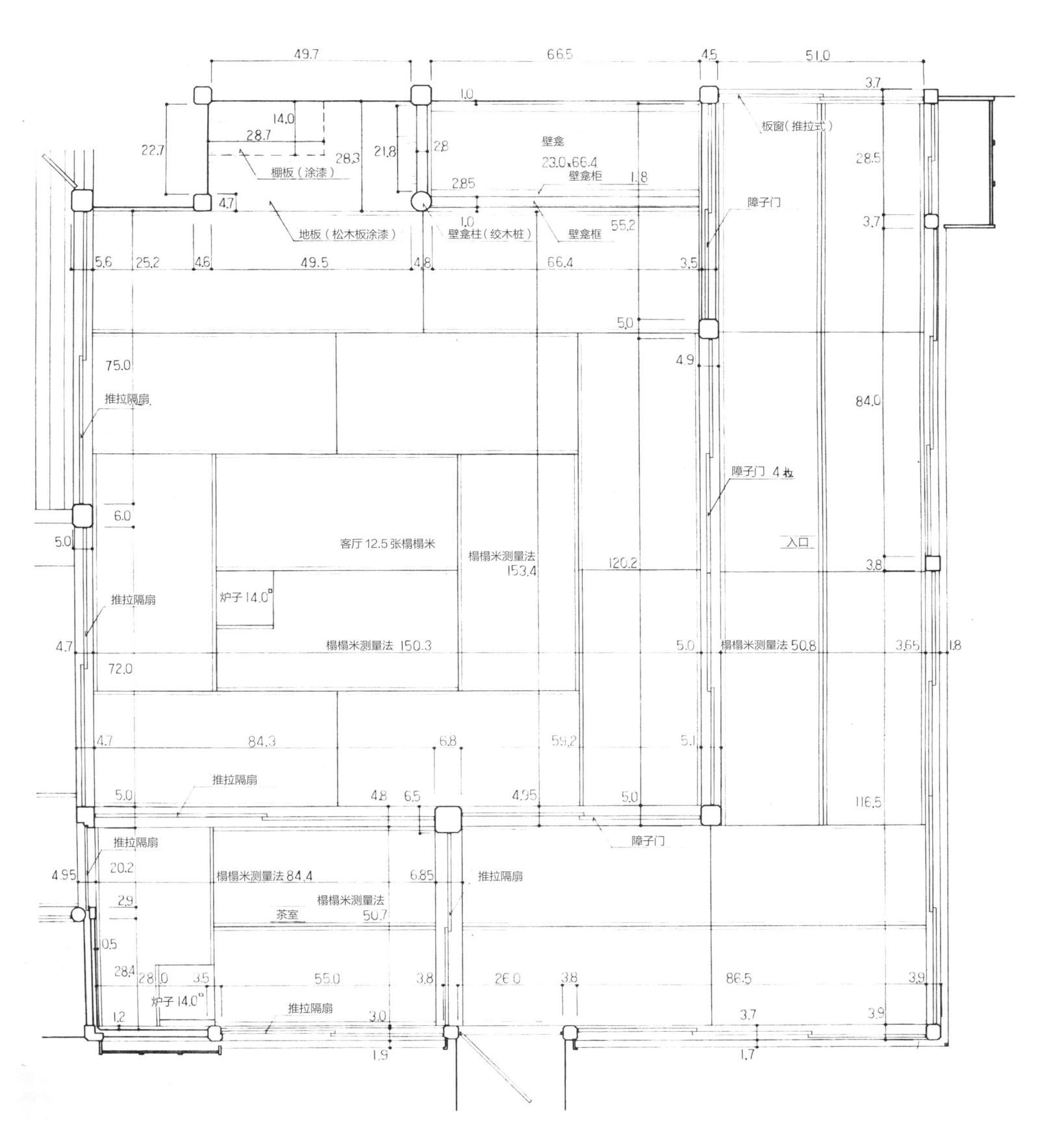

客厅平面图　比例尺1:30

加藤邸　实测图

客厅 茶室内的推拉隔扇 　　从客厅看茶室 　　客厅壁龛

平书院栏间透雕　比例尺1:2

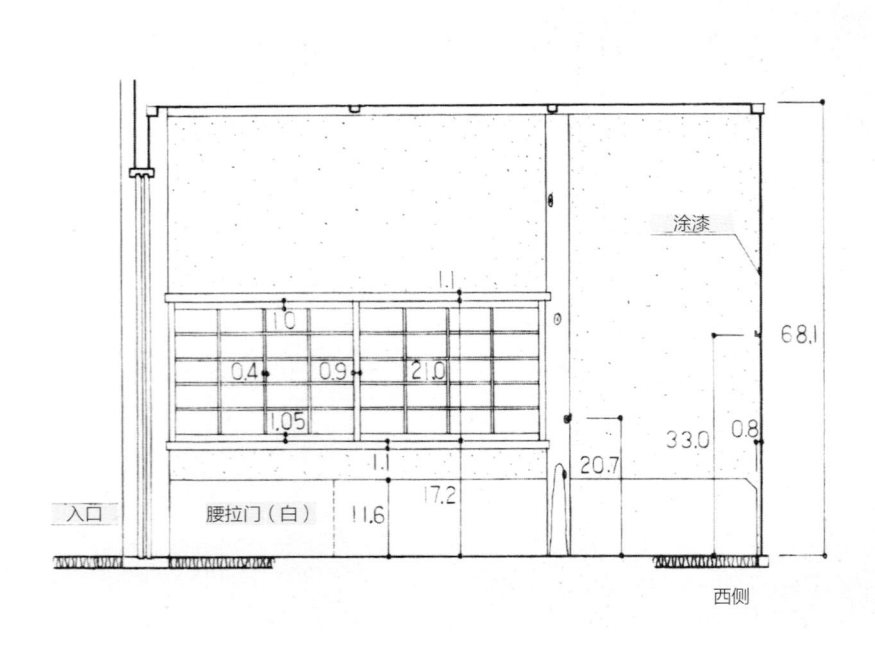

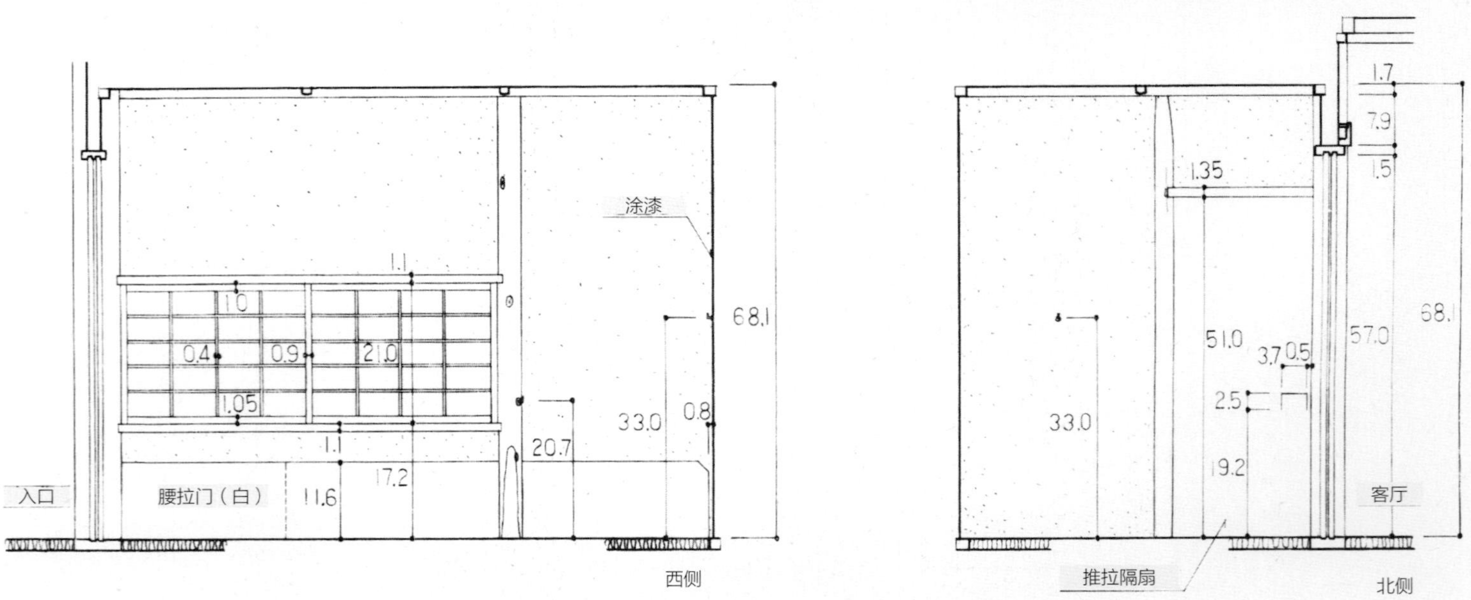

客厅附近茶室的展开图　比例尺1:30

加藤邸　实测图

客厅 床胁处的架子 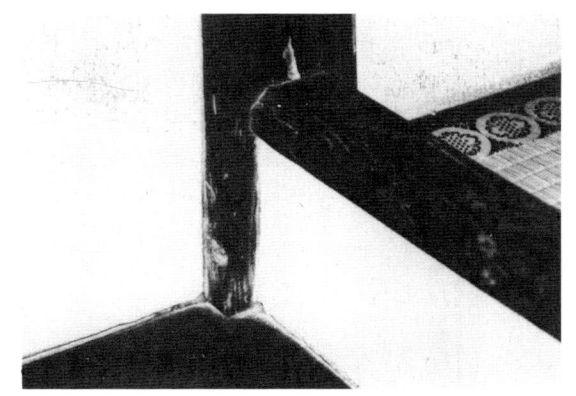　　　　　　　　　客厅 床胁角落 　　　　　　　　　客厅 壁龛柱下部

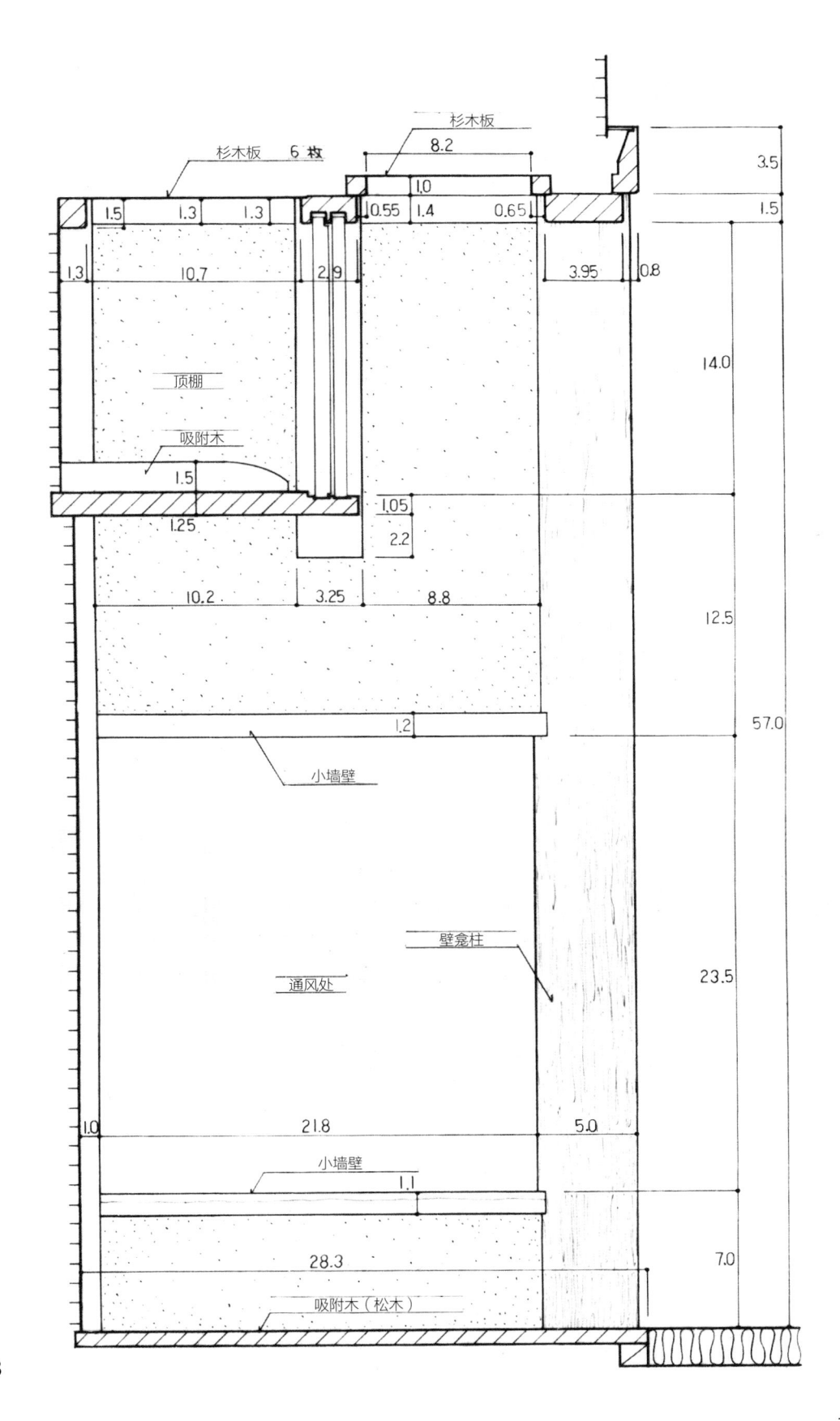

客厅 床胁截面图　比例尺1:8

加藤邸　实测图

南侧栏间剖面图　比例尺1∶3

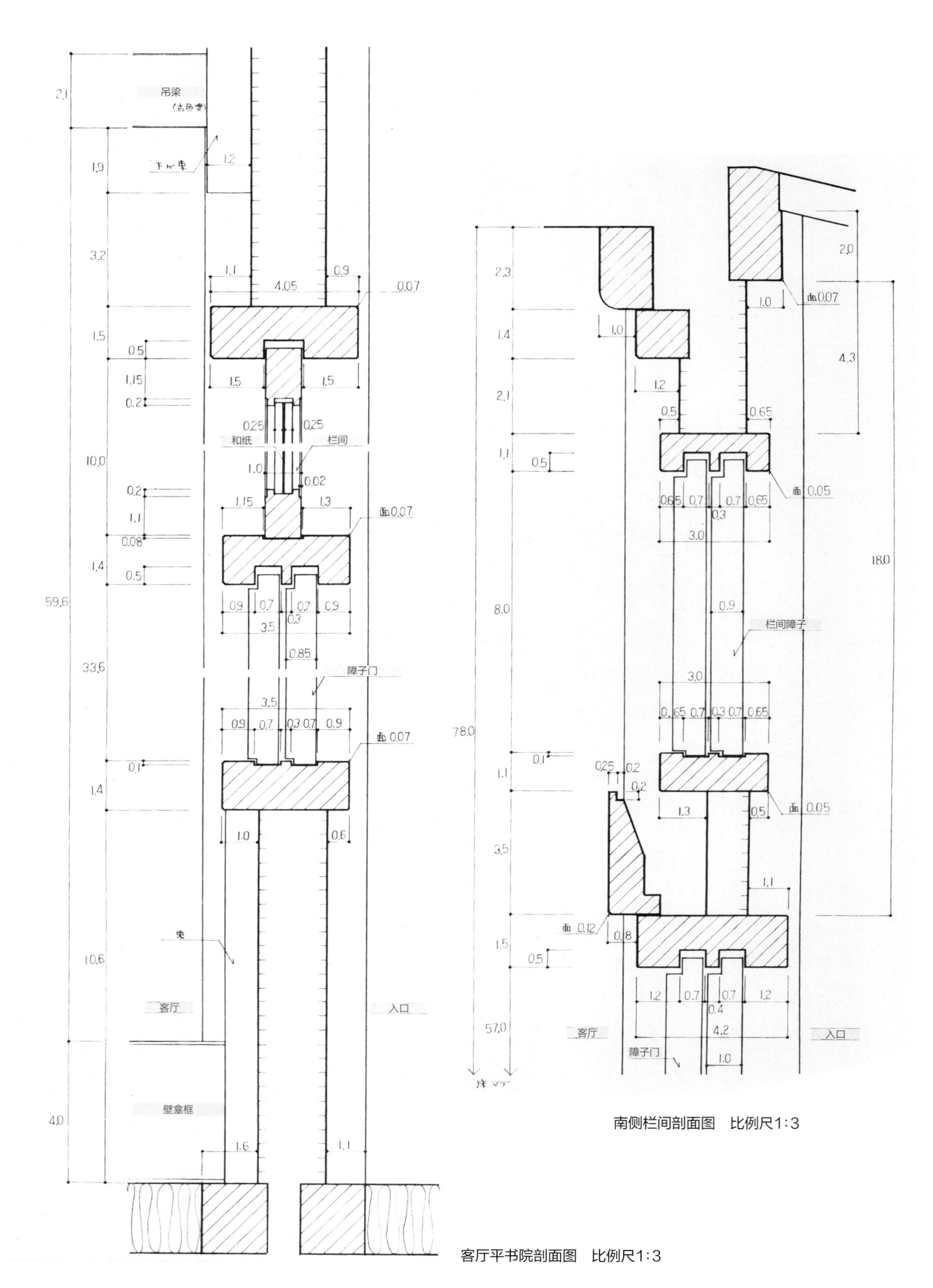

客厅平书院剖面图　比例尺1∶3

加藤邸　实测图

饭岛邸

所有者 饭岛春敬
所在地 东京杉井区

二楼 座敷

改筑年 1967年
设计 藤井喜三郎
施工 藤井工房

藤井喜三郎是仰木鲁堂最后的弟子。藤井一直跟随在鲁堂身边，受他的教导。因此，作为鲁堂设计原理和手法的继承者，藤井可谓是珍贵的存在。

饭岛邸的座敷有10张榻榻米大小，相邻房间有6张榻榻米大小。栏间高五尺七寸，天花板高八尺三寸，墙上有长隔板，整体设计严谨。房间正面是壁龛，右边设置琵琶台。在把壁龛和琵琶台组合起来的时候，通常会用到柱子。在这一座敷中藤井可是把柱子立起来，使整体空间显得更高。琵琶台表面用的是杉木板，十分光滑。座敷中的隔扇处都精心设计了拉手。

栏间上嵌着镂刻着紫藤图案的桐木板。据说这一图案是效仿了著名雕刻大师小林如泥的作品。

座敷中的木制部分有十处施有颜色。作为壁龛柱的圆木也被涂上了深色。原本在数寄屋建筑的装饰中，上色是不可缺少的，但到了近代就废弃了。然而鲁堂派坚持上色传统。

藤井的风格是无论如何都以活用房间装饰为主要着眼点来推敲整体构成，这是他从鲁堂那里学来的核心。

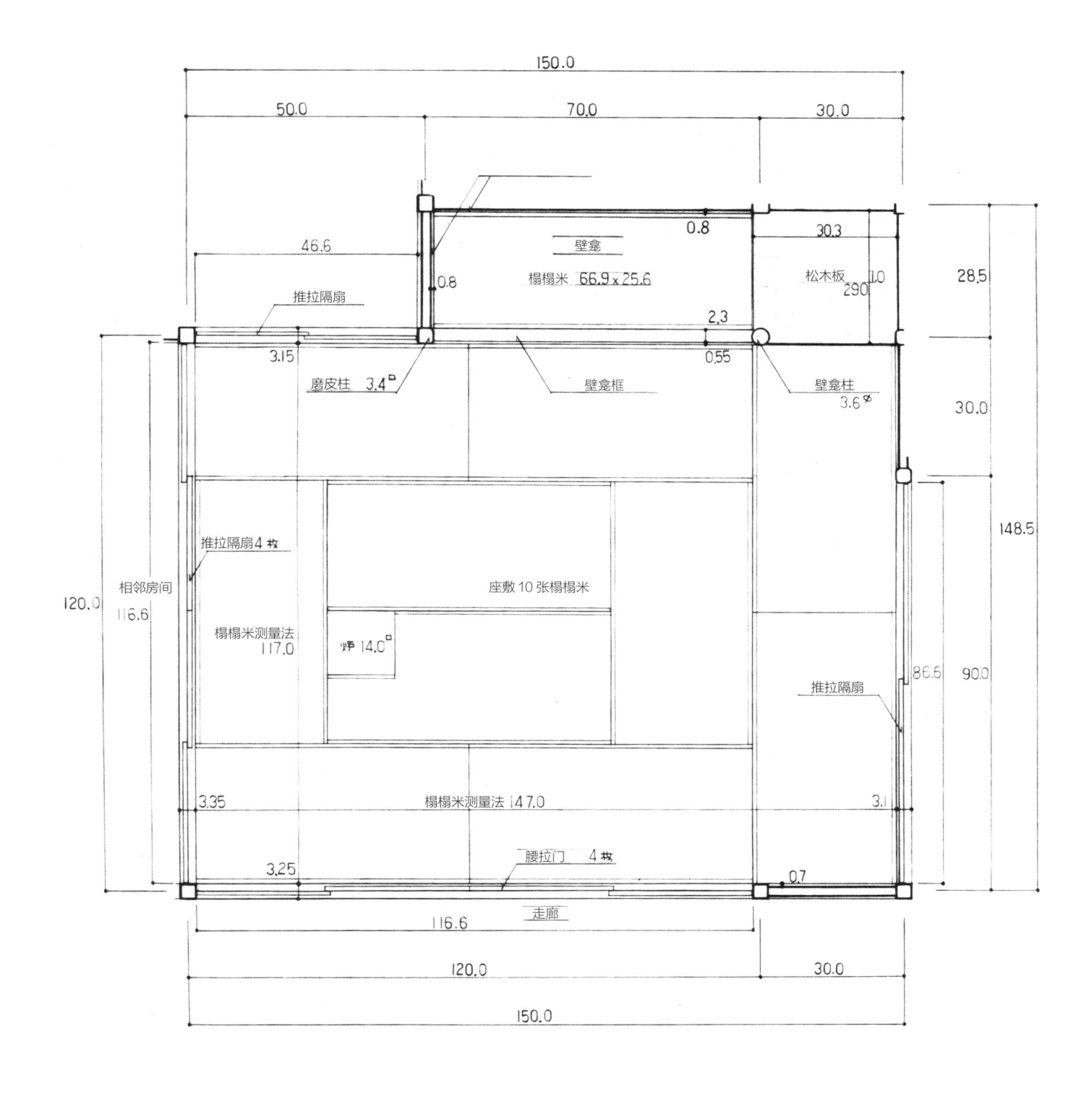

二楼座敷平面图　比例尺1:30

饭岛邸　实测图

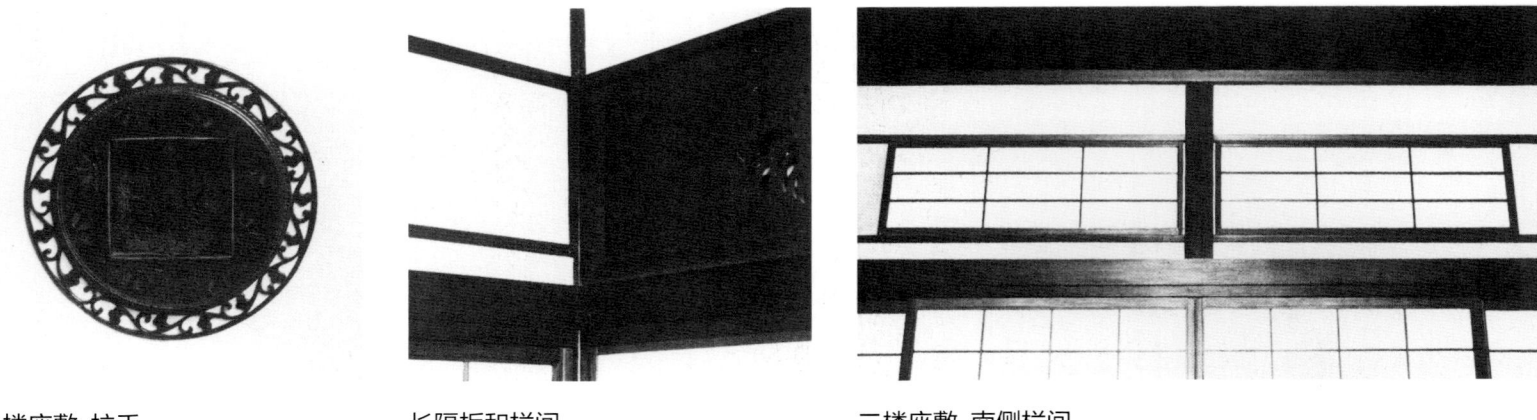

二楼座敷 拉手

长隔板和栏间

二楼座敷 南侧栏间

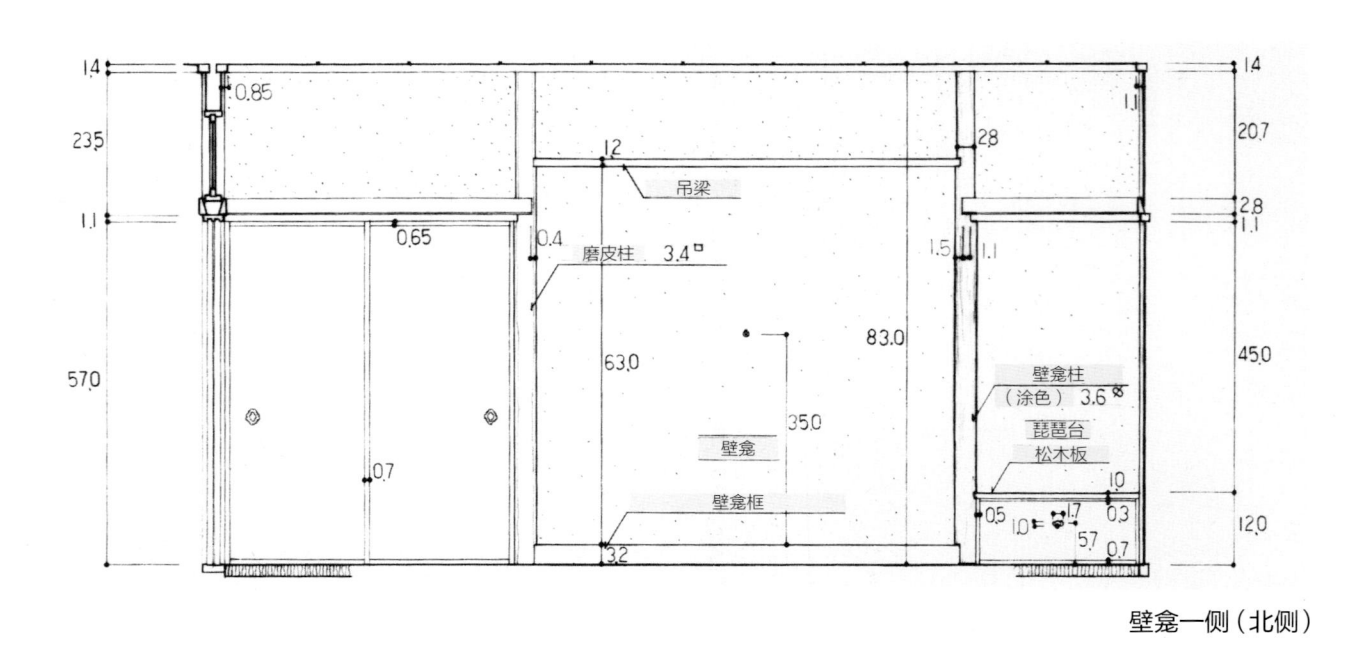

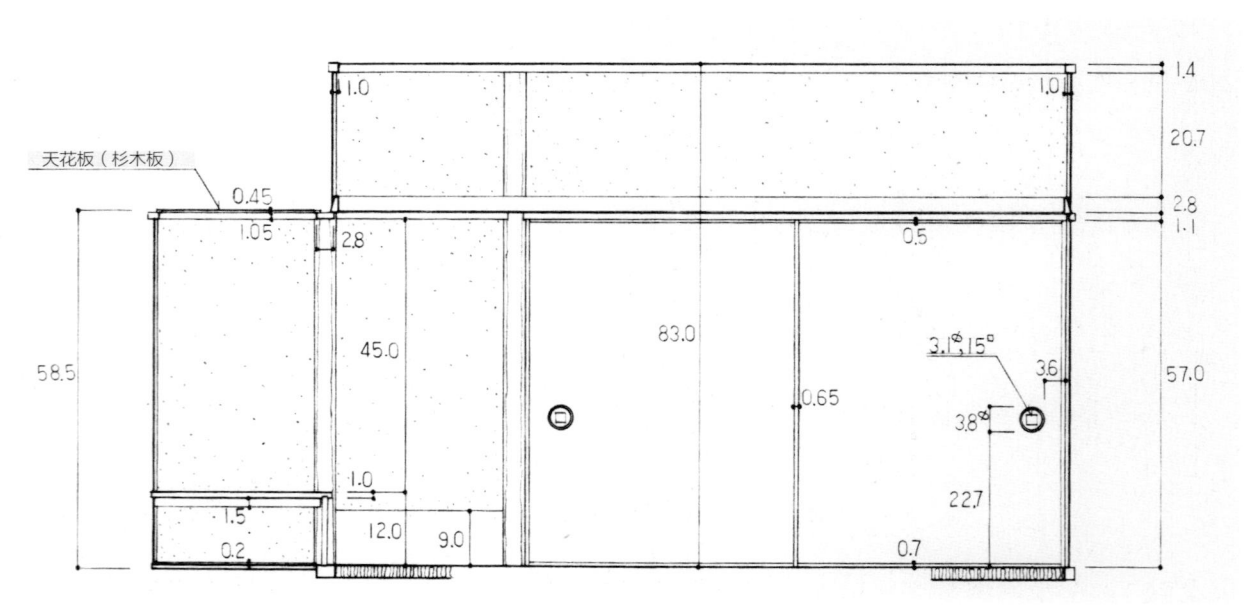

壁龛一侧（北侧）

座敷东侧

饭岛邸 实测图

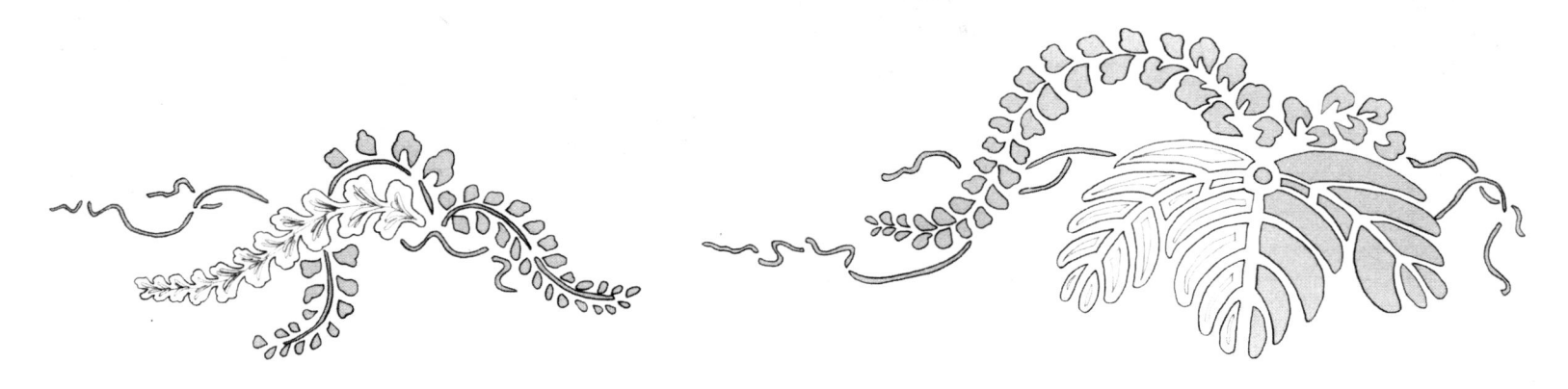

栏间透雕　比例尺1:4

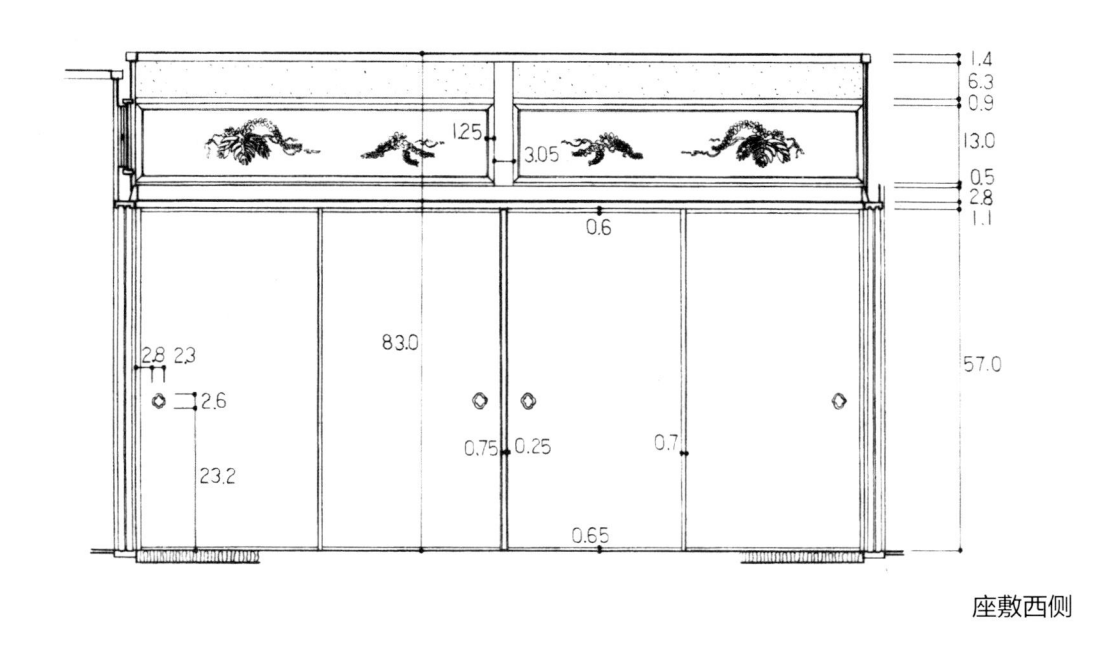

座敷西侧

杉木板　10枚

90 下半截糊纸（灰色）　　贴和纸

座敷南侧

二楼座敷展开图　比例尺1:30

饭岛邸　实测图

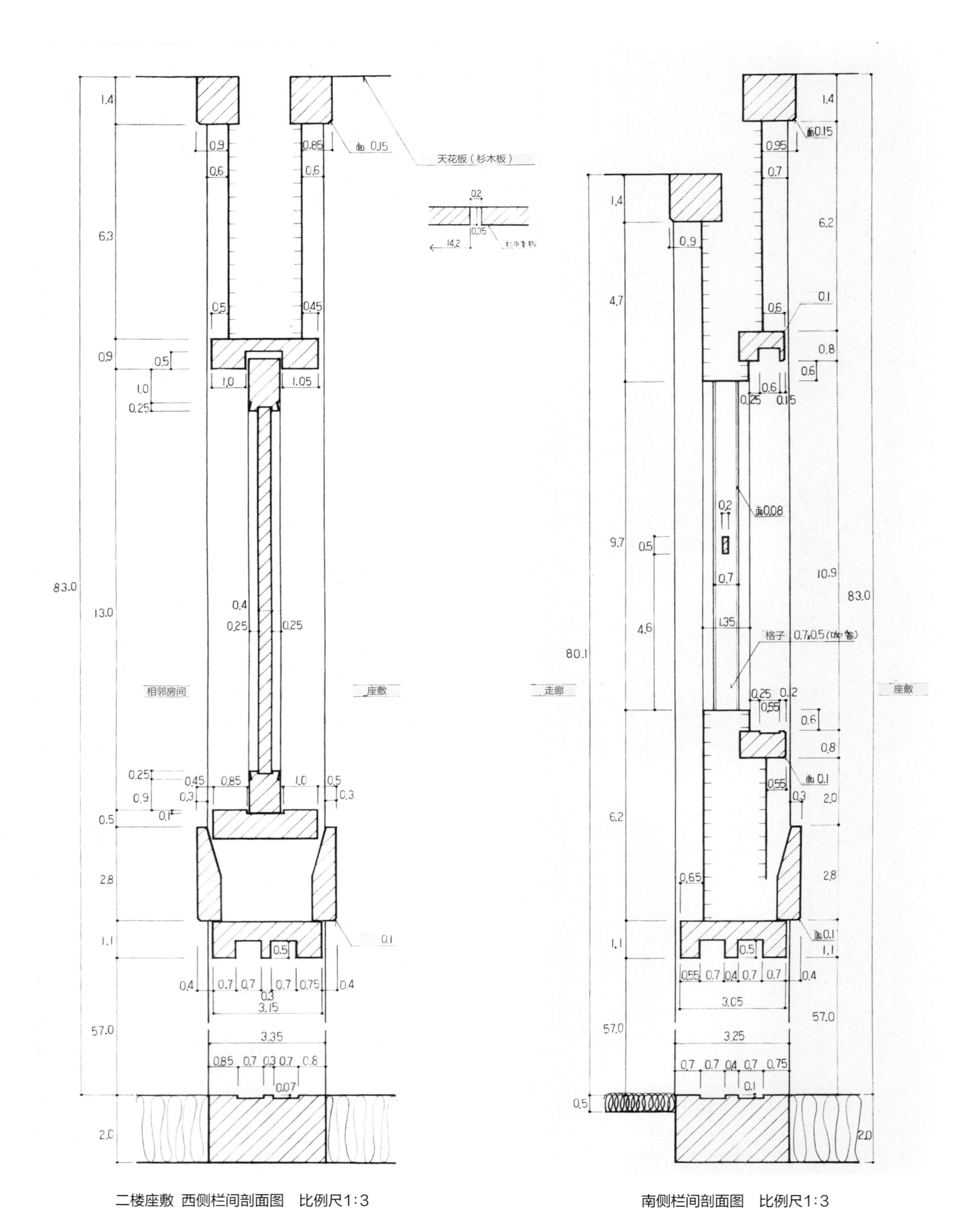

二楼座敷 西侧栏间剖面图　比例尺1:3

南侧栏间剖面图　比例尺1:3

饭岛邸　实测图

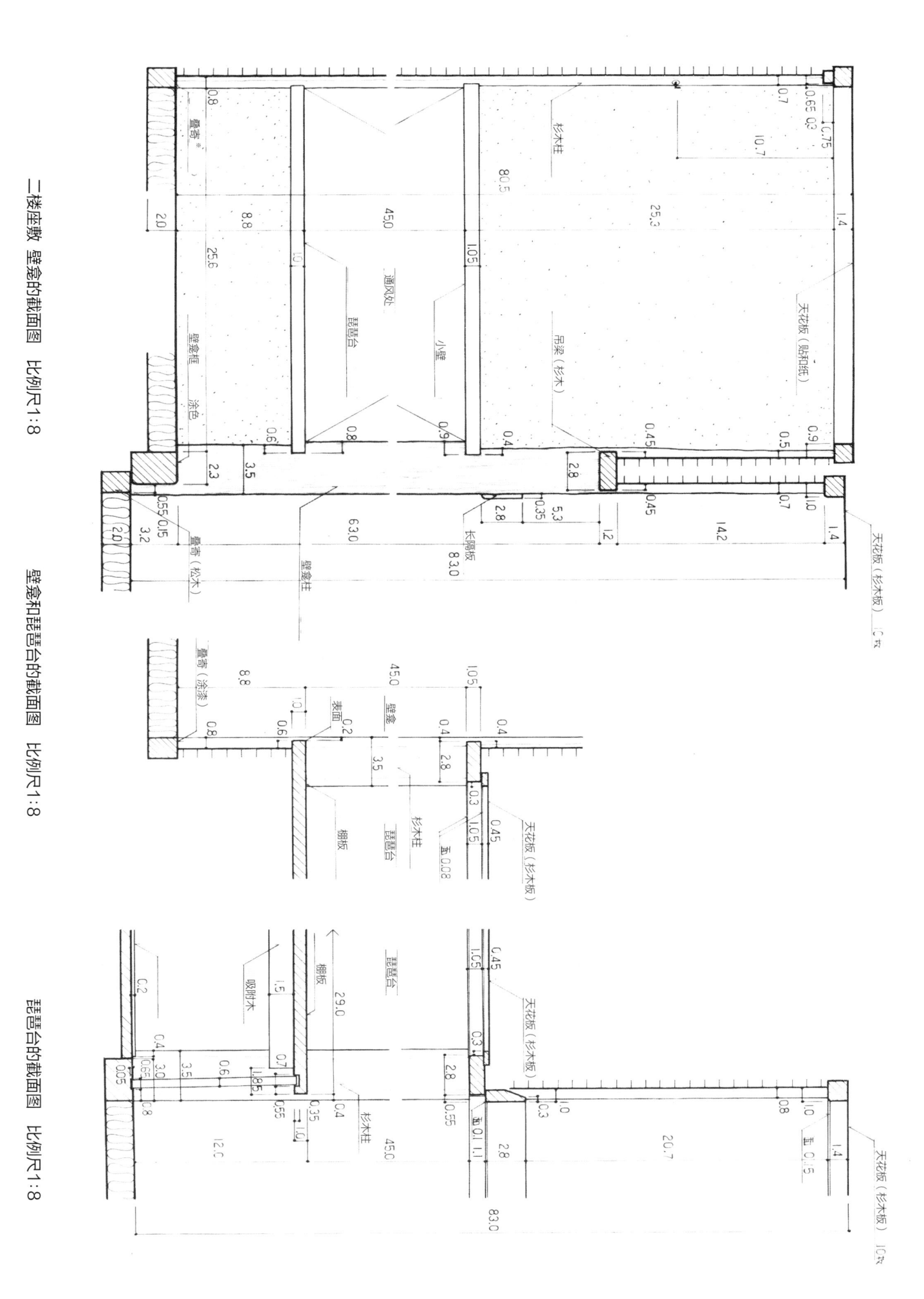

二楼座敷 壁龛的截面图 比例尺1:8

壁龛和琵琶台的截面图 比例尺1:8

琵琶台的截面图 比例尺1:8

※叠寄：用来填补榻榻米和墙壁之间缝隙的横木。

饭岛邸 实测图

座敷

所有者 竹中练一
所在地 兵库见芦屋市

竹中邸

改筑年 1969年
设计 笛吹
施工 笛吹

本座敷广阔的庭院，由8张榻榻米大小的主室与6张榻榻米大小的次间组成，两个房间的外侧都有宽廊环绕。宽廊有四尺七寸宽，铺着木板。

主室仿照表千家松风楼而建。松风楼是在1921年，惺斋作为新的茶道练习场地而扩建的大茶室，据说是根据如心斋的样式建造的。如心斋中有一间适合举行茶道活动的大茶室，有壁龛和架子，加上宽檐，铺了8张榻榻米。竹中邸的座敷可以说是对如心斋风格的一种继承与发扬。

主室的中央是壁龛，右边设置琵琶台。落挂将二者连接，右边没有设置壁龛柱。房间内的圆木柱子上面钉着撞钟钉。琵琶台上方是网代天花板，高约五尺五寸。平书院对着檐廊，设有隔扇。

主室与次间的交界处是四张隔扇，栏间处是镂刻着花纹的桐木板。这种设计仿照了残月亭的栏间。次间在南侧中央设有佛龛，这里最初被用作佛堂。这种设计与安排同松风楼相似。

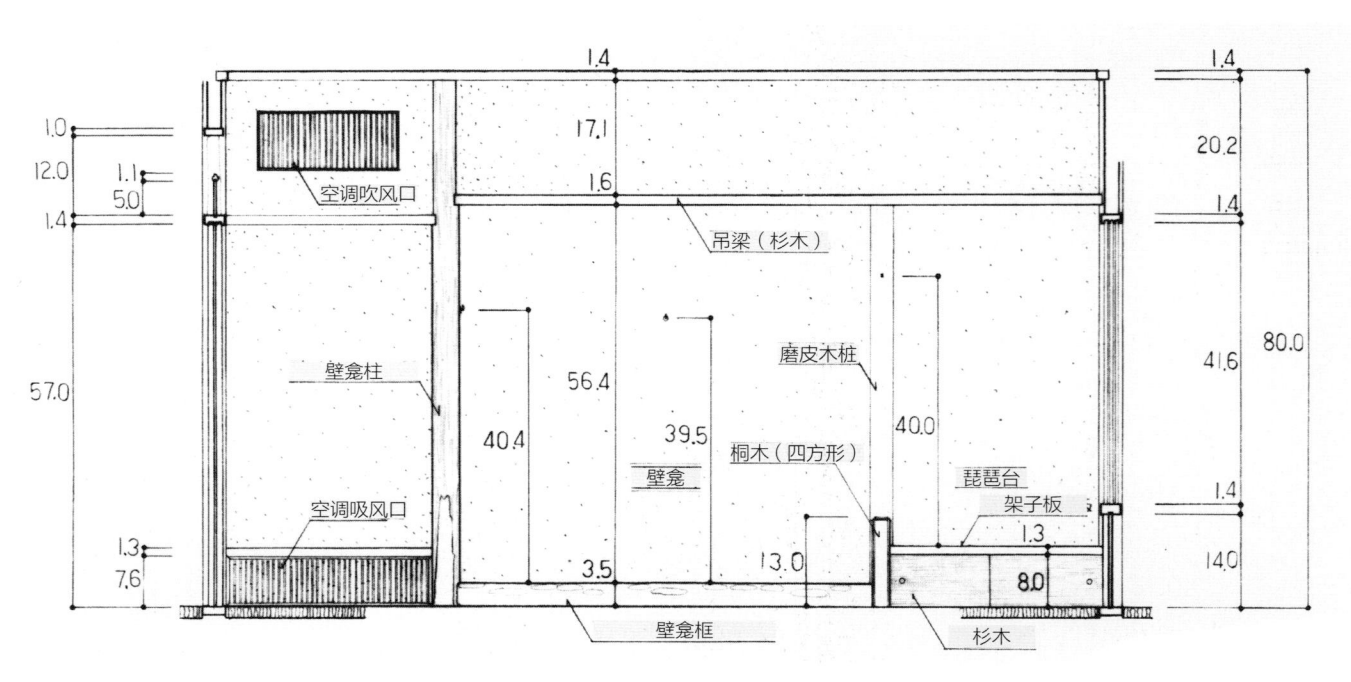

壁龛一侧（西侧）

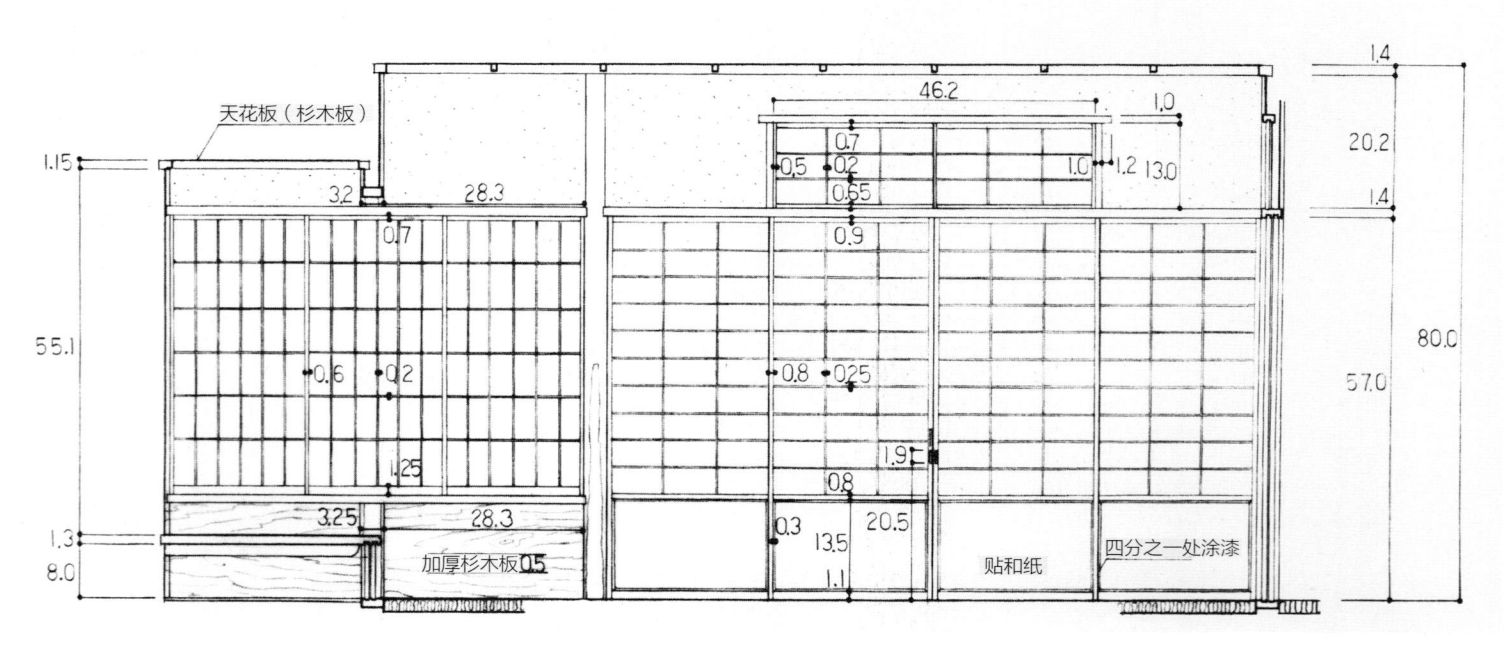

座敷北侧

竹中邸　实测图

座敷 栏间　　　　　座敷 落挂和平书院上部　　　座敷 琵琶台一角　　　座敷 壁龛框

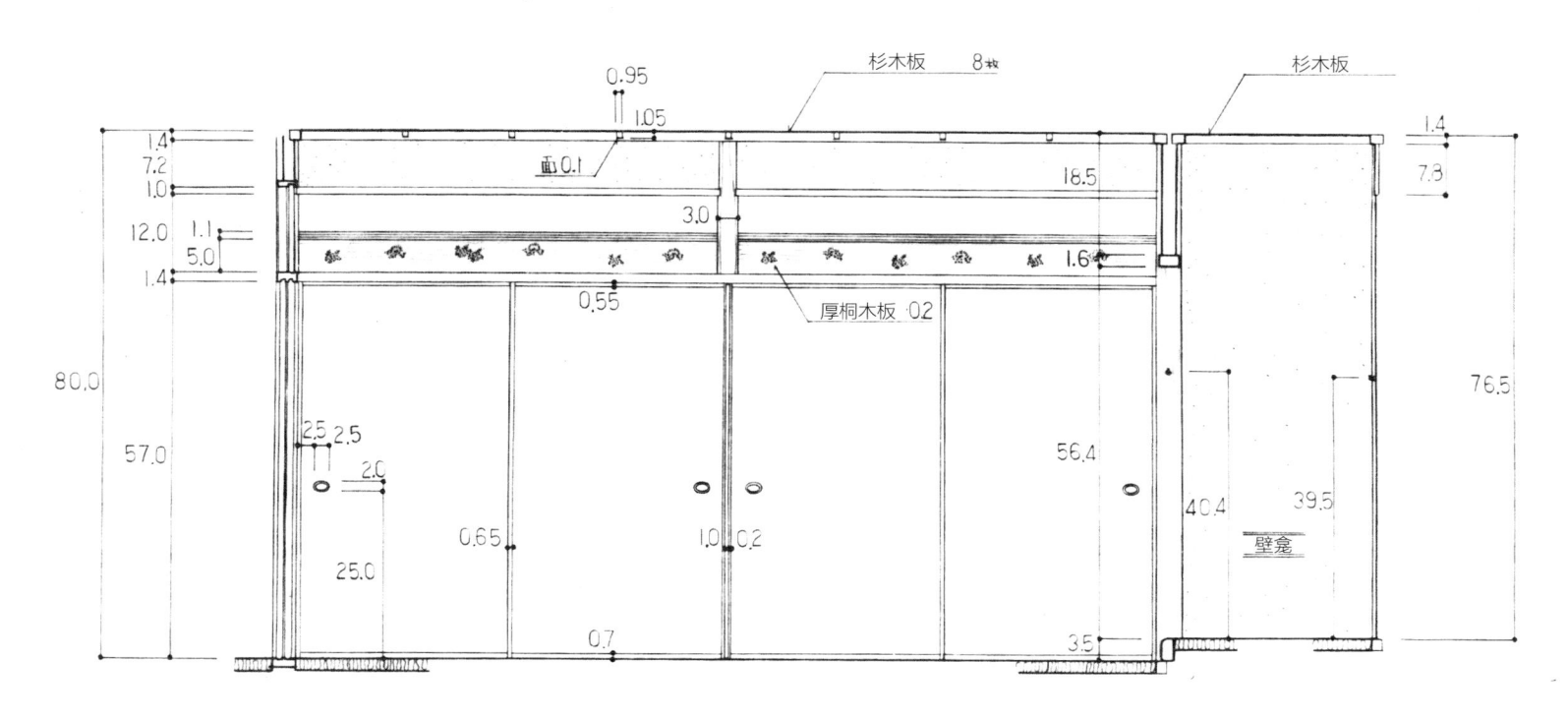

座敷南侧

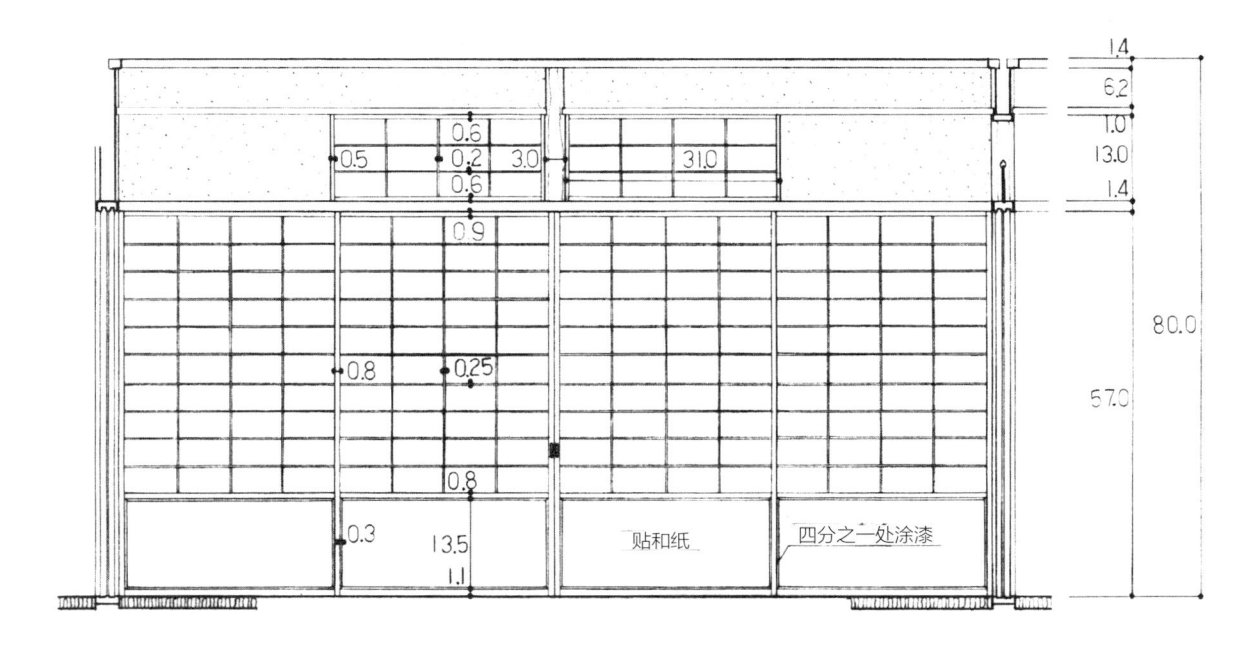

座敷东侧

座敷展开图　比例尺1:30

竹中邸　实测图

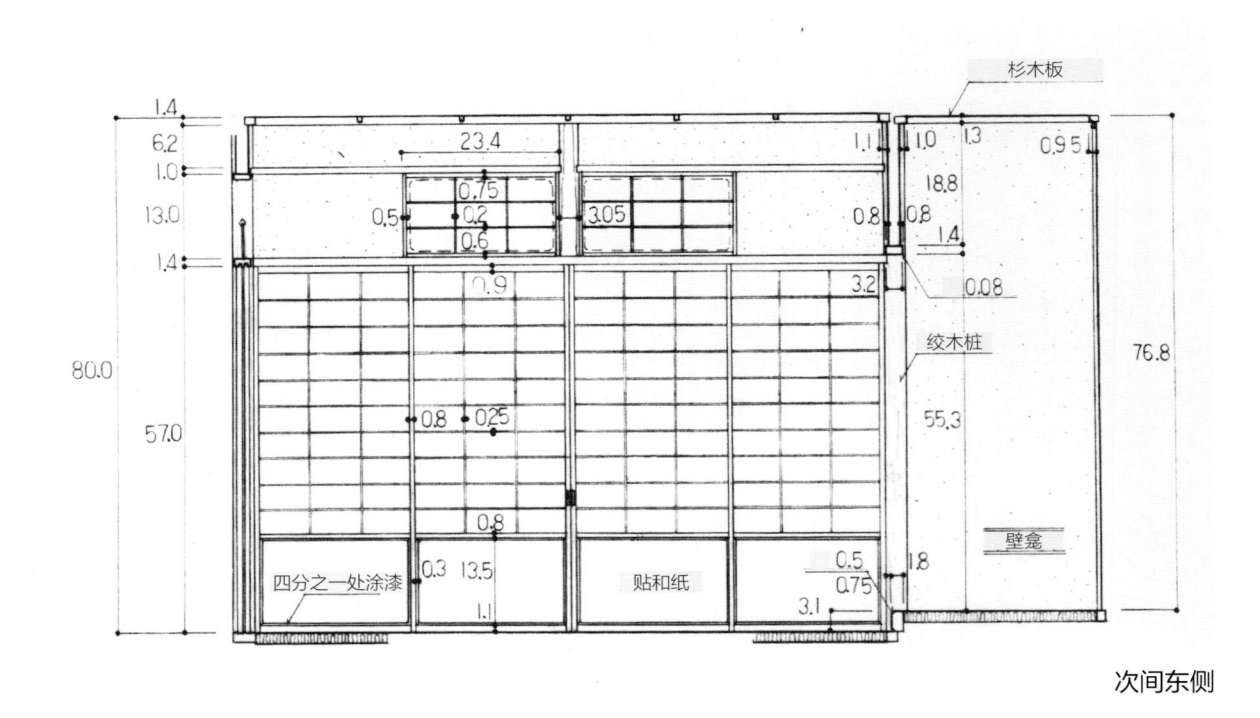

次间东侧

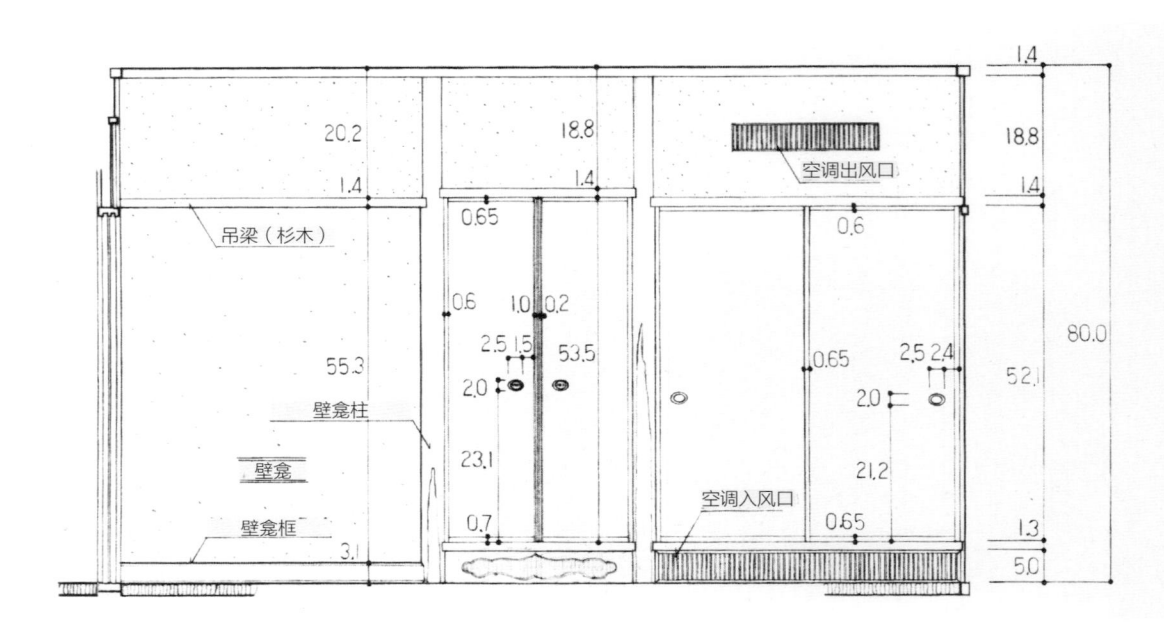

次间的壁龛一侧（南侧）

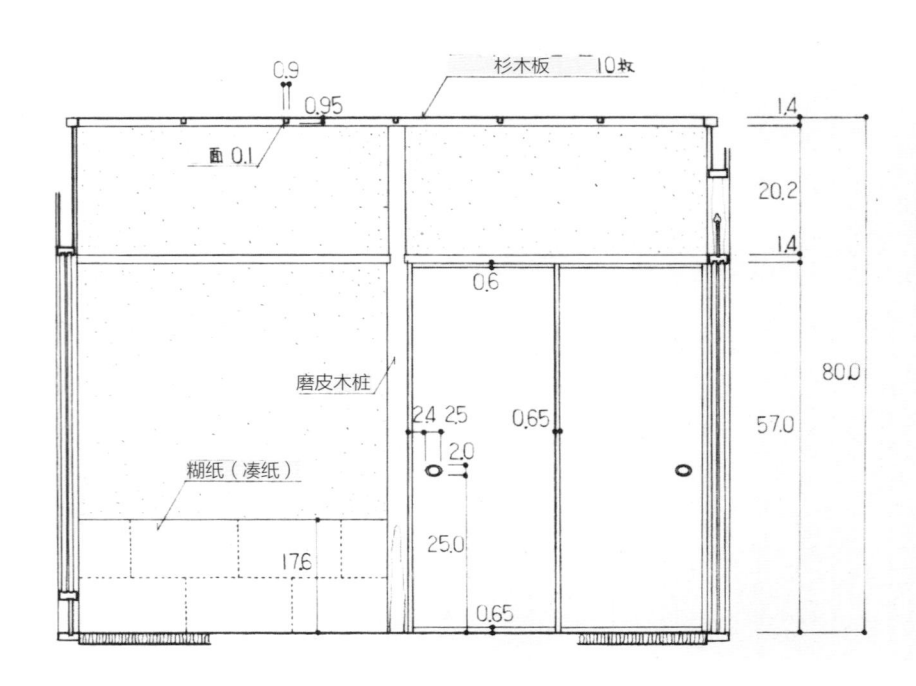

次间西侧

次间展开图　比例尺1:30

竹中邸　实测图

竹中邸 实测图
座敷平面图 比例尺1:30

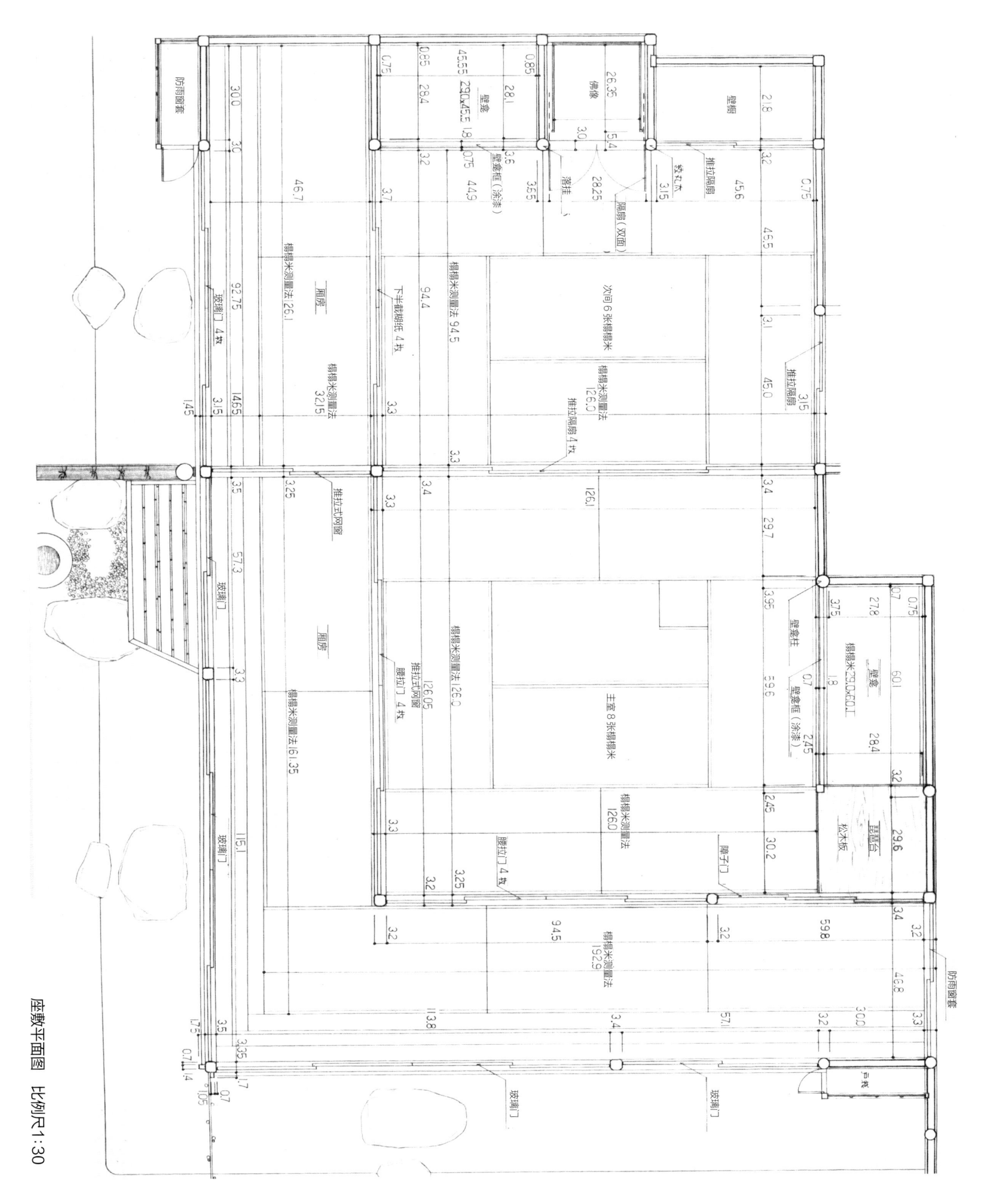

座敷 入口一角的天花板

座敷 琵琶台上方的网格天花板

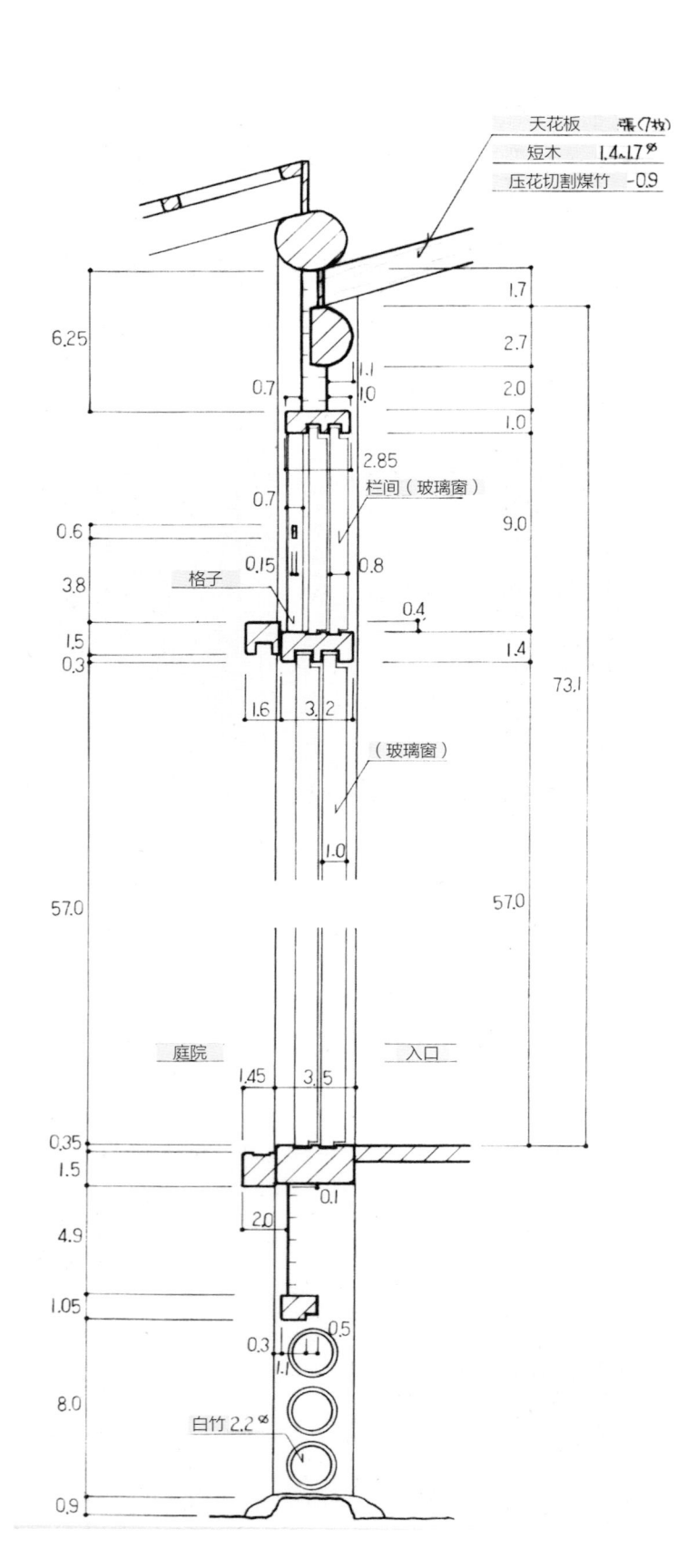

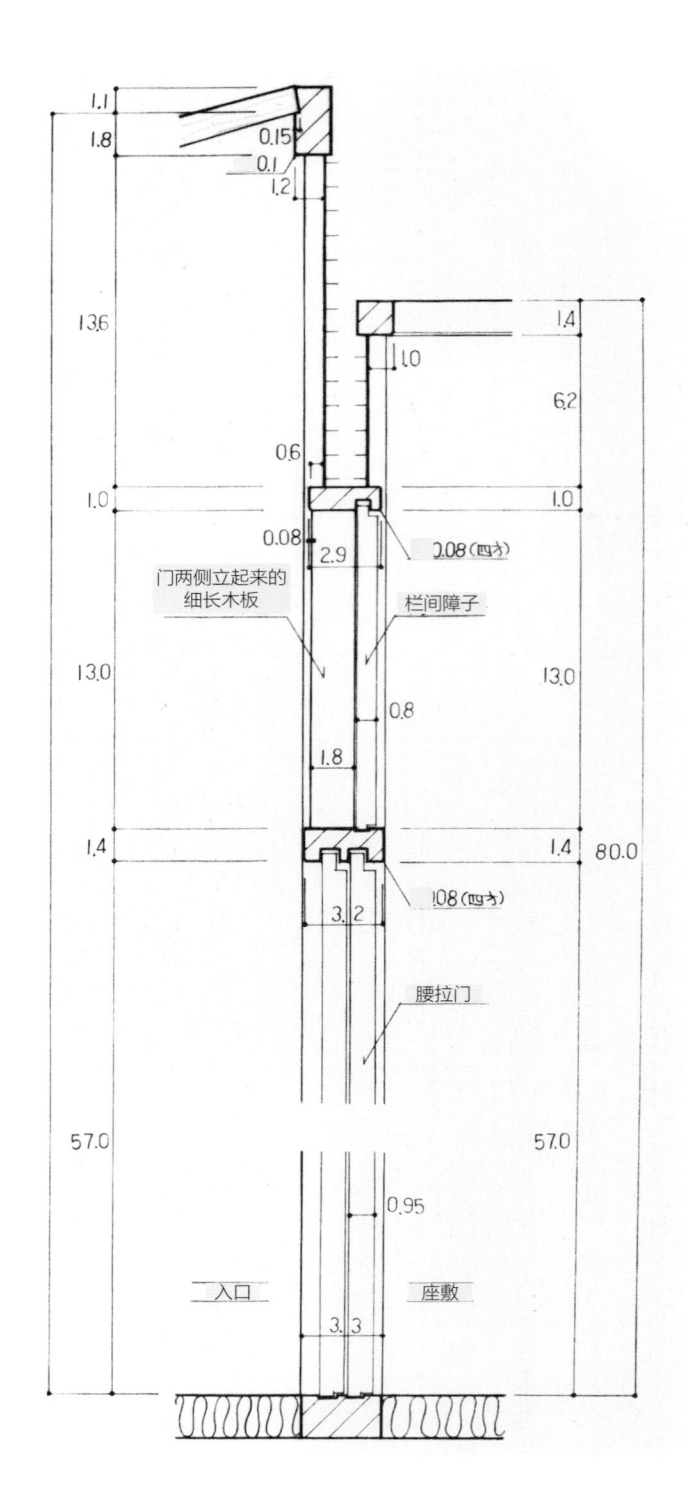

座敷结构展开图 比例尺1:8

竹中邸 实测图

竹中邸　実測図

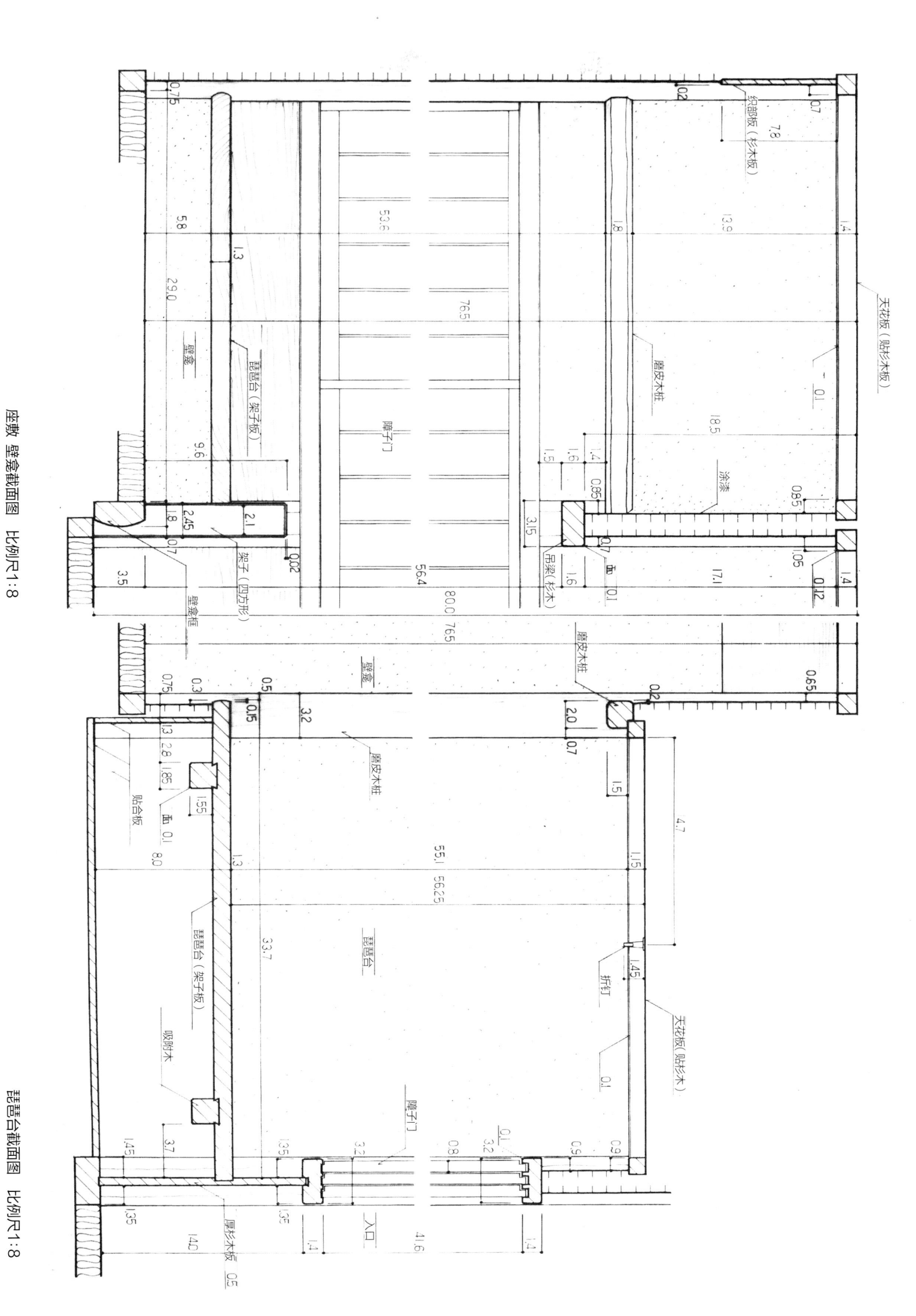

舞之间

所有者 新高轮王子酒店
所在地 东京都港区

秀明

改筑年 1982年
设计 村野、森建筑事务所
施工 竹中工务店

舞之间包含主室和次间两大部分。主室的面积很大，平时可以用作客厅，也可以举办茶道活动。主室中设有壁龛，是仿照残月亭的形式建造的。但与残月亭不同的是，舞之间主室中的壁龛的中门槛窗朝左，没有设置付书院，在壁龛旁边设置了点前座。主室面向右侧走廊的一侧，开着两个隔扇，供人出入。主室与次间相邻，次间有八铺席大，在西侧铺着木板。

继续看主室中的布置。房间中设置有地炉，在其前方铺着一尺四寸宽的木板。房间中天花板的构造可谓是令人瞠目。这是由露出桁等复杂的结构共同打造得非常具有装饰性美感的天花板，其整体的位置很高，使整个空间显得更空旷，十分具有庄严、神圣之感。其中的大部分构件是用木材打造的，使用的铁架结构也用木材进行了包裹，这样的设计使天花板整体散发着一种宗教般的肃穆感。天花板表面以竹编成，贴着和纸。光线从那里倾泻到整个室内。

在壁龛柱上方，有一根水平的装饰梁。这部分经过巧妙的设计，安置了照明器具。紧挨壁龛设置了点前座，形成了如传统茶室一般的具有侘寂意味的空间。壁龛与点前座上方便是上文中介绍的精美天花板。三者的结合使房间的整体氛围更加神圣。

舞之间是将座敷传统的构造以全新的表现形式展现的建筑。它既保留了古典座敷的打造方法，又加入了紧跟当时潮流的表现形式，可谓当时的座敷设计佳作。

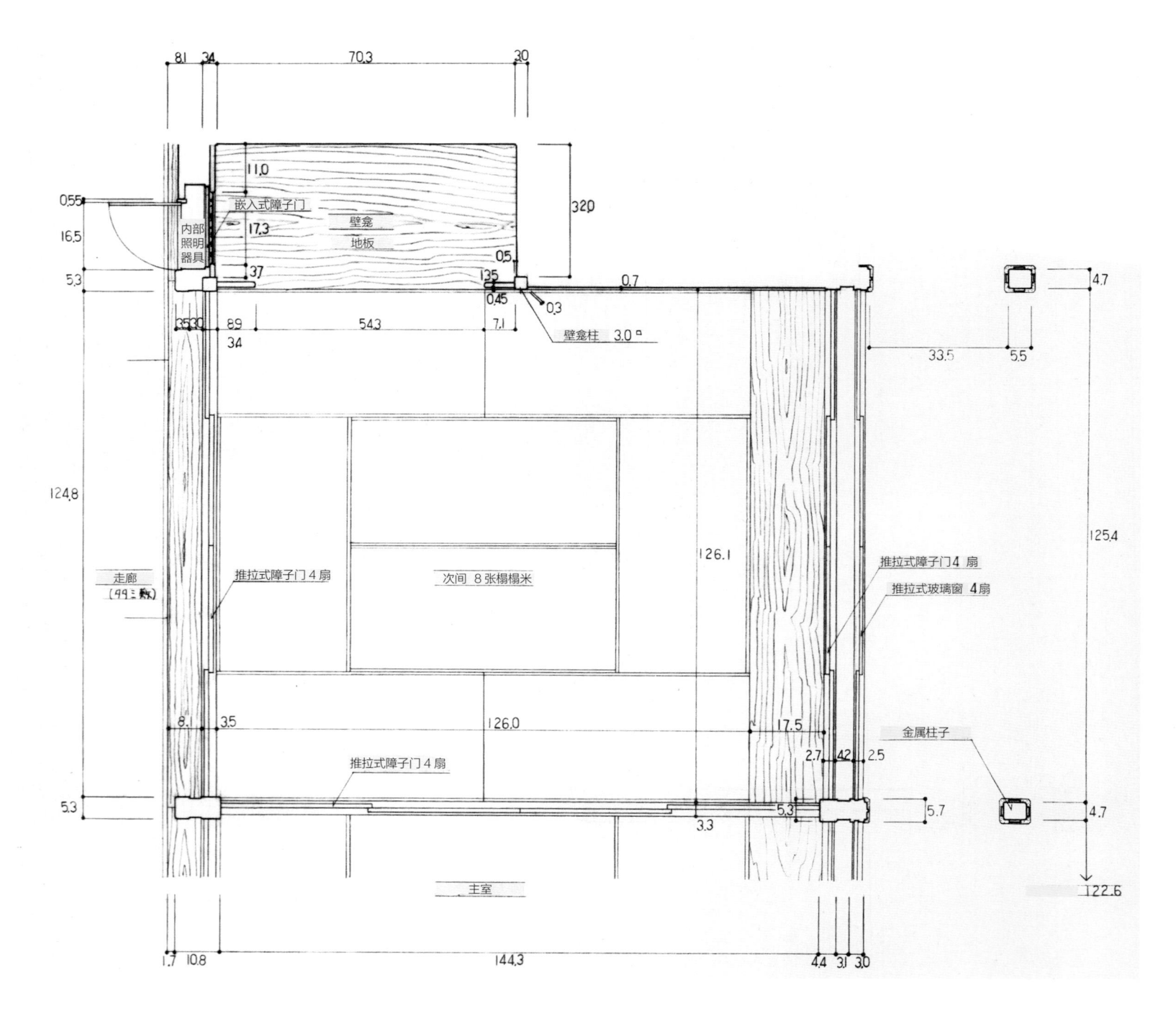

舞之间 次间平面图 比例尺1:30

秀明 实测图

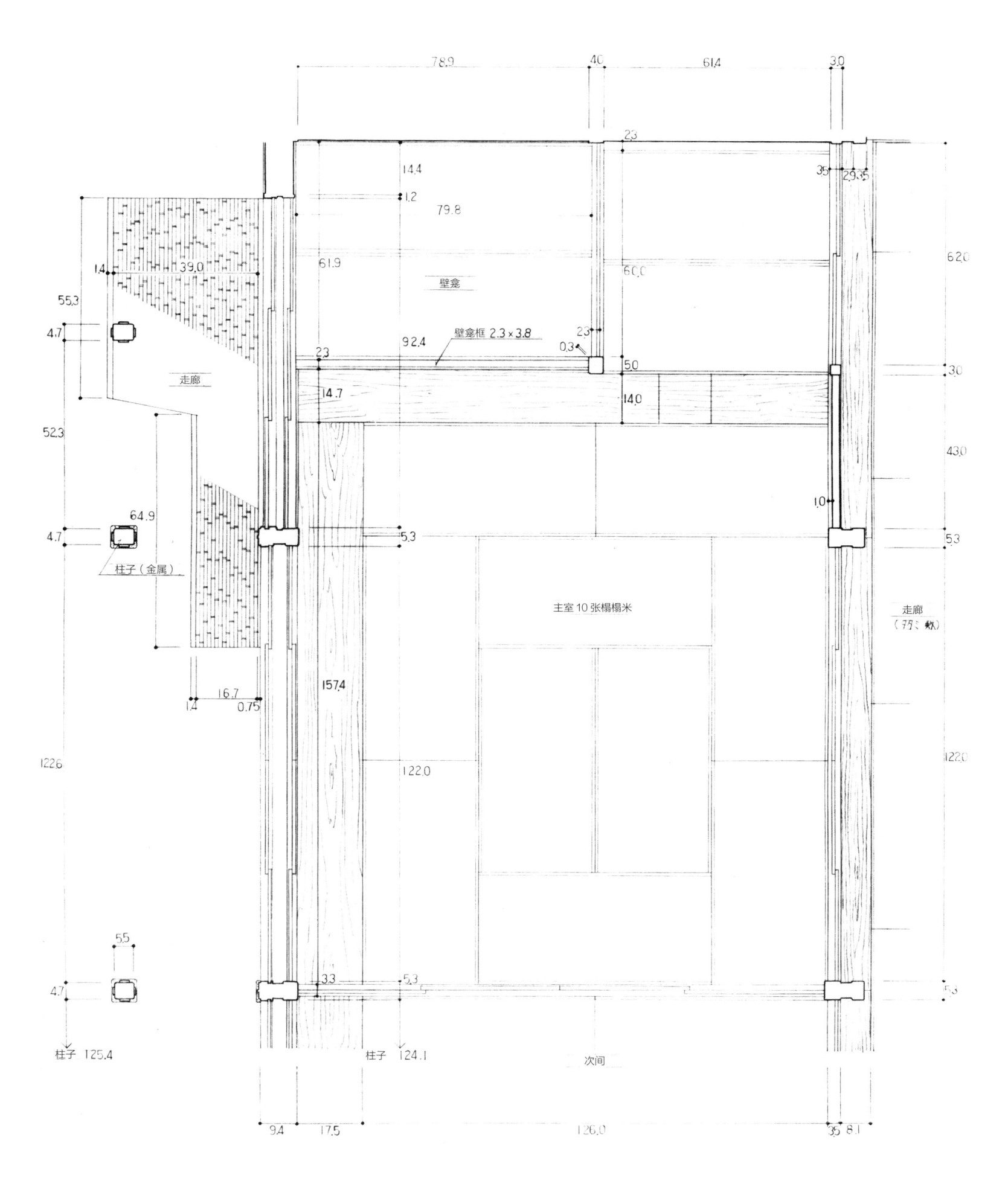

舞之间平面图　比例尺1:30

秀明　实测图

舞之间 壁龛与墙壁　　　　　舞之间 栏间　　　　　舞之间 天花板构造

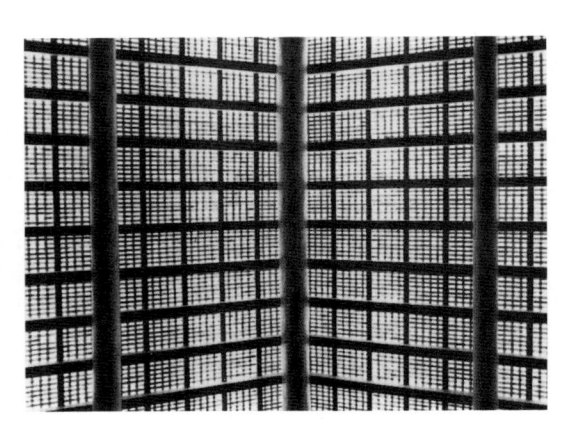

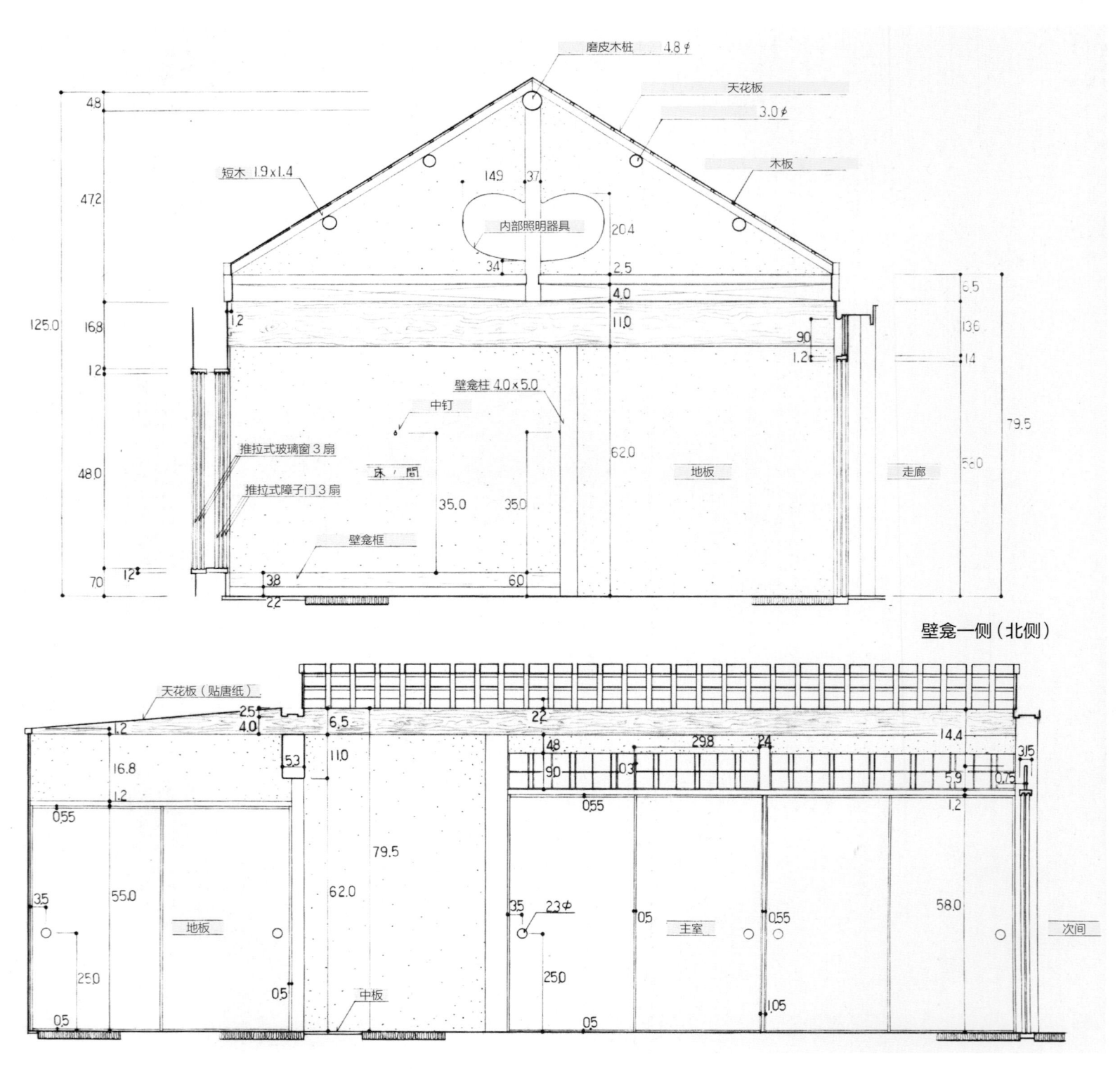

壁龛一侧（北侧）

舞之间东侧

秀明　实测图

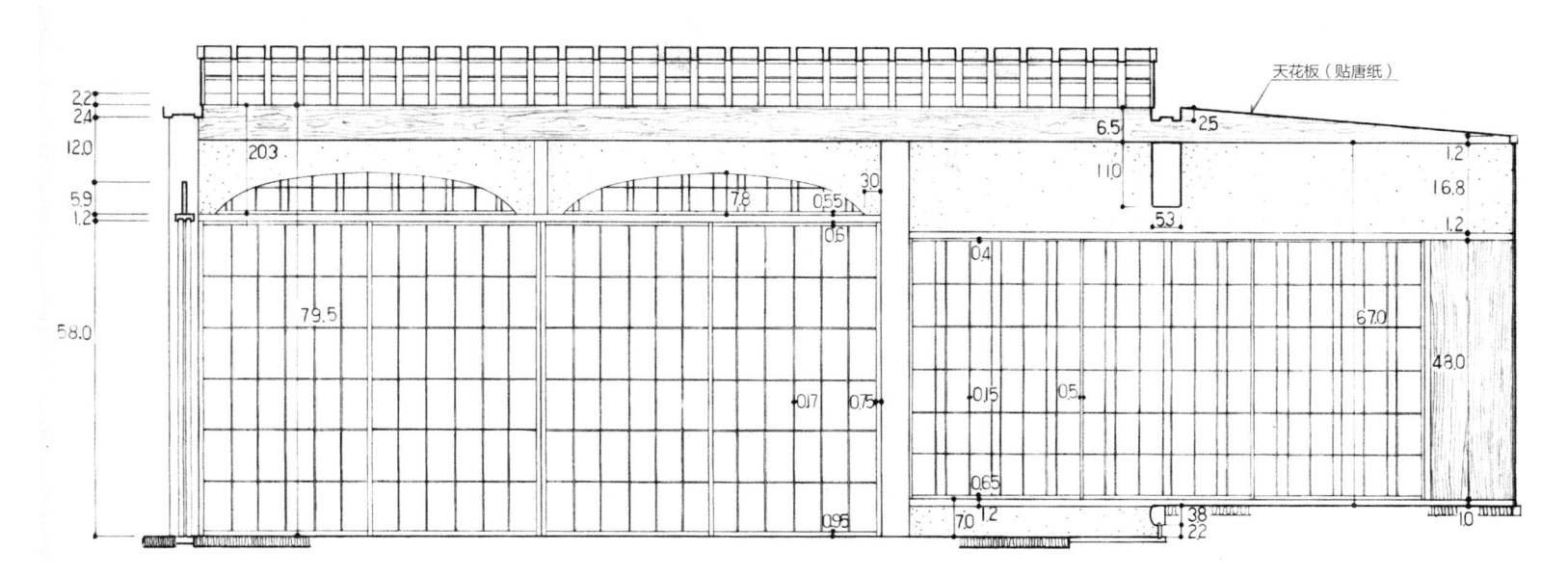

舞之间西侧

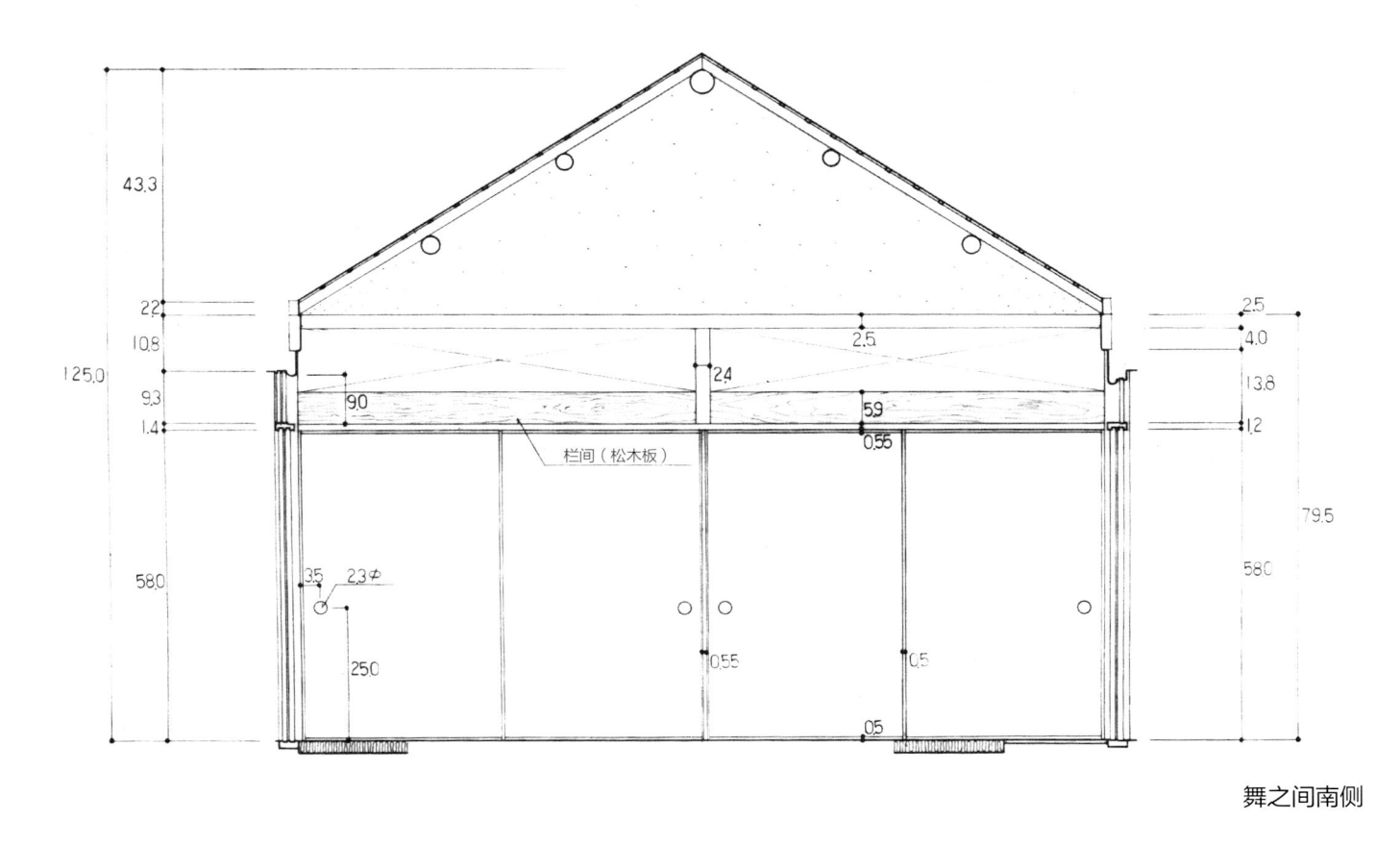

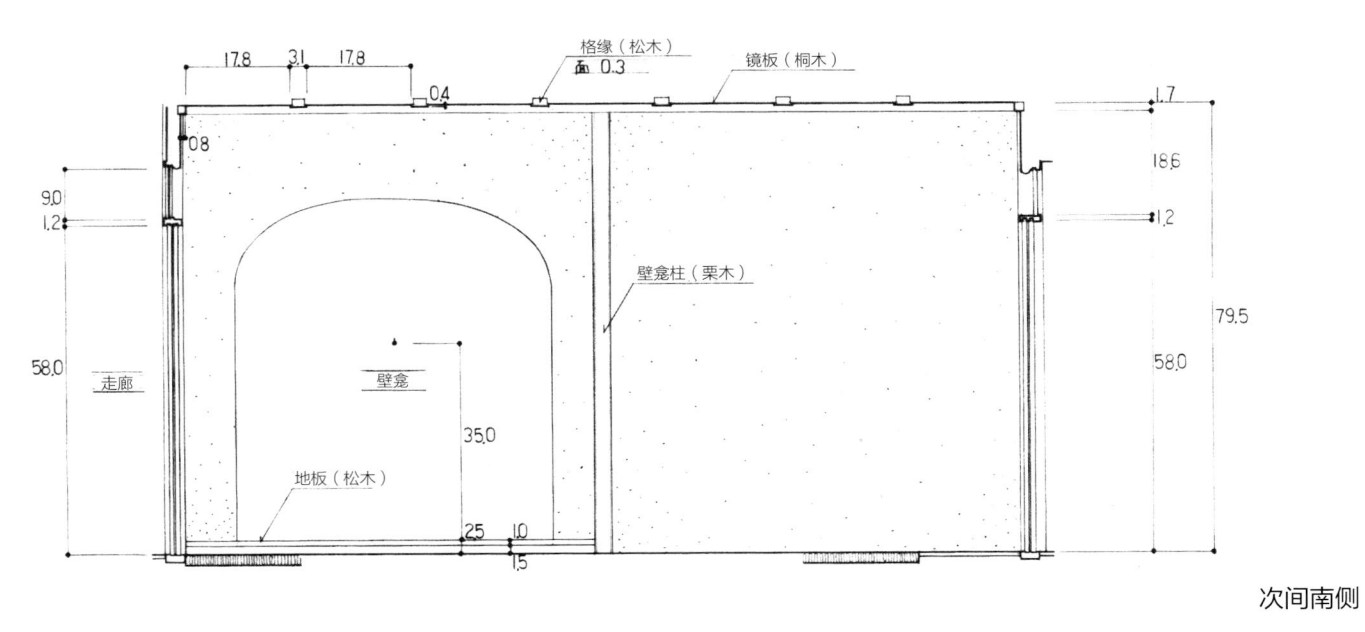

舞之间南侧

次间南侧

舞之间展开图　比例尺1:30

秀明　实测图

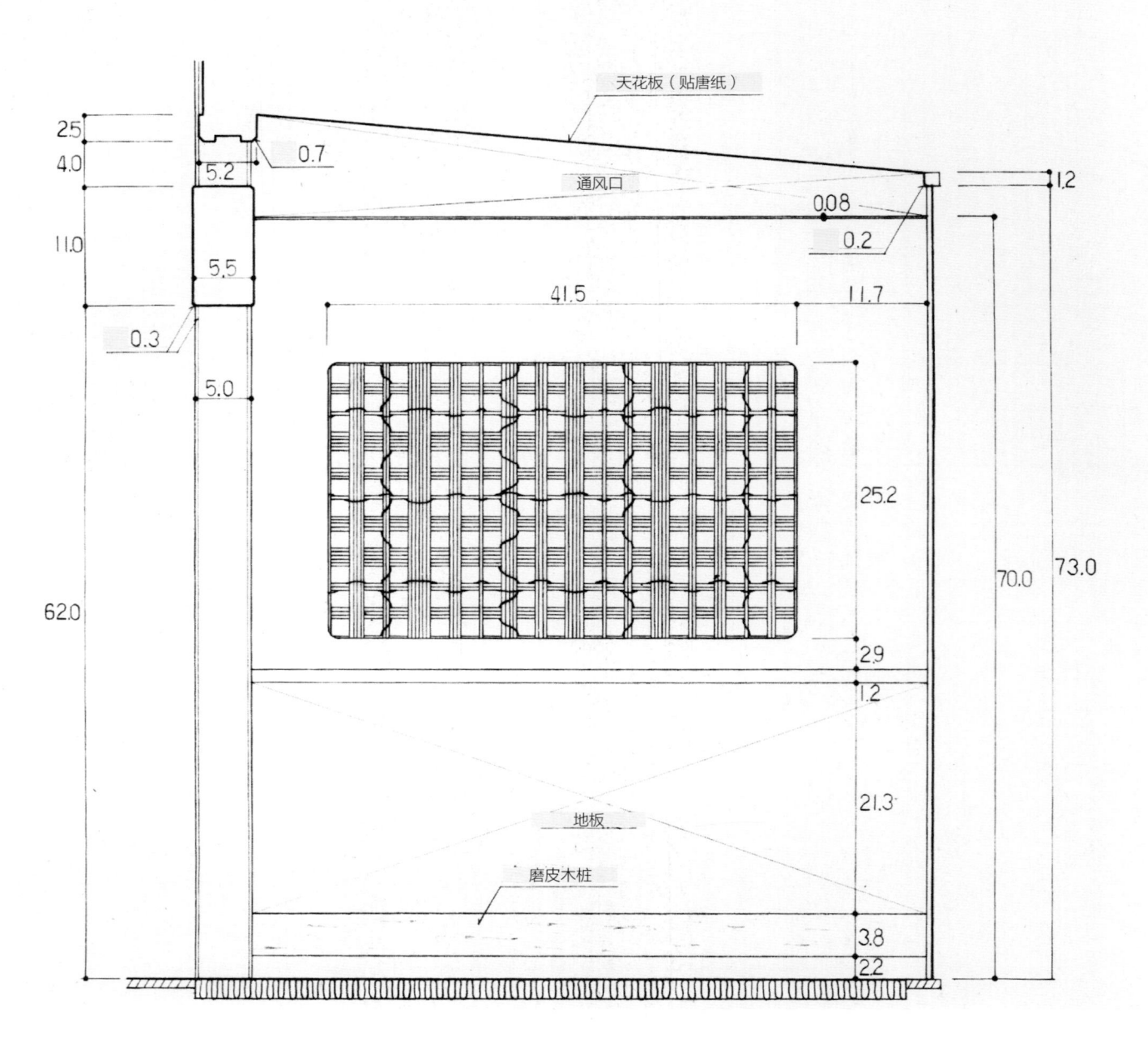

壁龛侧面基底窗细节图　比例尺1:15

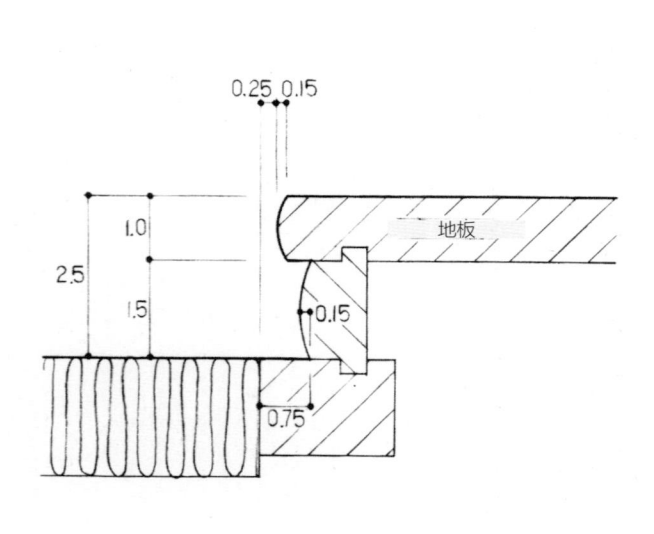

舞之间　次间壁龛剖面细节图　比例尺1:3

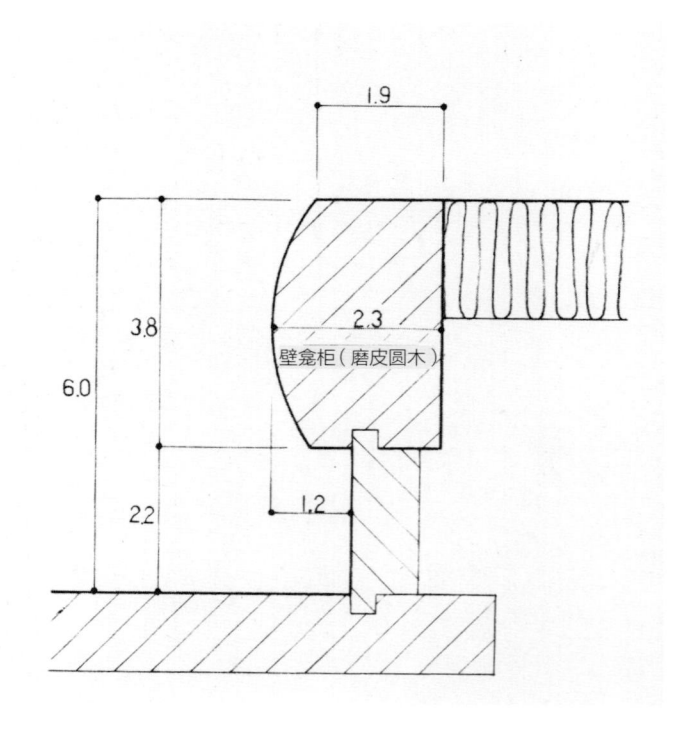

壁龛剖面细节图　比例尺1:3

秀明　实测图

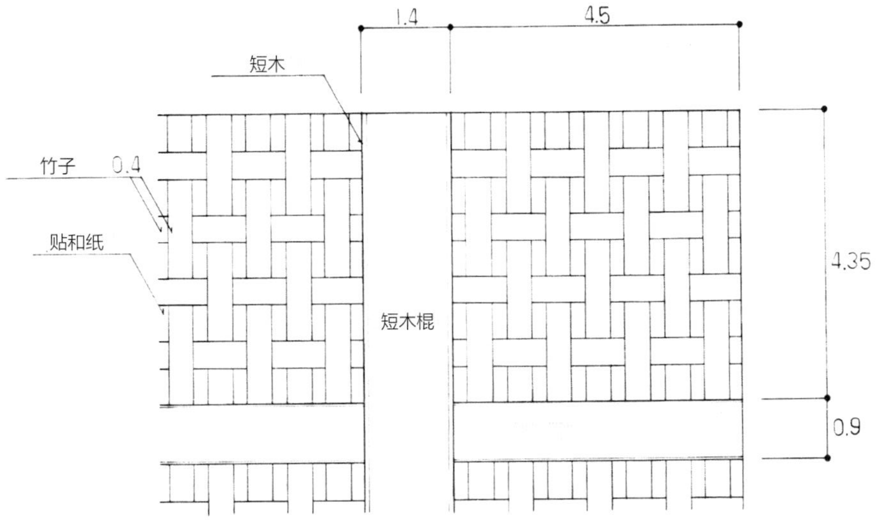

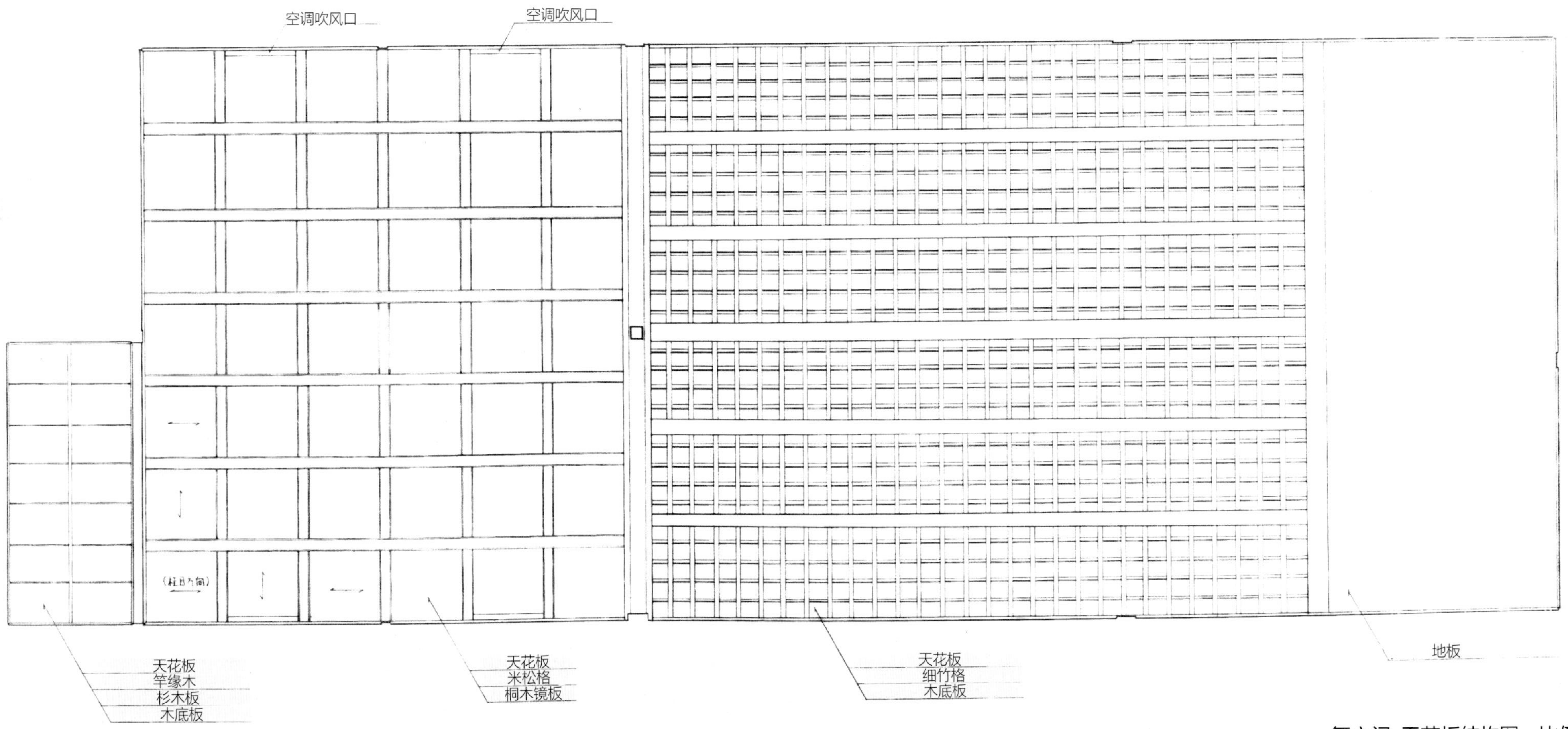

舞之间 天花板结构图 比例尺1:40

天花板细节图 比例尺1:3

秀明 实测图

日本建筑集成　座敷的构成　　　　　　　　　　　170

重缘木 0.12
回缘木 0.28
门框上端的横木 面 0.05
金属柱
栏间 面 0.05
推拉式玻璃窗
推拉式障子门
外部
内部
玻璃窗框（松木）

舞之间　西侧截面图　比例尺1:3

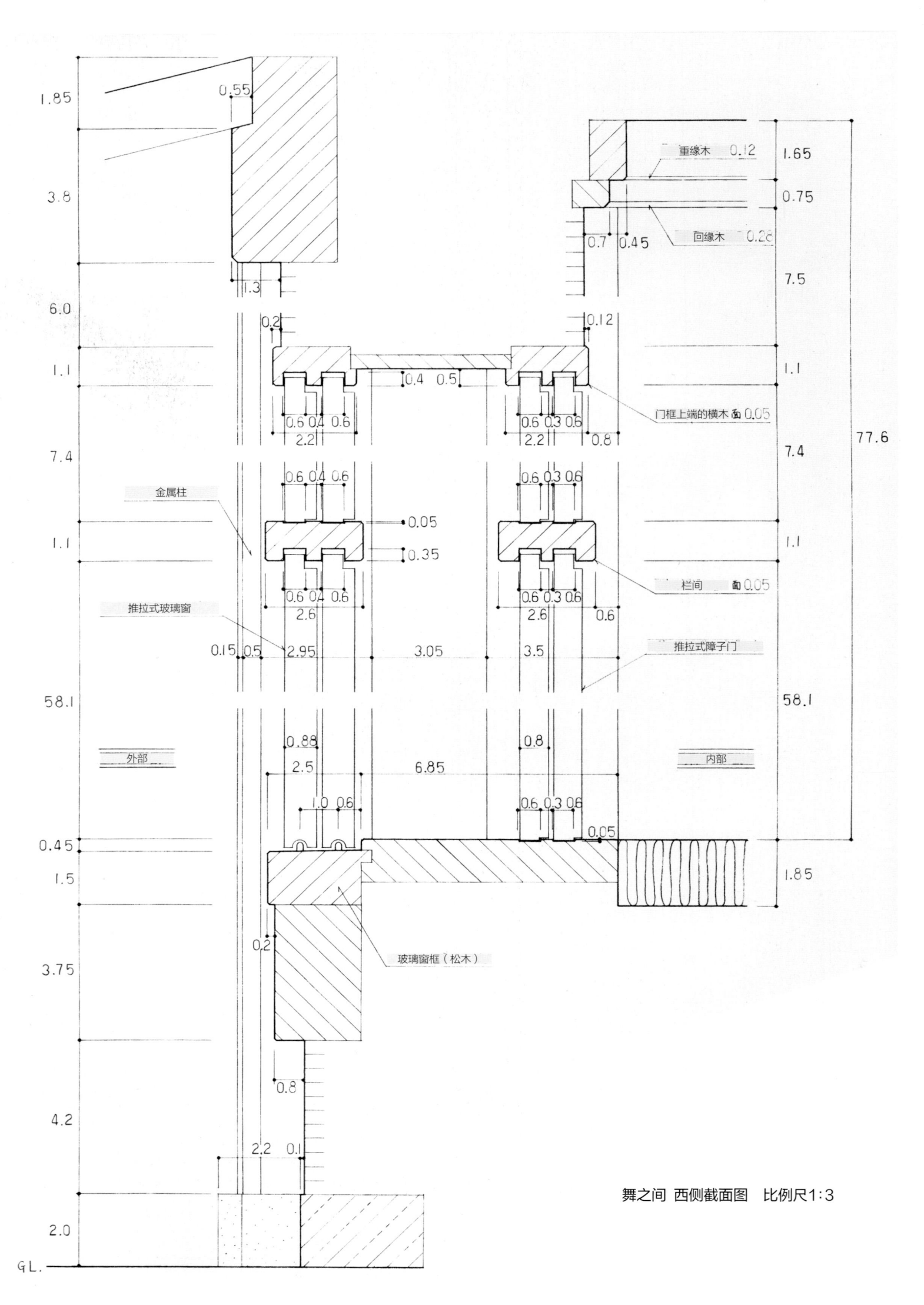

秀明　实测图

水镜之间

所有者 林永治郎
所在地 名古屋市中区
建造时间 1972年
设计 谷口吉郎
施工 清水建设

河文

河文的"水镜之间"主体是32张榻榻米大小的茶室和12张榻榻米大小的次间。二者以宽檐相连,还附带着化妆间、配膳室等。水镜之间对面的庭院因为只有水面,仿佛一面镜子,所以才有了"水镜"之名。

茶室有一条挂帘穿过,形成非常纤细的线条。房间左端立着圆木。房间右侧是壁龛,门槛弯曲。壁龛柱位置比较靠后。在其一尺六寸五高度处安装了搁板,这样就形成了简易、质朴的置物架。架子下面设置了照明用具。

在壁龛的对面,有一个长方形的书院。书院里设置了一扇透明的拉窗,颇具风情。

天花板一直延伸到次间,宽檐也是一样,加强了整体的一体感。草庵茶室风格的天花板结构,使整体空间显得更加宽敞。

水镜之间 从壁龛看床胁

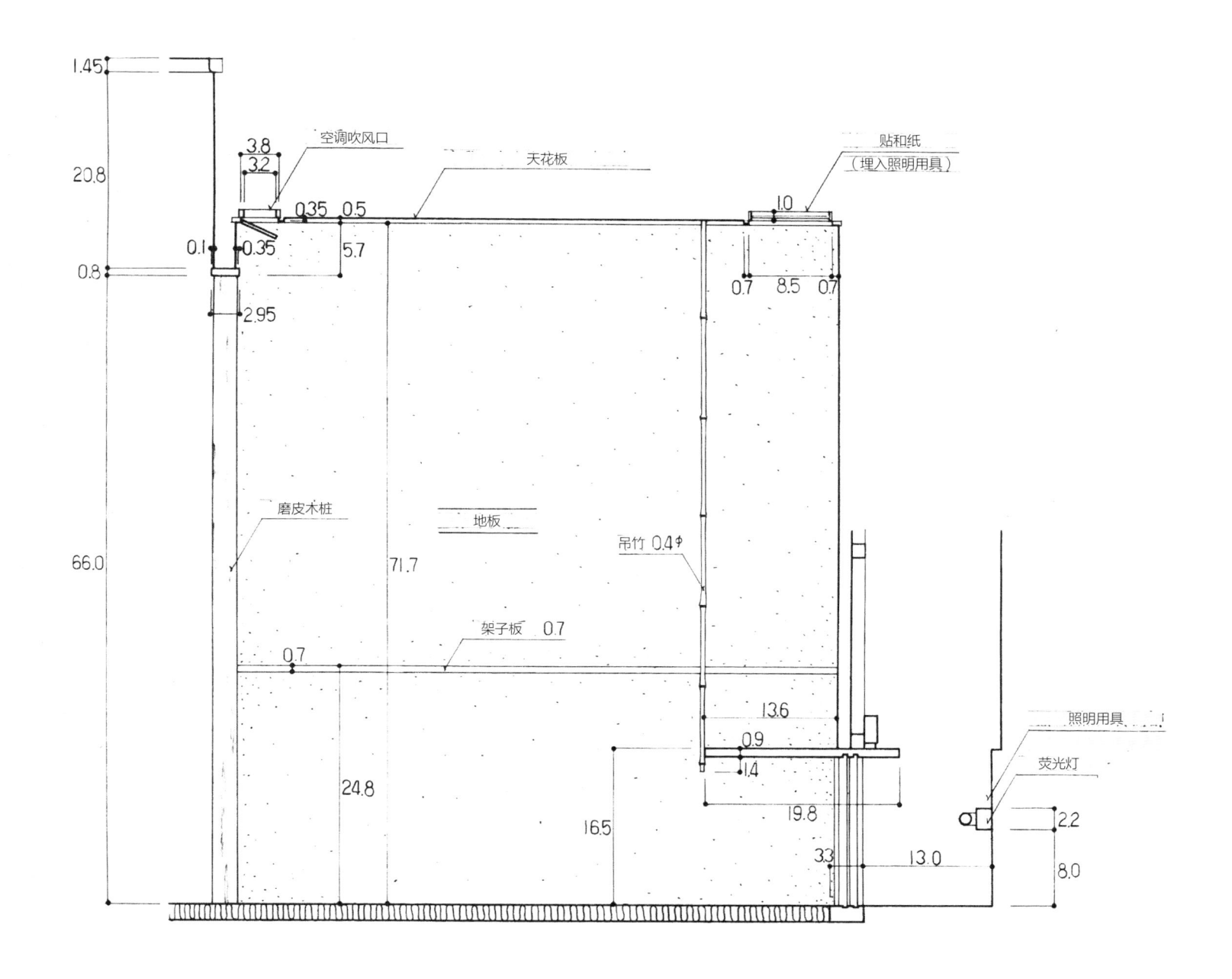

水镜之间 床胁截面图 比例尺1:15

河文 实测图

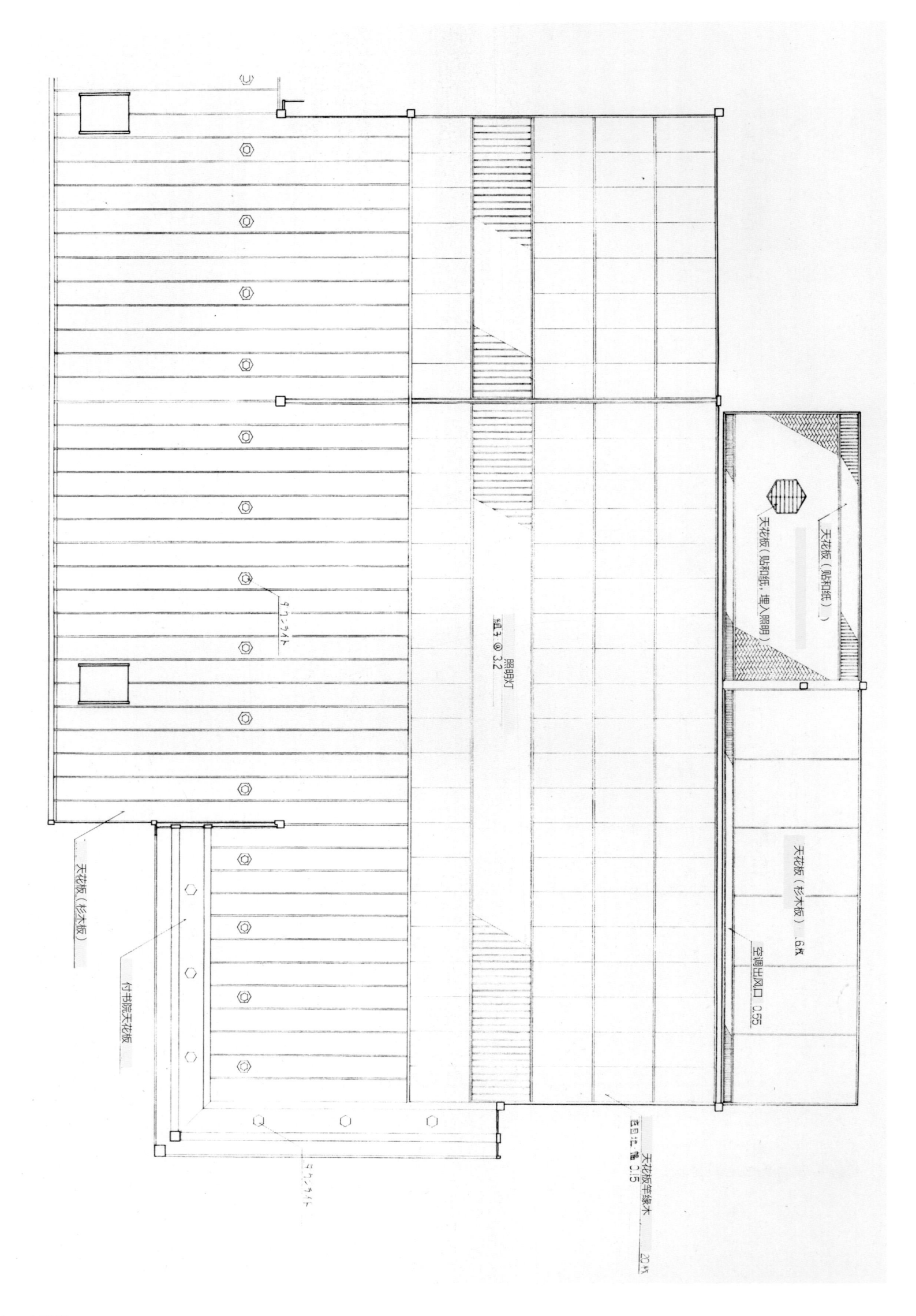

水镜之间 天花板结构图 比例尺 1:50

河文 实测图

173

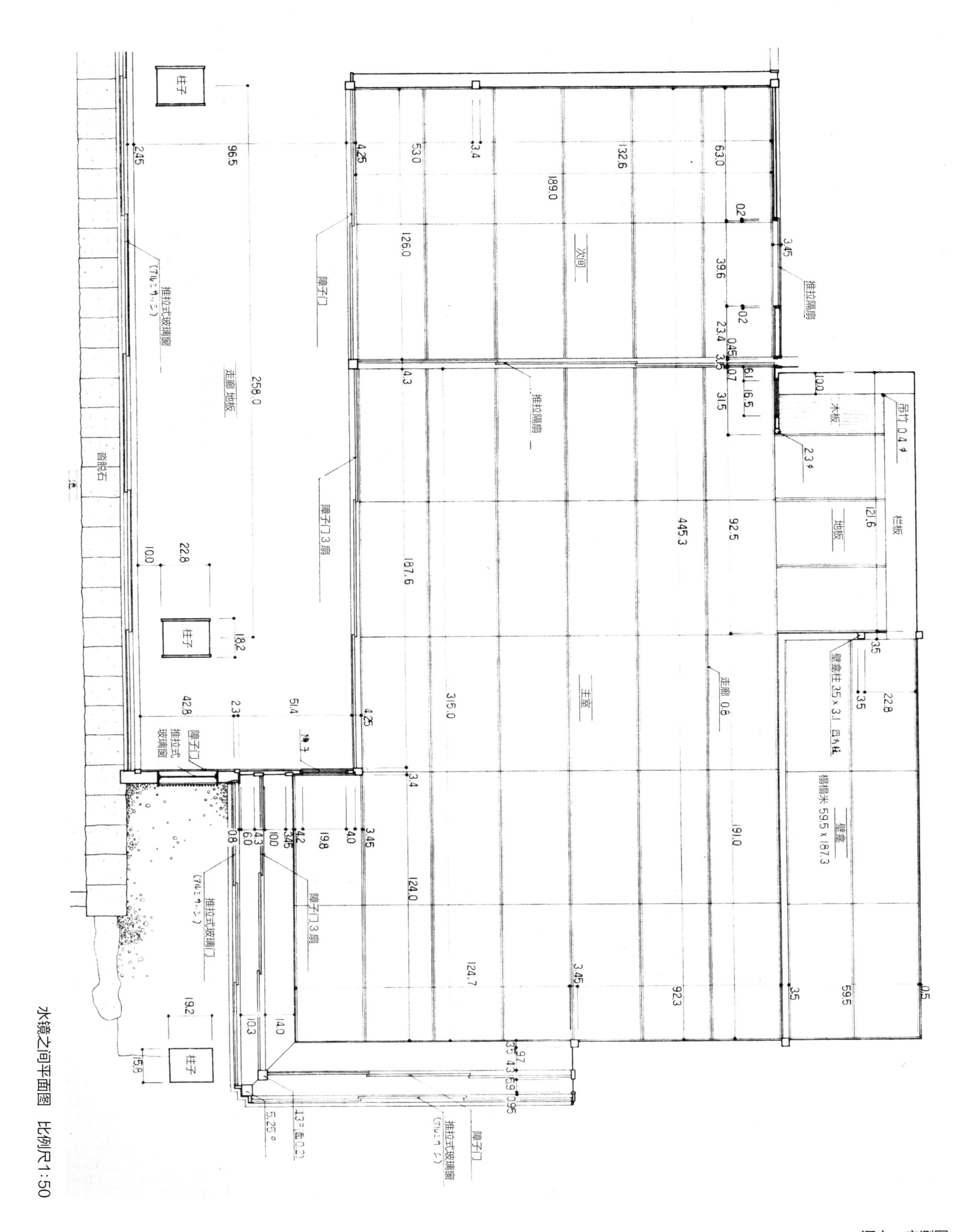

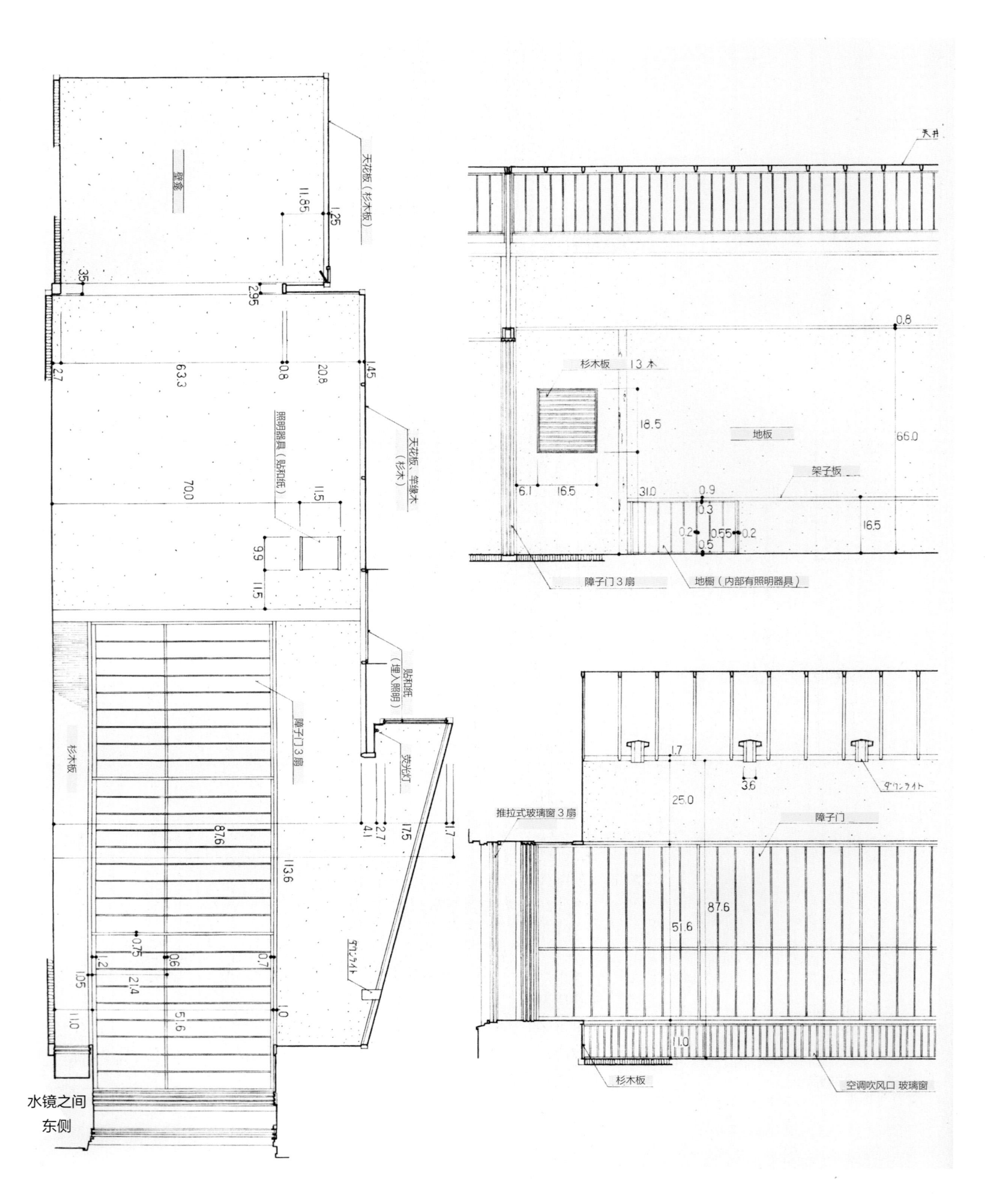

水镜之间展开图　比例尺1:30

河文　实测图

壁龛一侧（北侧）

- 天花板
- 贴和纸
- 吊梁 0.8 × 2.95
- 0.8
- 65.0
- 63.3
- 壁龛
- 51.6
- 39.5
- 主板
- 壁龛柱（面 0.35）
- 壁龛框（面 0.25 上端二）
- 16.5
- 2.7
- 11.0
- 障子门

水镜之间南侧

- 天花板（杉木板）
- 竿缘木
- ダウンライト
- 障子门
- 内部荧光灯
- 2.95
- 1.0
- 1.0
- 0.6
- 62.6
- 0.85
- 24.5
- 0.45
- 0.2   0.35
- 0.4
- 2.15
- 空调吹风口 推拉式玻璃窗
- 障子门

河文　实测图

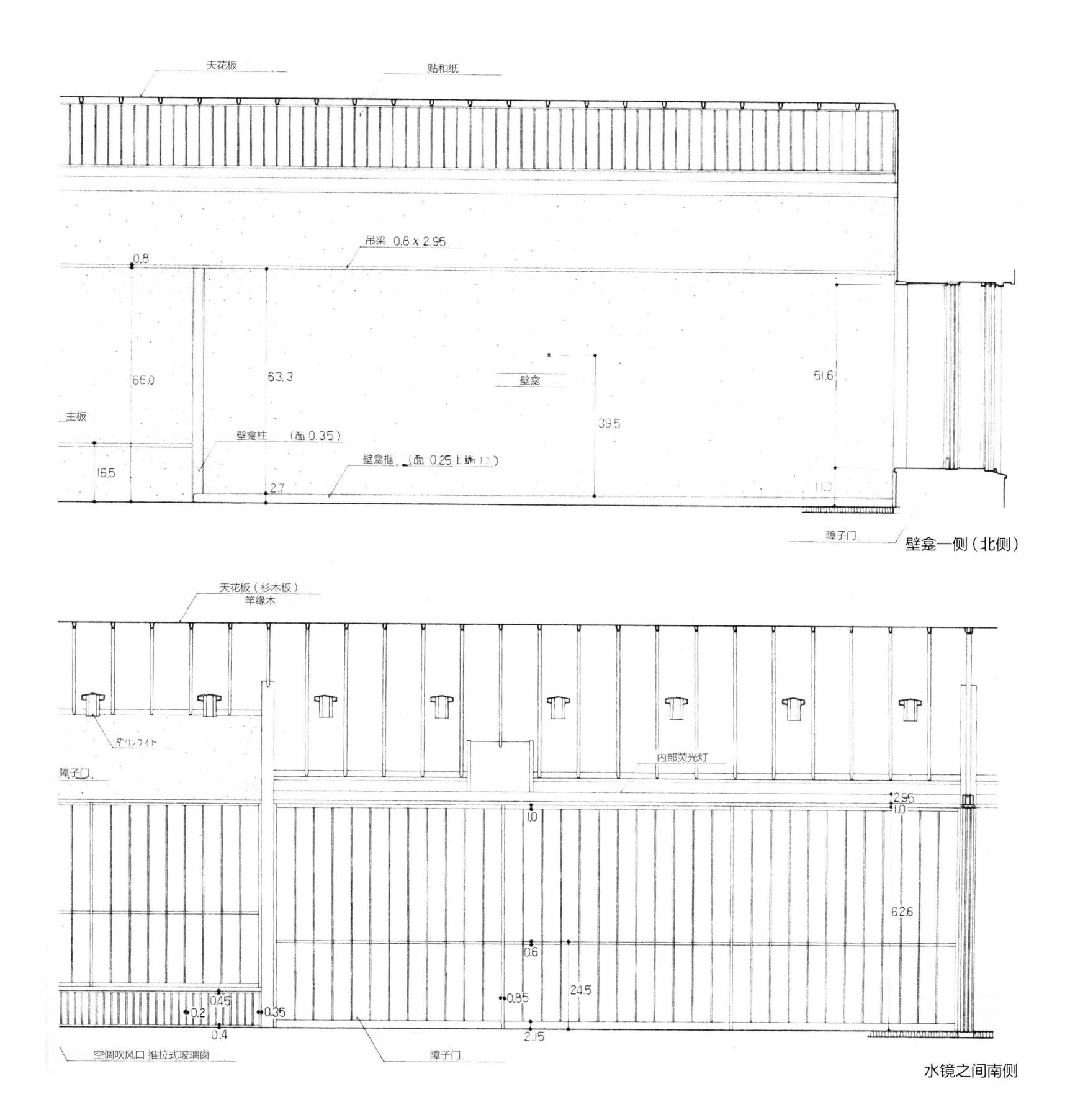

日本建筑集成　座敷的构成　176

水镜之间　看向东侧庭

水镜之间　障子门

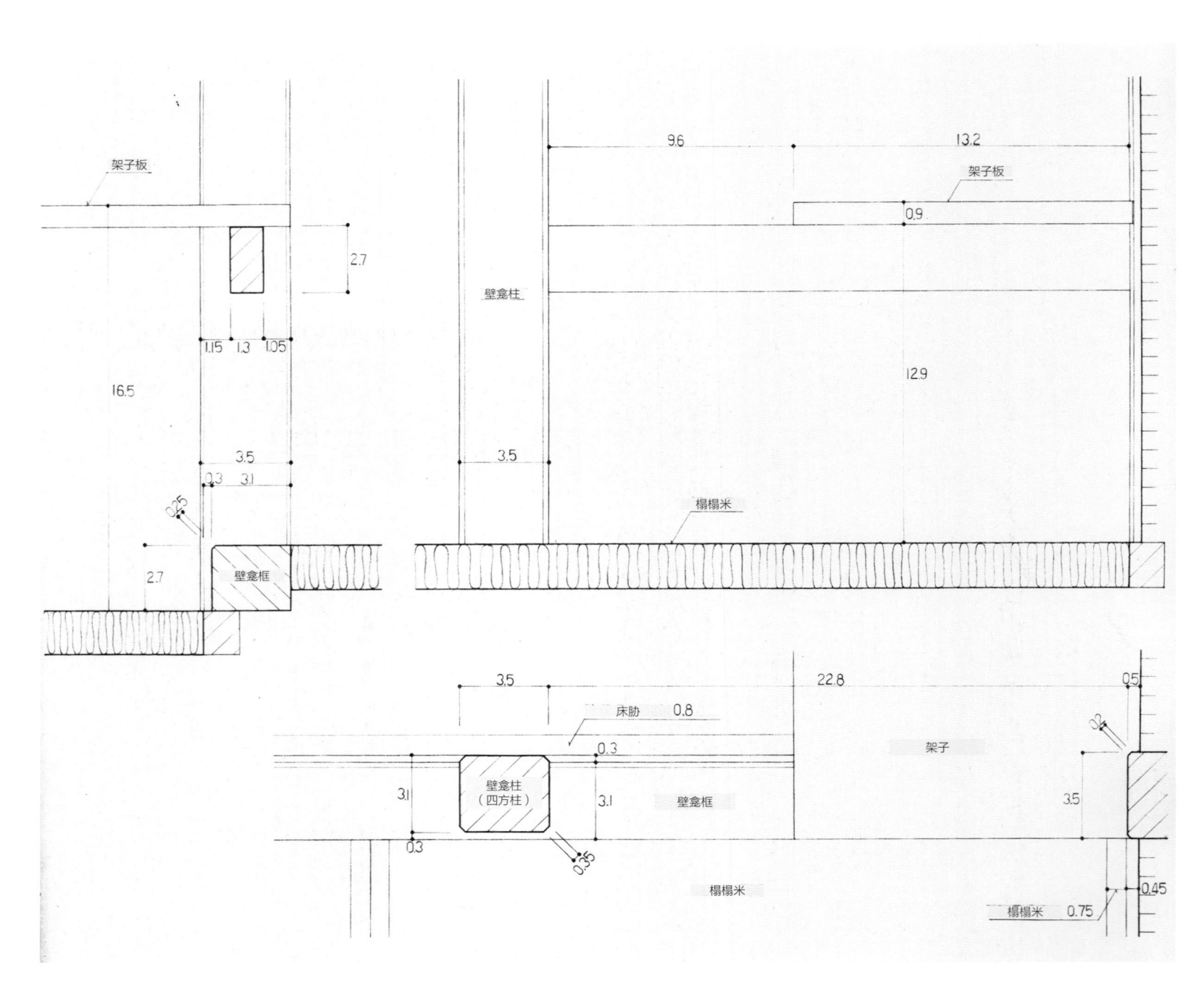

水镜之间　壁龛细节图　比例尺1:5

河文　实测图

水镜之间 柱子上部

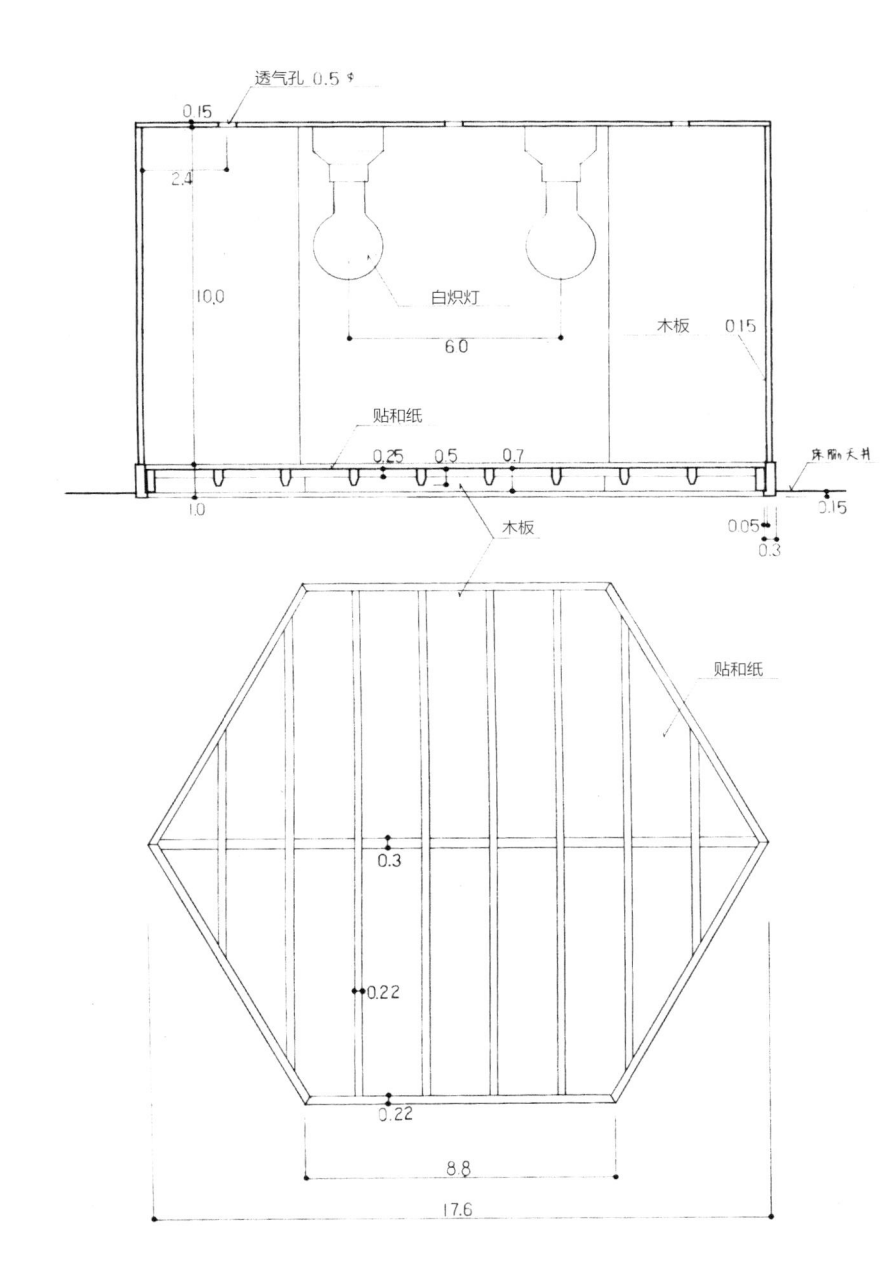

水镜之间 天花板照明器具详细图　比例尺1:5

天花板网格细节图　比例尺1:2

河文　实测图

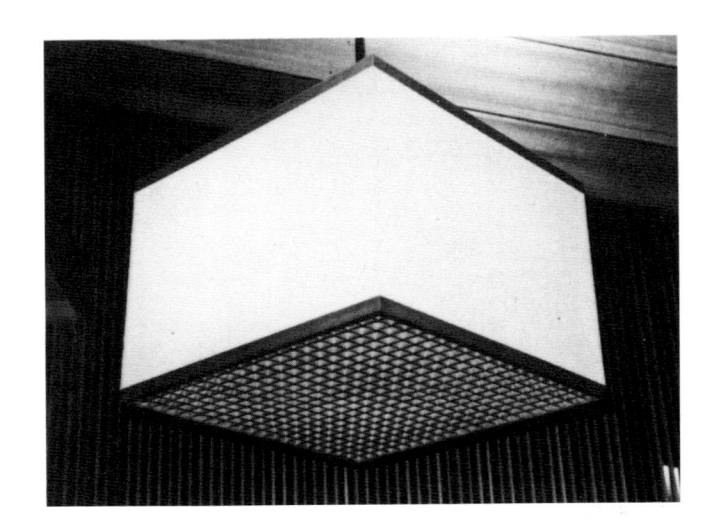

日本建筑集成　座敷的构成　178

水镜之间　照明器具

水镜之间　床胁处窗户

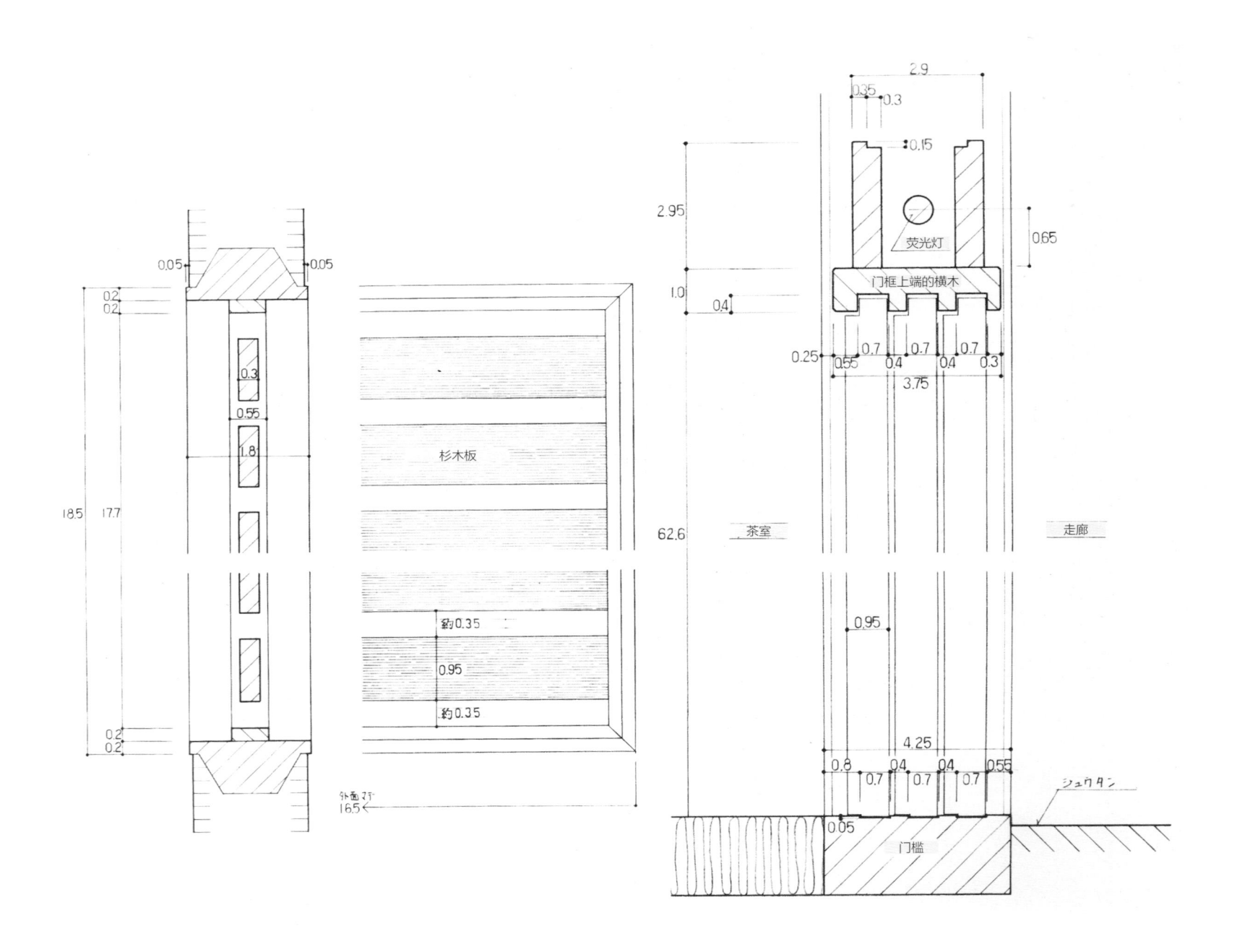

水镜之间　床胁处窗户细节图　比例尺1:2

床胁南侧剖面图　比例尺1:3

河文　实测图

水镜之间 次间栏间

水镜之间 照明器具

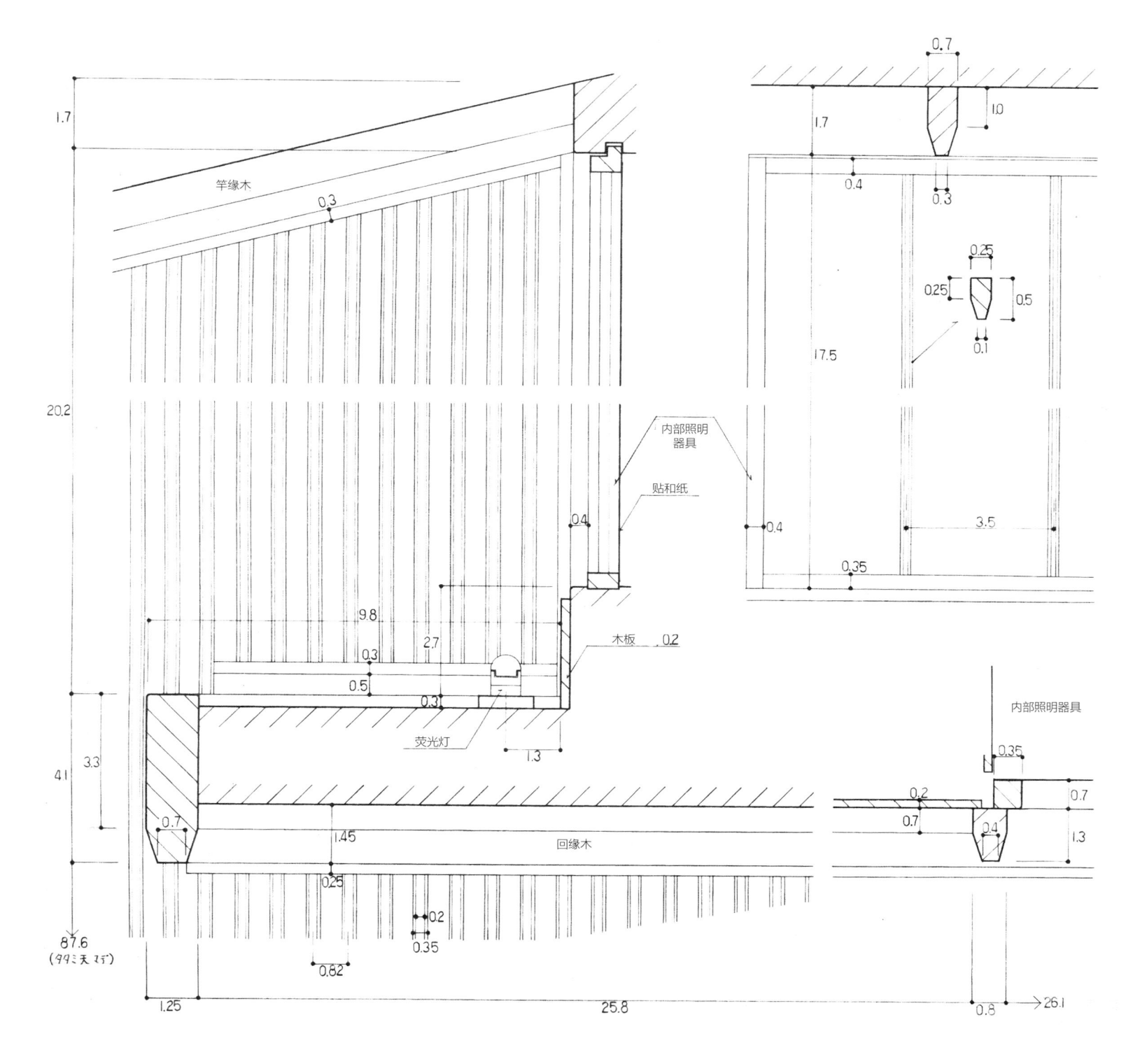

水镜之间 吊顶照明器具截面图　比例尺1:3

河文　实测图

大茶室

移建时间 1954年

大茶室是从名古屋市附近的蟹江町的旧家移建而来的十五铺席大小的房间。房间内的天花板高九尺一寸五分，栏间高六尺，设有长隔板。栏间上设置有格子窗。茶室中设有壁龛和付书院，二者所占空间大小差不多。

壁龛旁边是床胁。床胁地面上铺着榻榻米，只设置了一个顶橱。长隔板与出入口高度相同，形成了一种端正的书院风格。壁龛的简化处理和拉门较低的付书院的栏间等设计，在传统中又加入了一丝创新，使大茶室整体氛围更加轻快。

大茶室 付书院

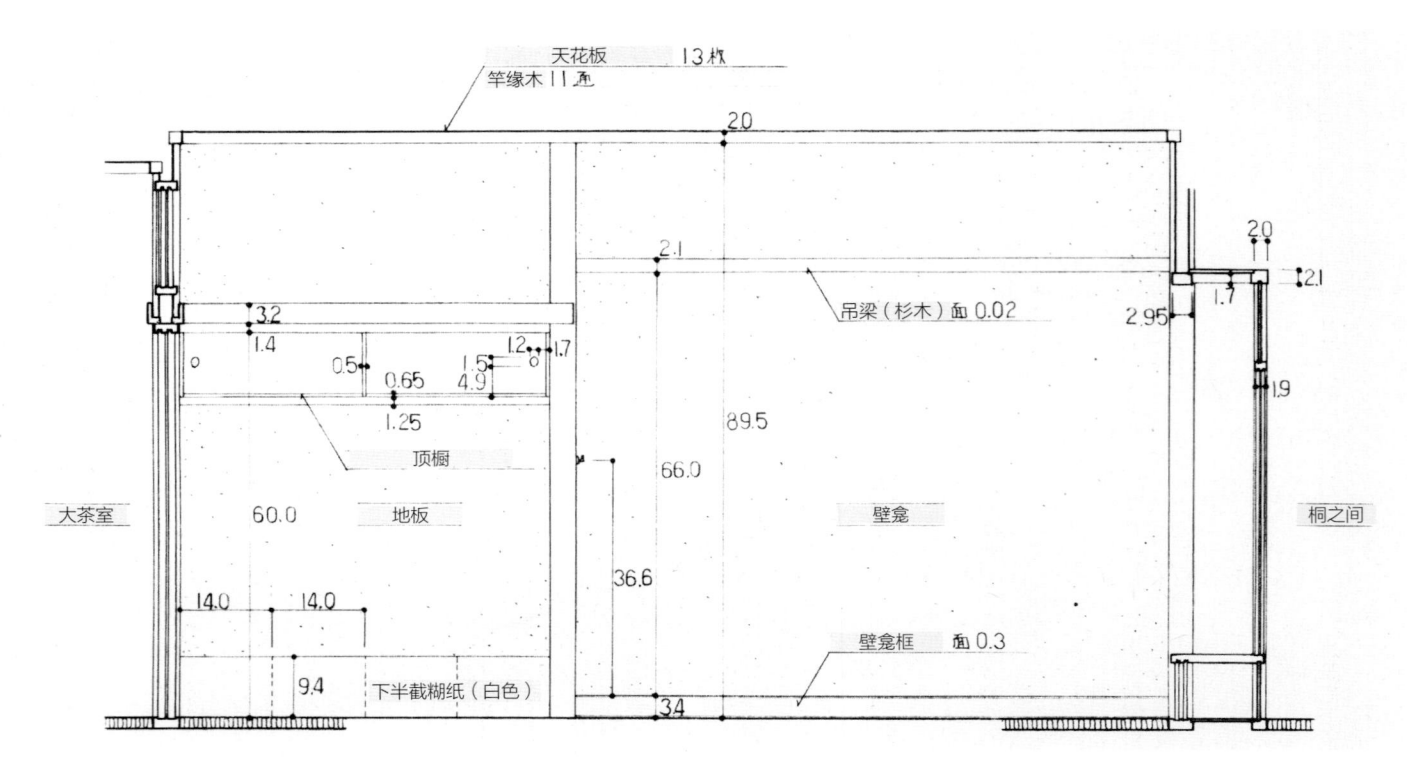

壁龛一侧（西侧）

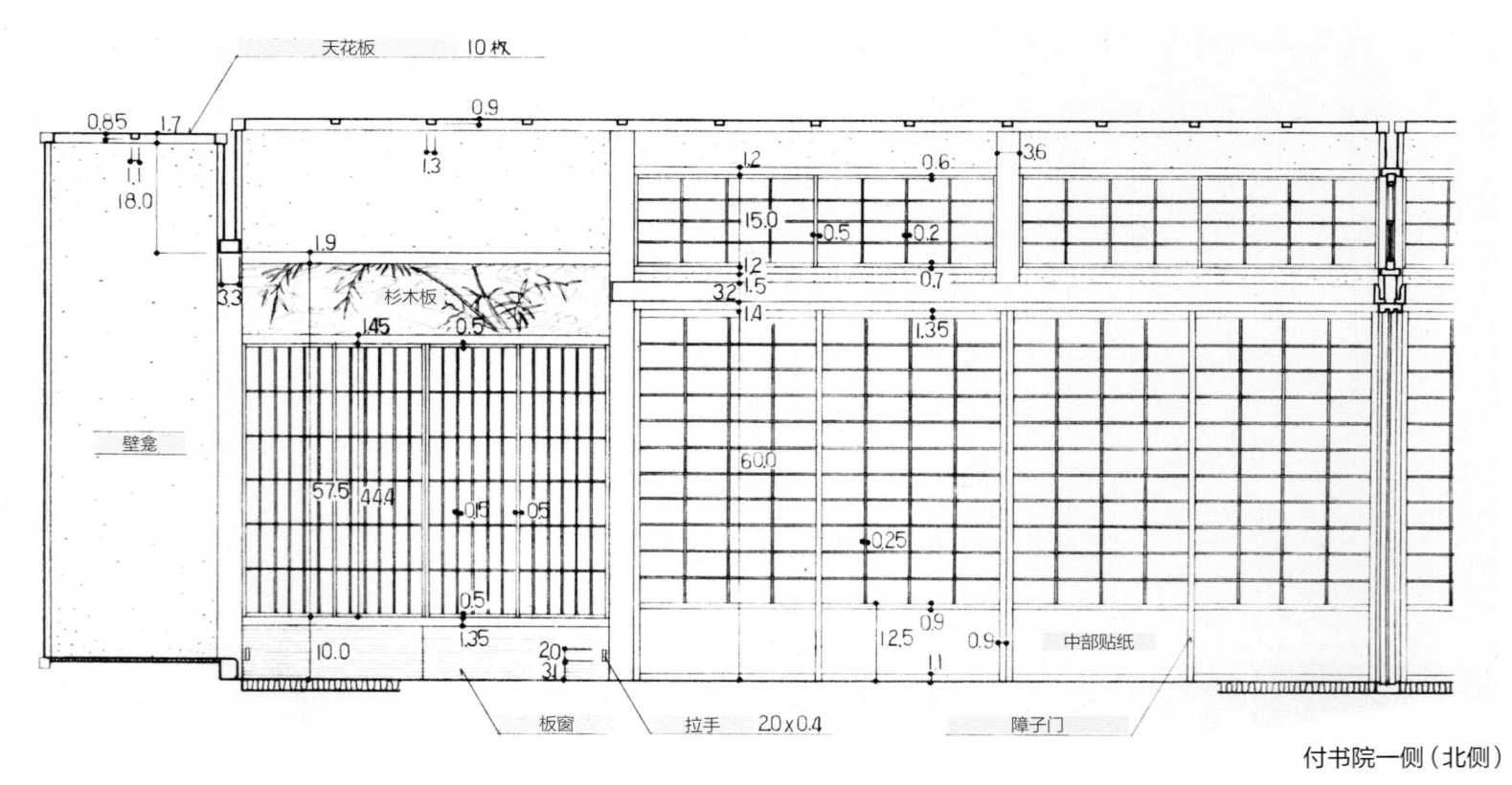

付书院一侧（北侧）

大茶室展开图 比例尺1:30

河文 实测图

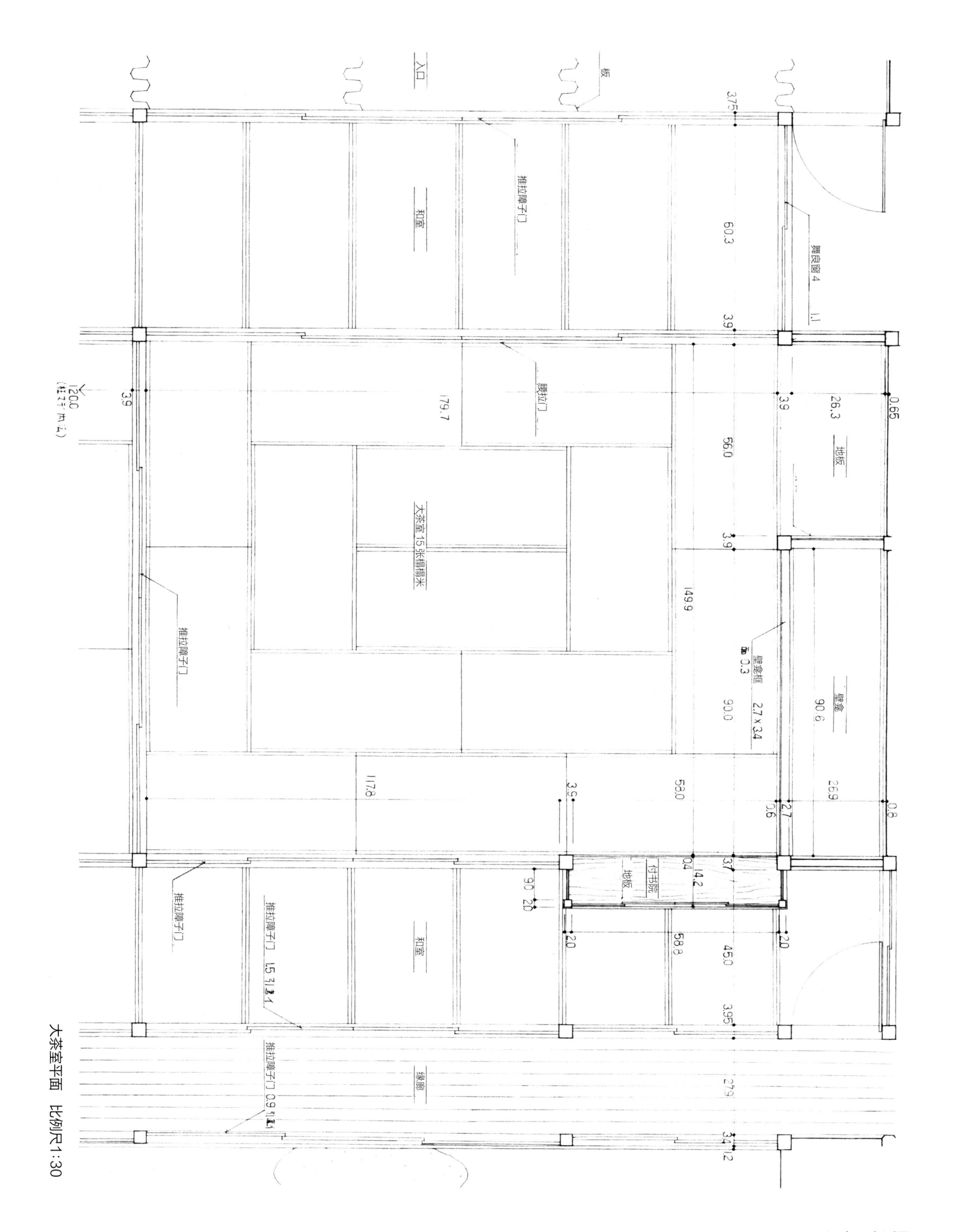

大茶室平面　比例尺1:30

河文　実測図

日本建筑集成　座敷的构成　　　　　　　　　　　　182

大茶室 壁龛

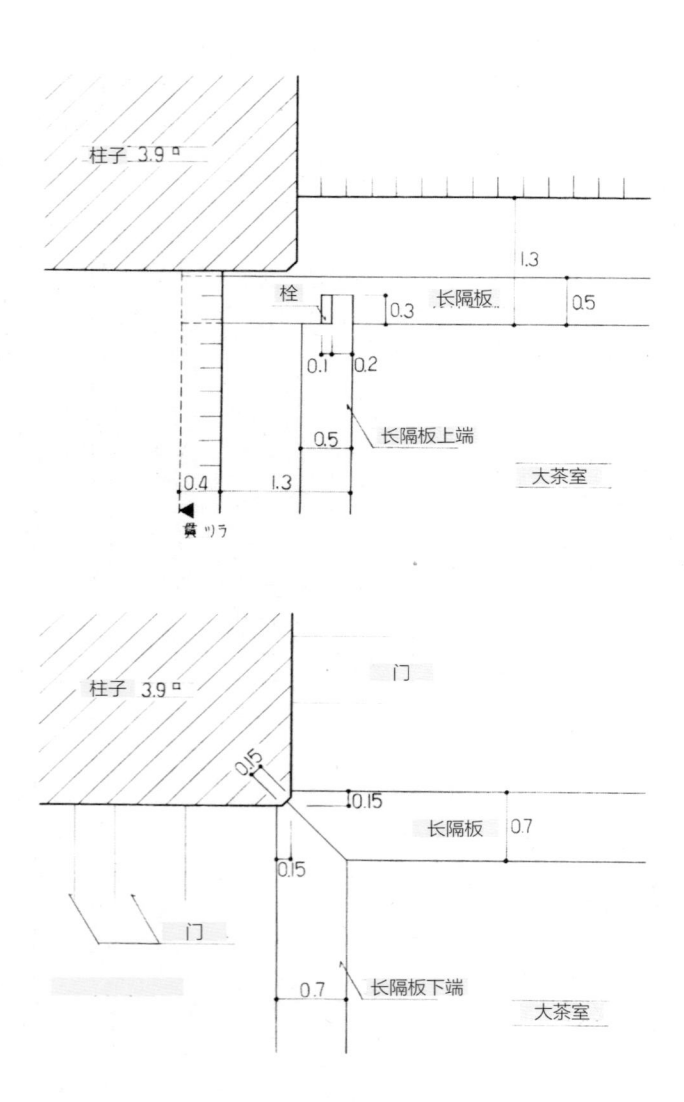

大茶室 四角细节图　比例尺1:2

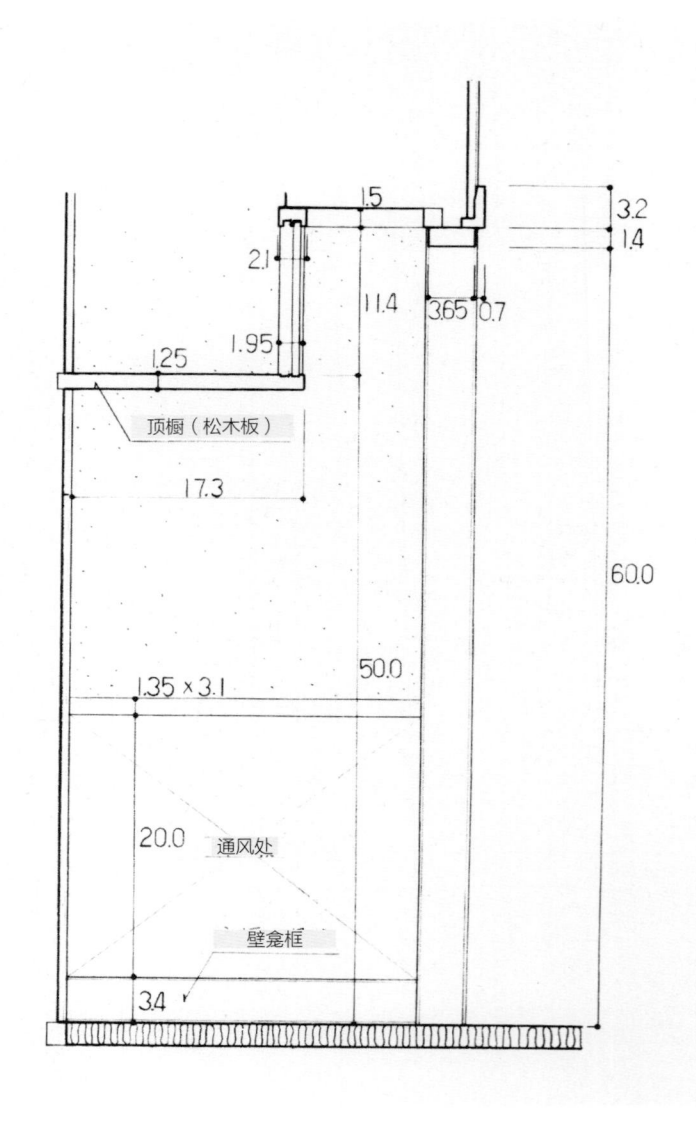

壁龛侧面剖面图　比例尺1:15

河文　实测图

大茶室 南栏间正面图 比例尺1:8

大茶室 南栏间细节图 比例尺1:3

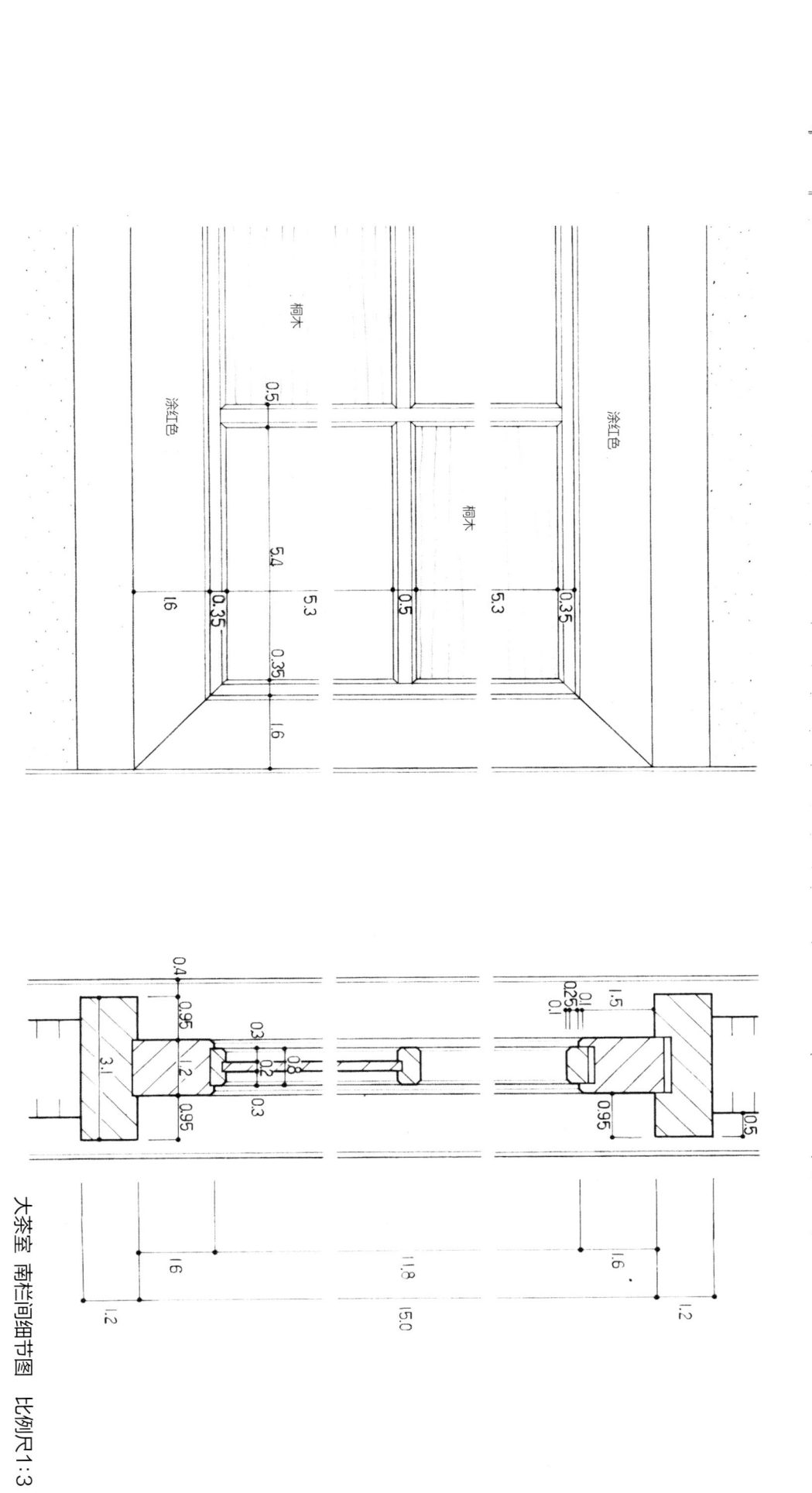

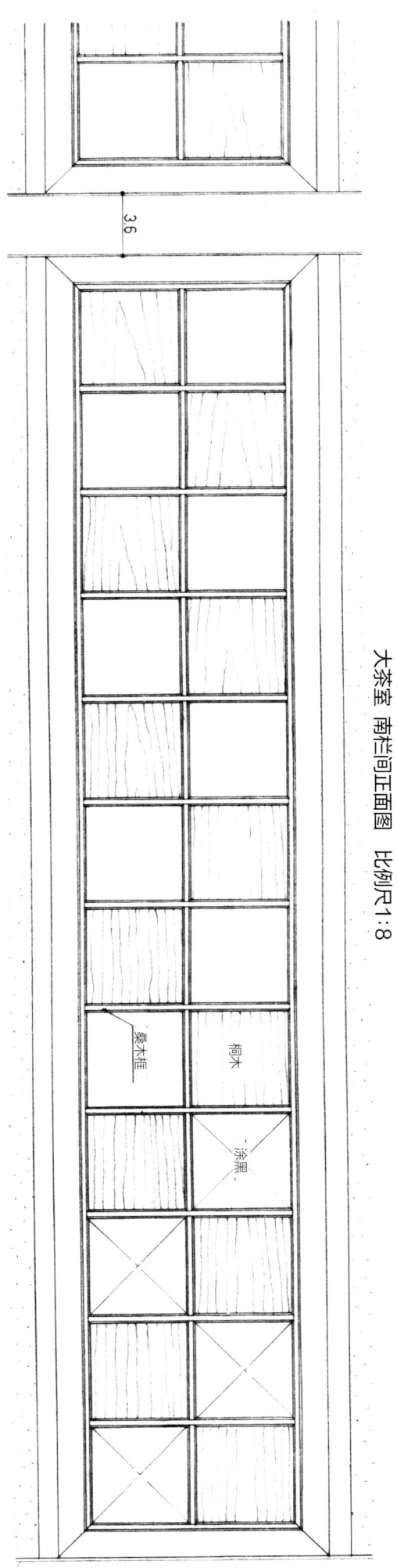

河文 实测图

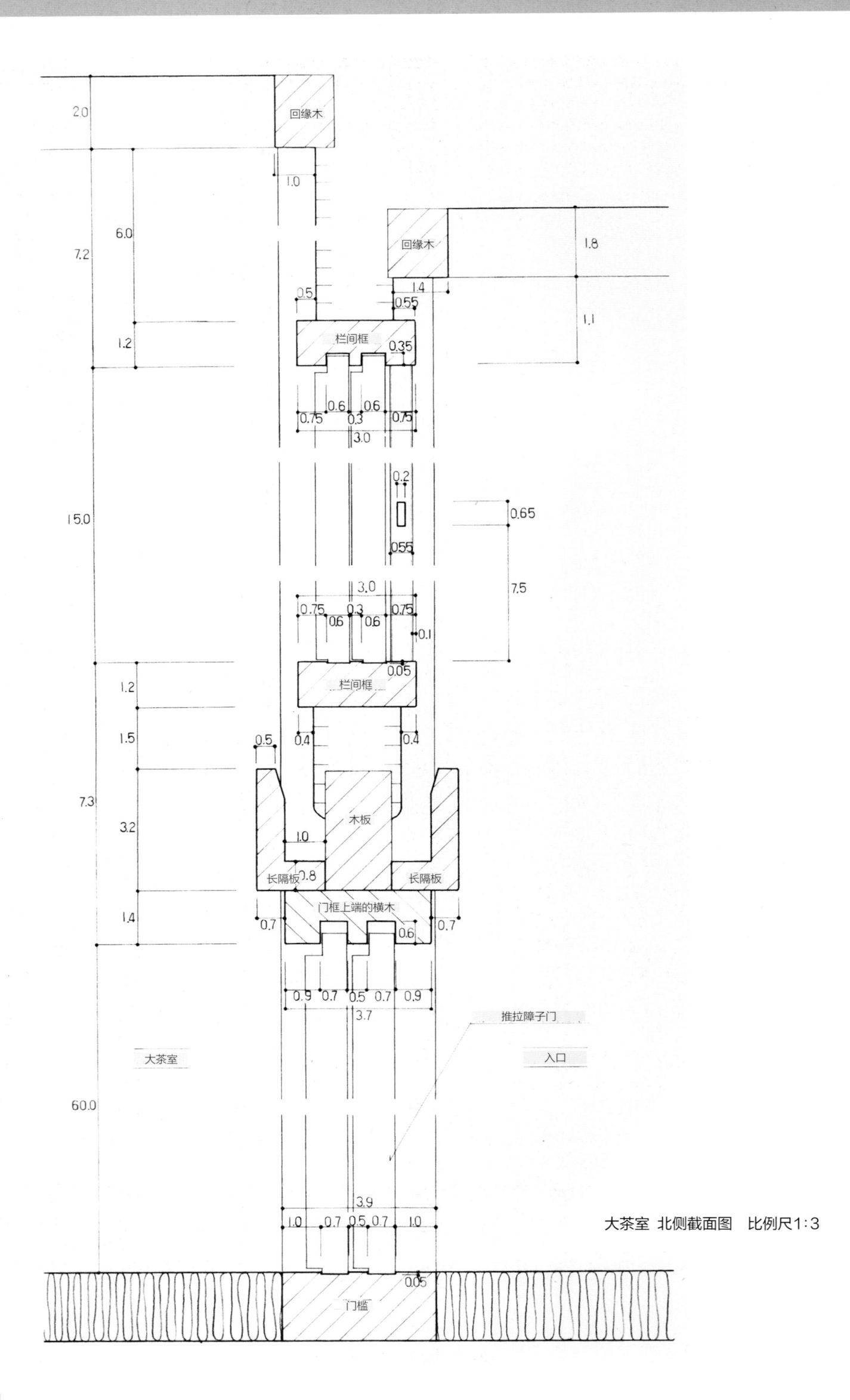

大茶室 北侧截面图 比例尺1:3

河文 实测图

桐之间

建设计　1954年
筑年　筱田川口建筑事务所
施工　清水建设

桐之间的主体由8张榻榻米大小的主室与4张榻榻米大小的次间构成，两个房间相邻。主室的正面有一条挂帘。房间中设有壁龛和床胁，二者通过一块铺在地上的木板连接起来。壁龛旁边靠墙的位置立着一根圆木，作用相当于壁龛柱。壁龛整体的颜色搭配与房间的墙壁颜色十分和谐。

与这种轻巧的壁龛结构相呼应，壁龛上方的天花板也没有采取通常显得较为严肃的竿绿天花板形式，而是尝试着用杉木板作为隔板，中间嵌入竹子。竿缘木使用了带皮红松，显得非常自然。天花板整体显得很轻巧，即使位置较低也不会给人以压抑感。这种轻巧的风格也延续到了栏间和次间的设计上。

桐木间　置物架

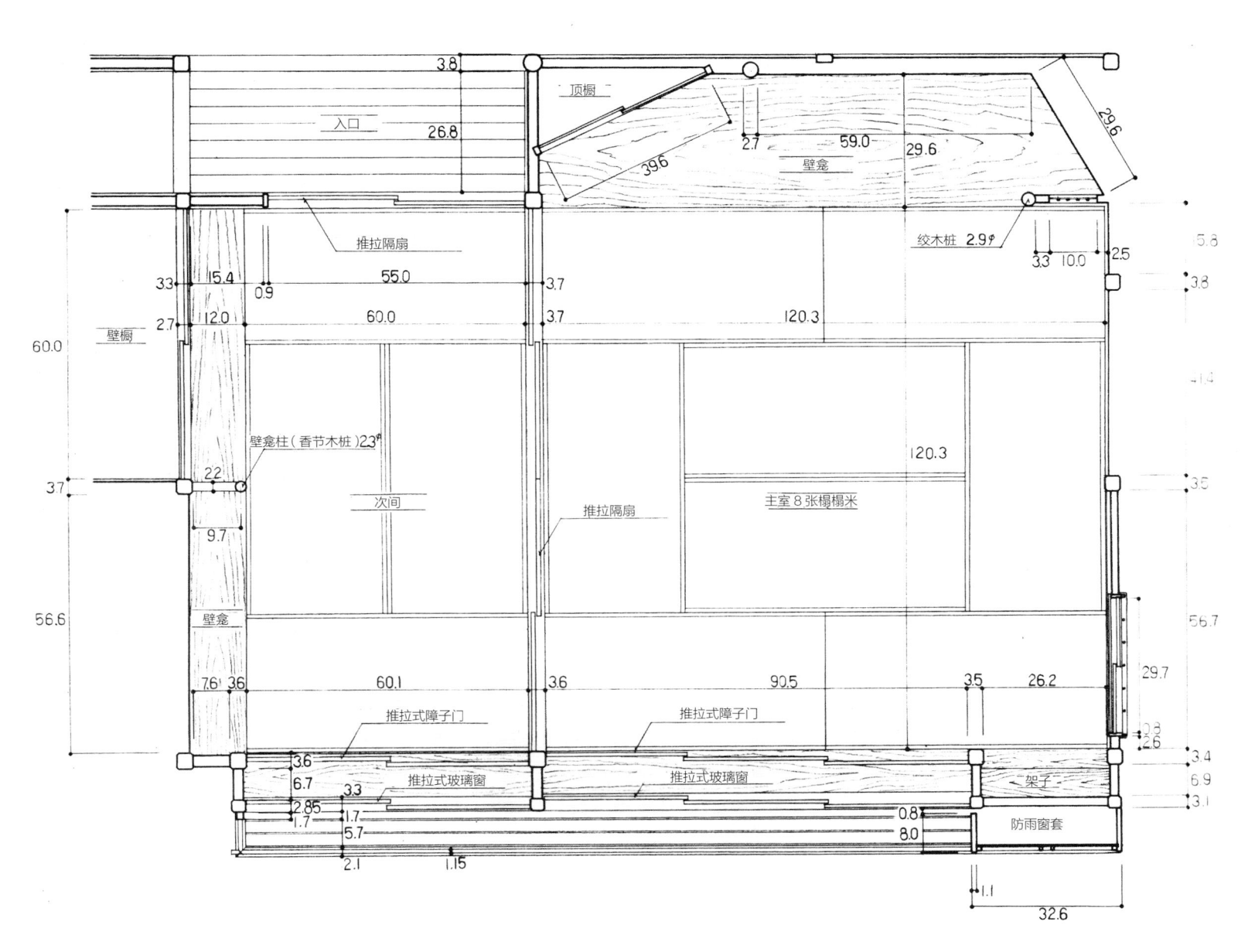

桐之间平面图　比例尺1:30

河文　实测图

桐之间 东侧 　　　　　　　　　　　　桐之间 南侧

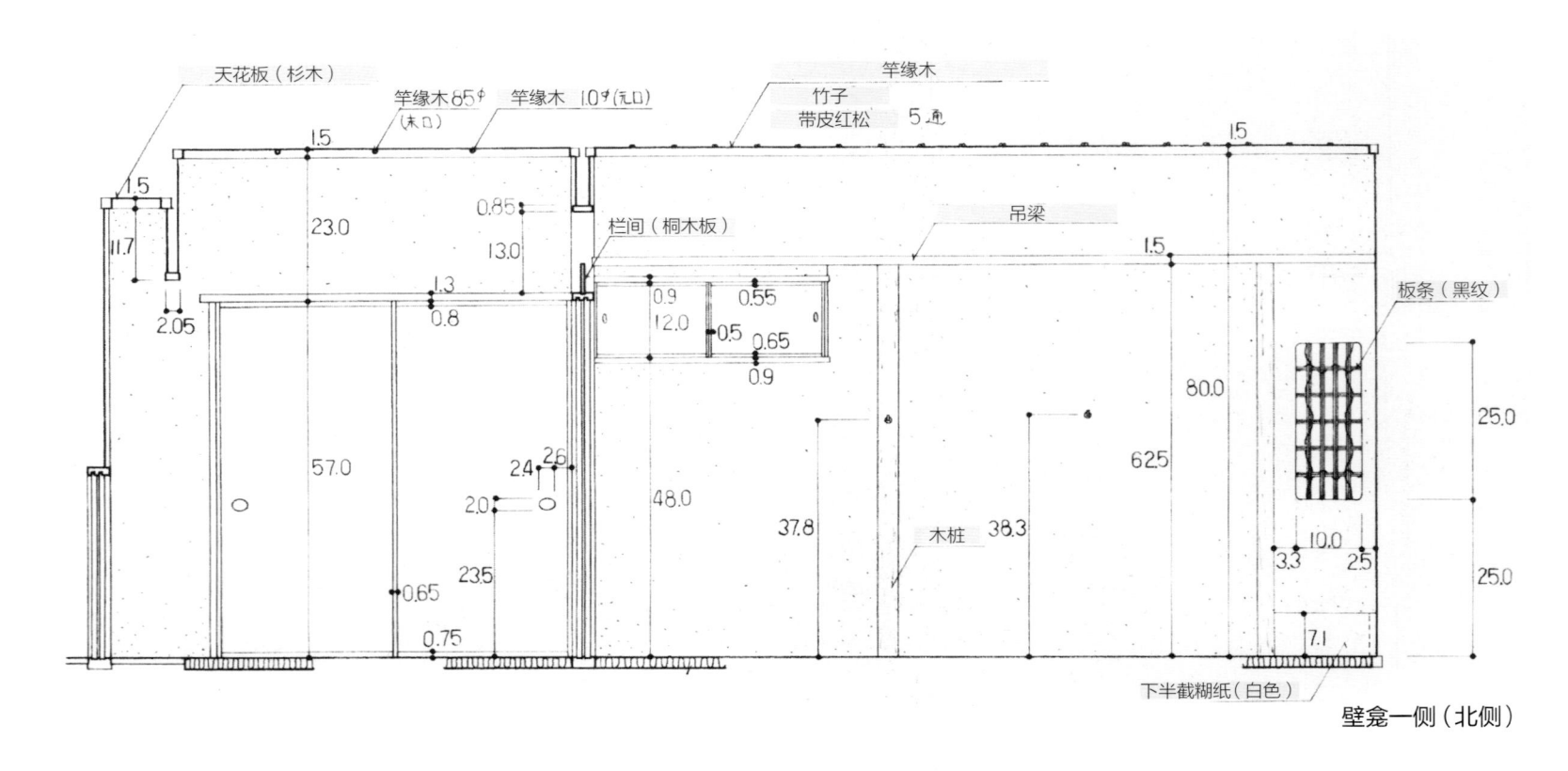

壁龛一侧（北侧）

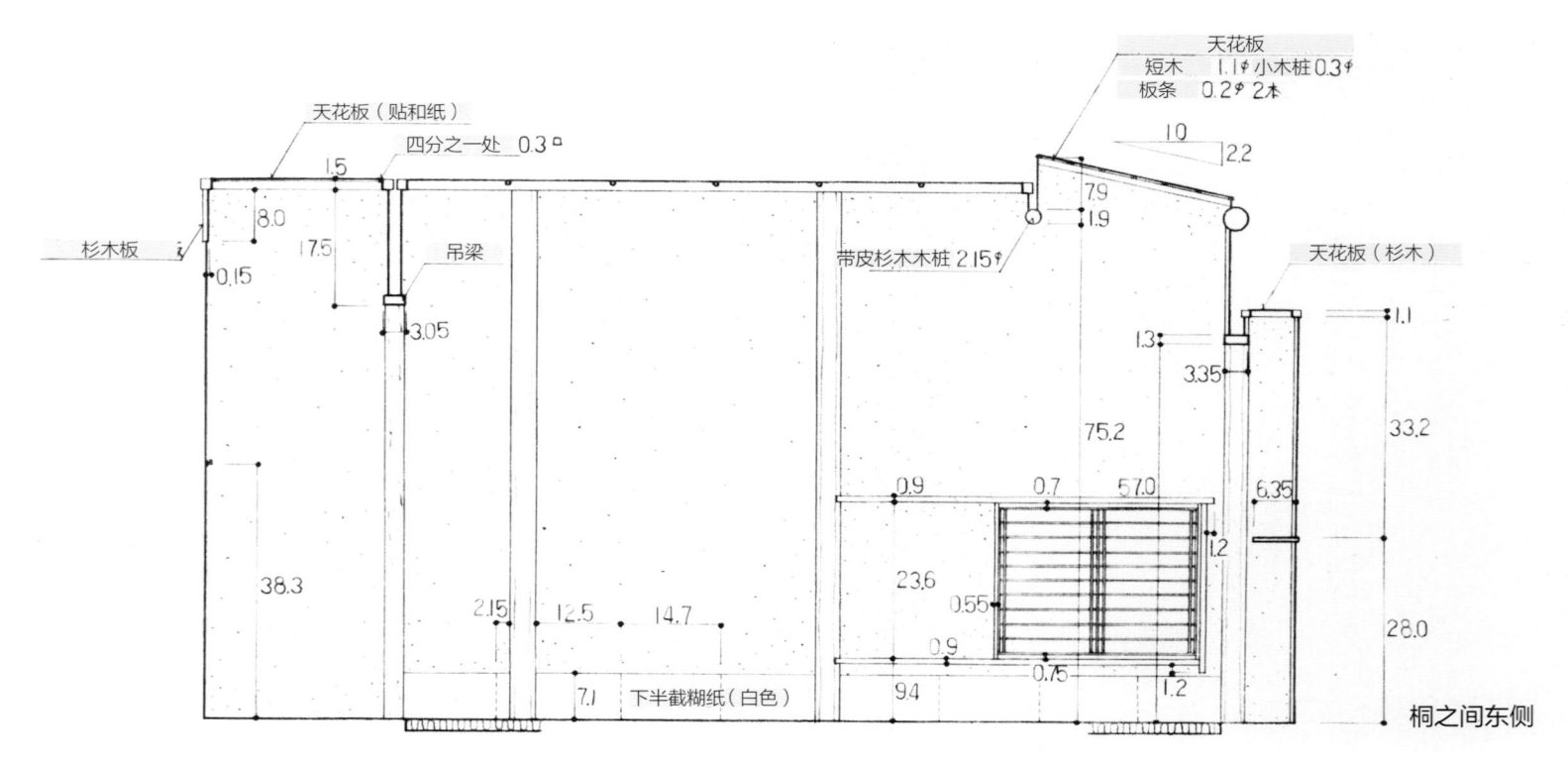

桐之间东侧

河文　实测图

桐之间 看向次间

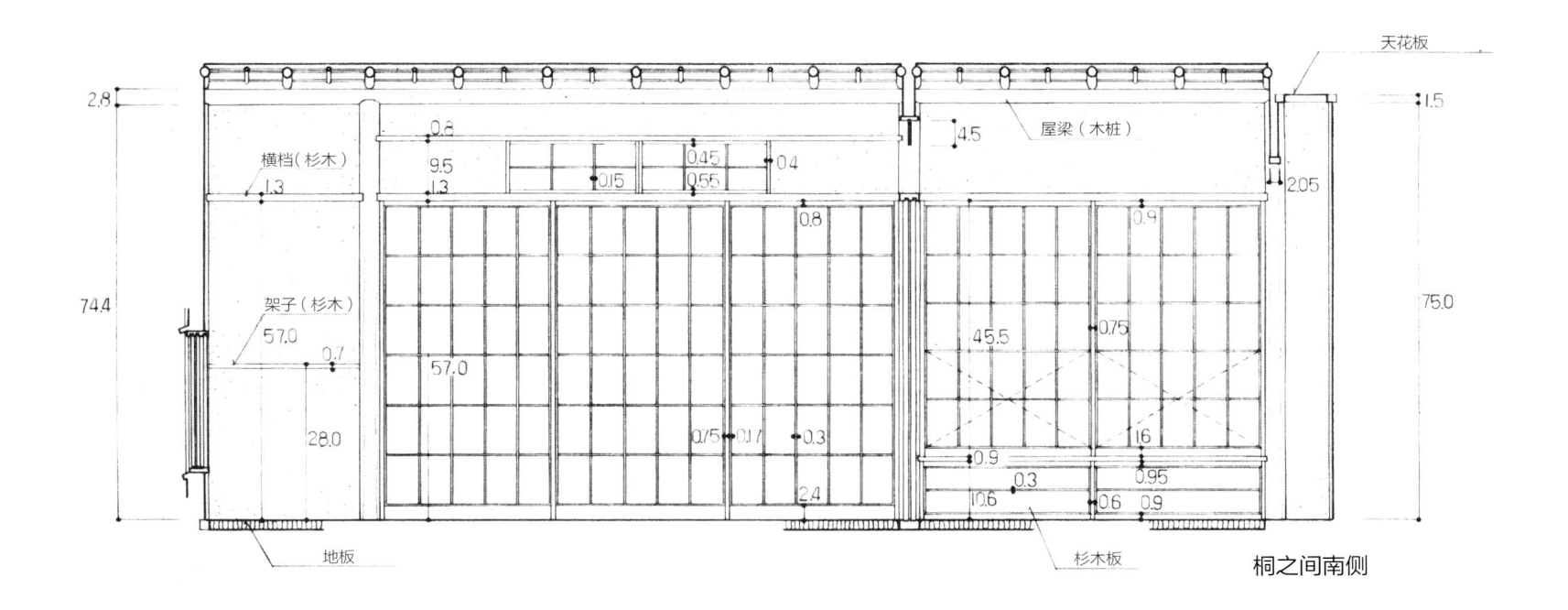

桐之间南侧

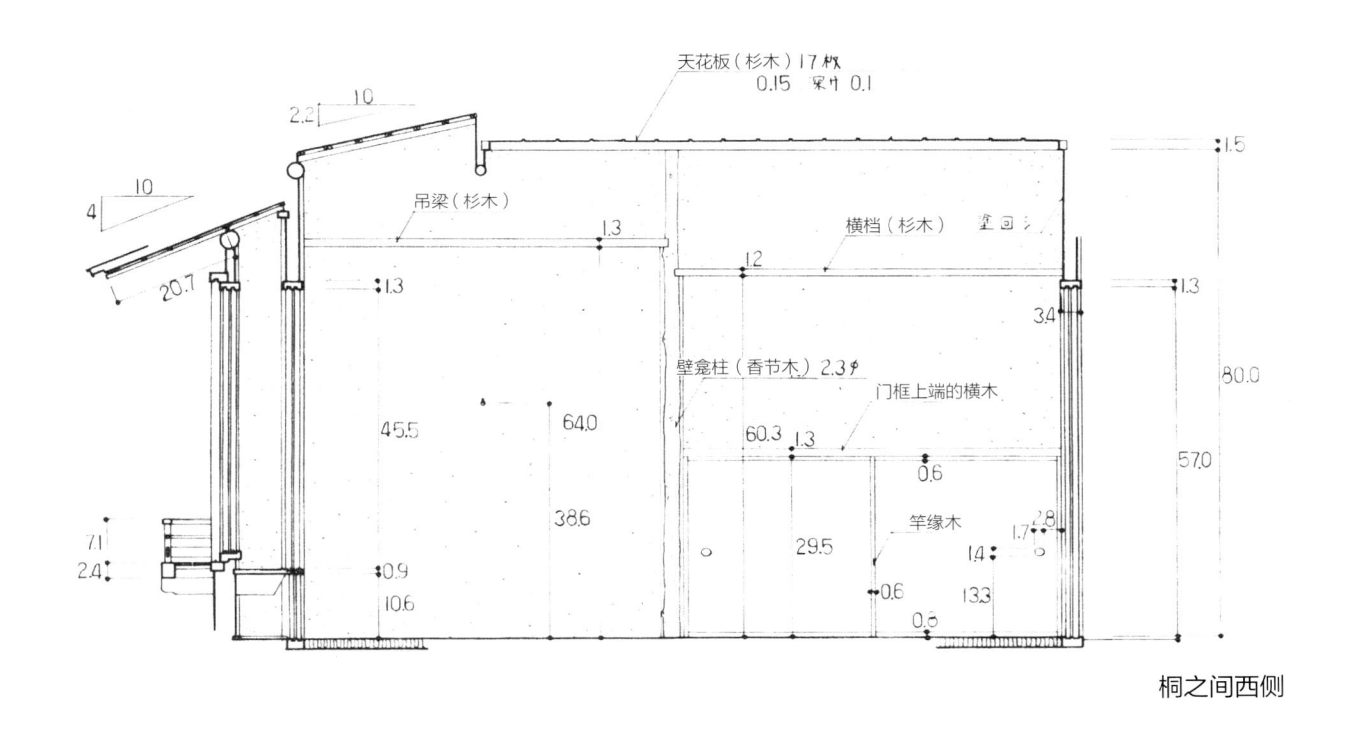

桐之间西侧

桐之间展开图　比例尺1:30

河文　实测图

桐之间 床胁处的顶橱

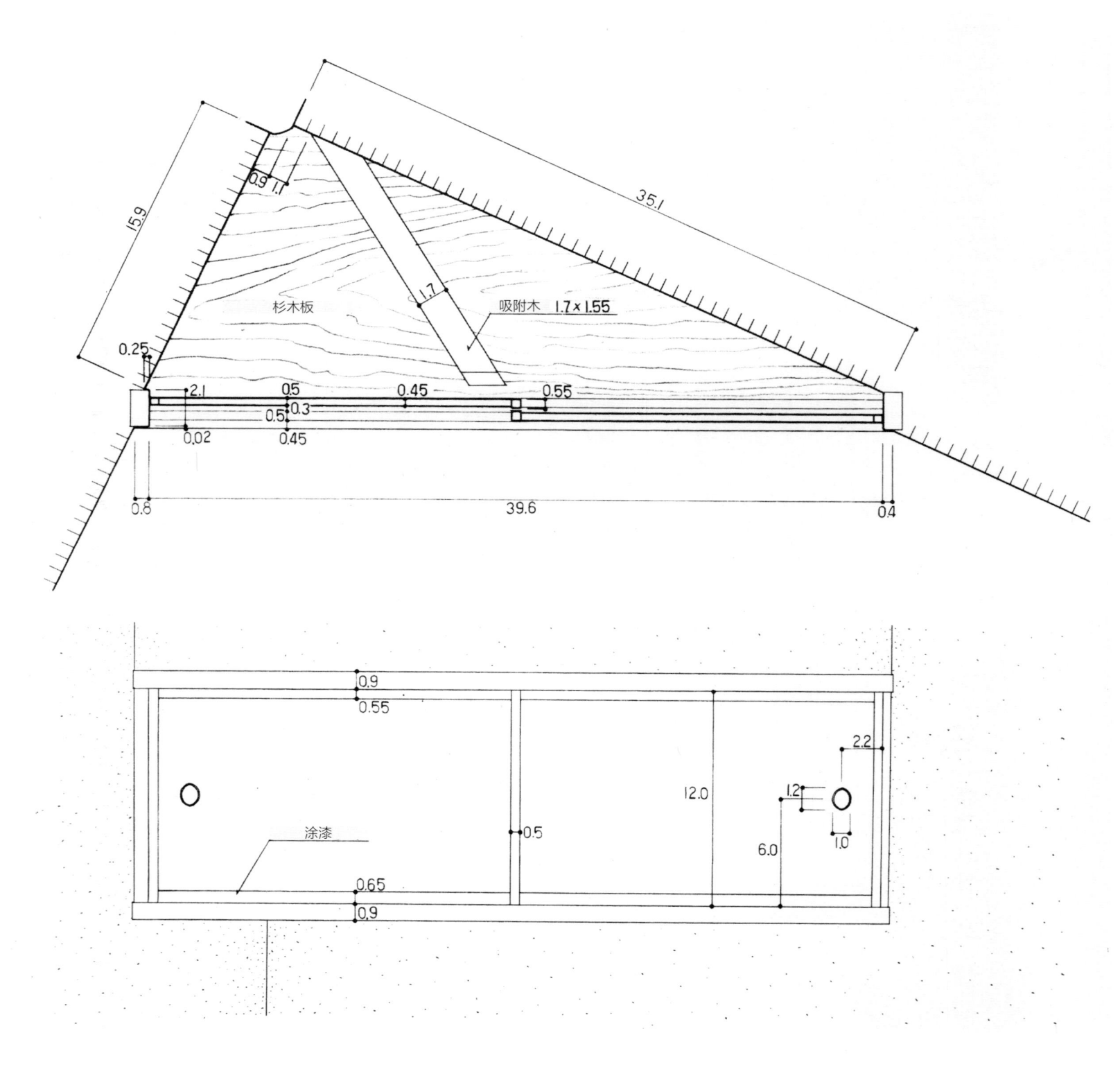

桐之间 床胁处的顶橱详细图　比例尺1:8

河文　实测图

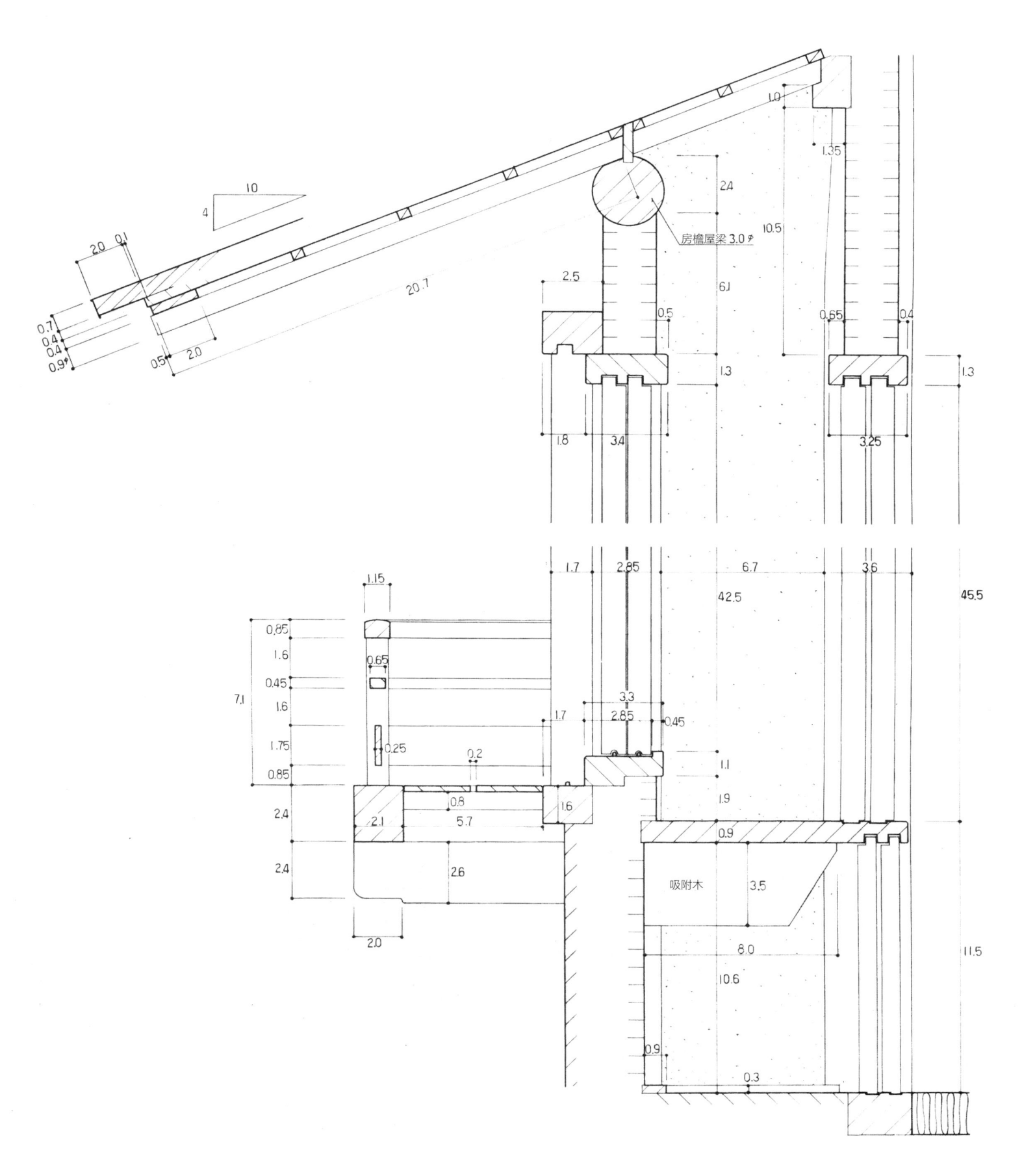

桐之间 次间南侧剖面图 比例尺1:5

河文 实测图

樱花间

八胜馆 八事店

所有者　杉浦胜一
所在地　名古屋市昭和区

建造时间　1958年
设计　堀口舍己
施工　清水建设

樱花间由十二铺席半的主室与七铺席半的次间构成。房间的外面有宽檐，再外面有竹檐。

主室的壁龛位于房间右侧，壁龛内的地板高出房间中的榻榻米。壁龛柱位置比较靠后，仅一侧有，另一侧没有。壁龛整体的深度很深，旁边设计了一个装饰窗。床胁处铺了地板，还设置了一个顶橱。

与壁龛相对的一侧设置了窗户，下部设置地橱，方便储物。栏间高五尺八寸，格子的排列方式很吸引人。当栏间下的障子门打开的时候，整个空间会显得很空旷，与门外的庭院景色仿佛融为一体，颇具意境。

天花板的结构采取了平顶加装饰屋顶的组合，这是仿照了待庵风格的天花板结构。通过在平顶之上留出空间，使得安置照明器具更加方便。藤井厚二早就提出了这种对空间的有效利用方法。堀口舍己进一步发展了这种设计理念，确立了在和式房间中安装照明器具和空调等近代设备的典型方法。樱花间的布置就是对这种方法的有效应用，对后来的座敷建造有深远影响。

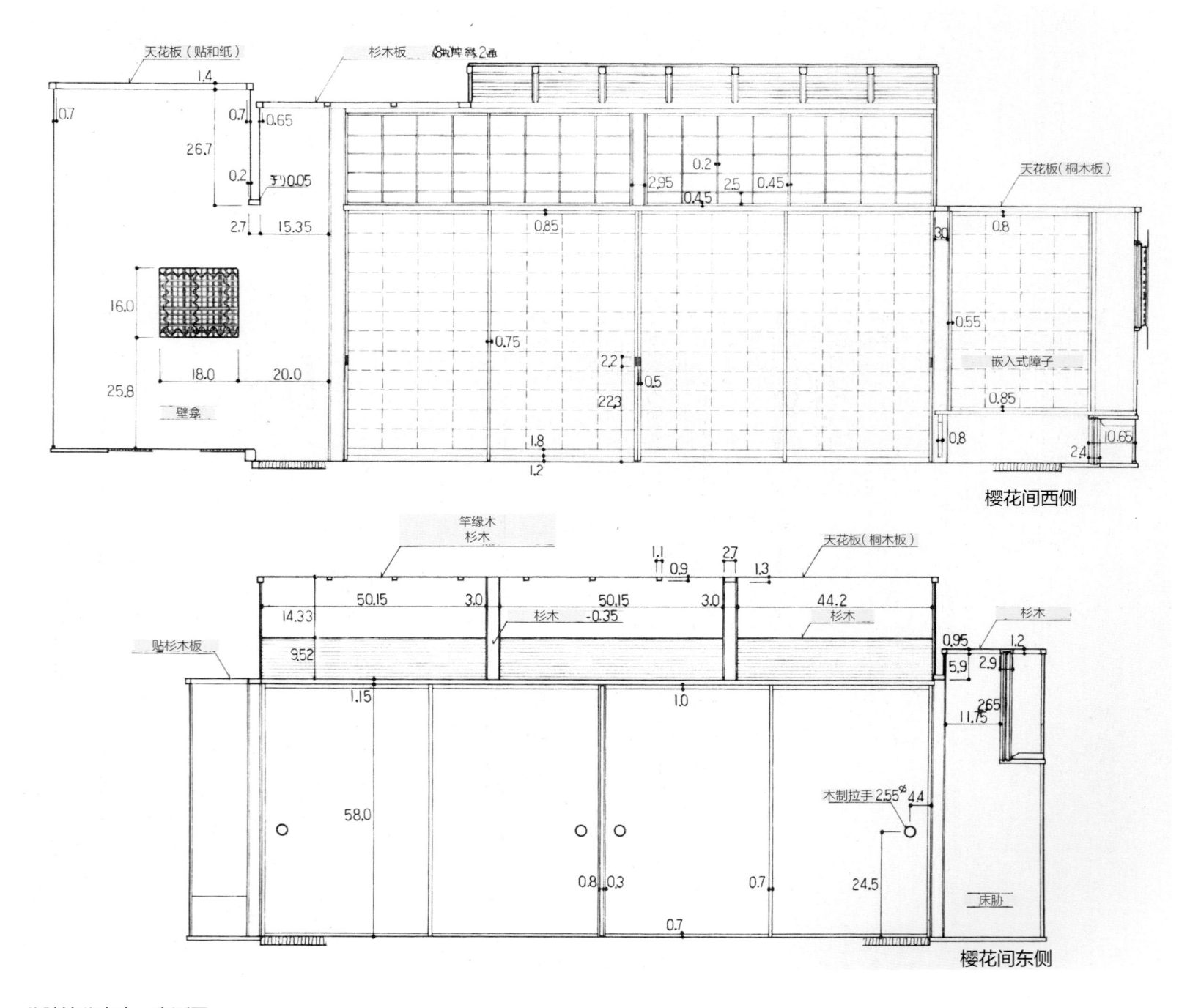

樱花间西侧

樱花间东侧

八胜馆八事店　实测图

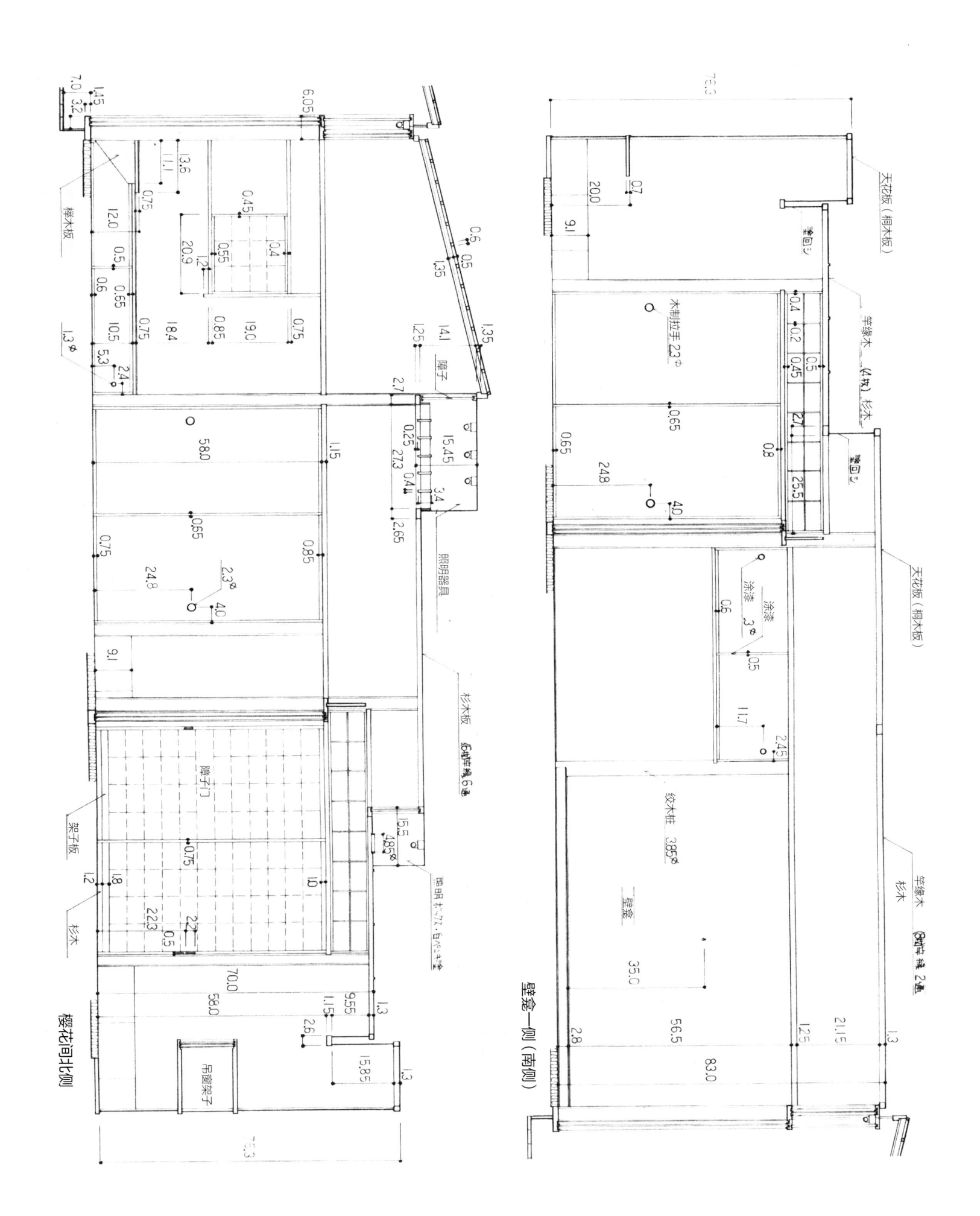

樱花间展开图　比例尺1:30

日本建筑集成　座敷的构成　192

樱花间 入口

樱花间 平书院

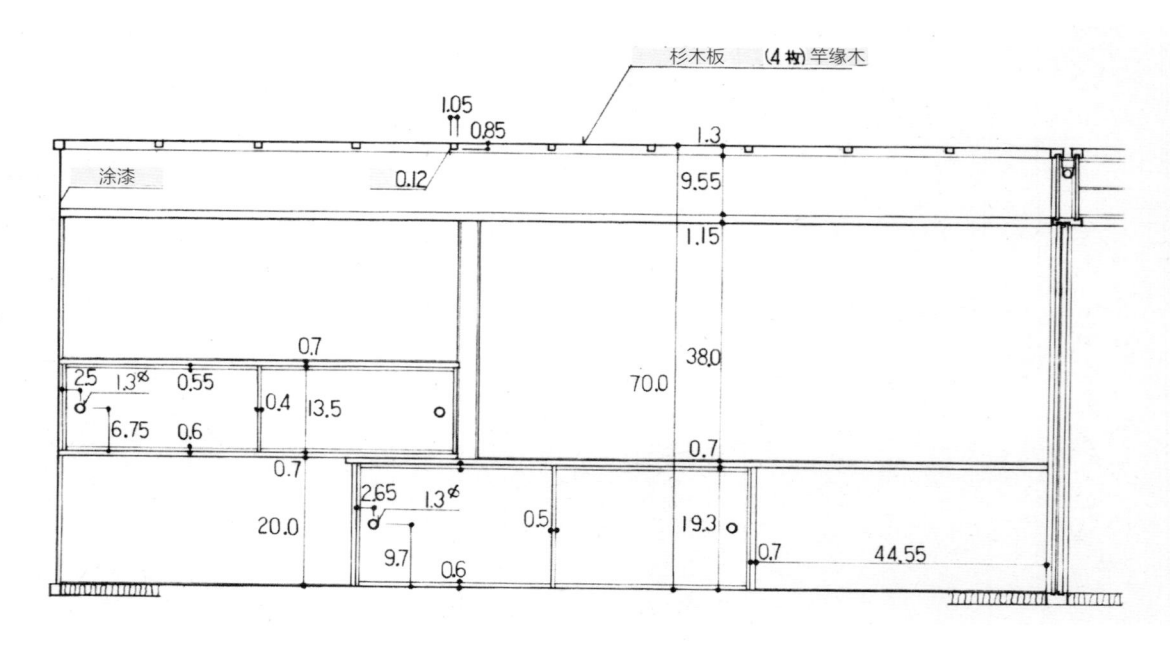

次间东侧剖面图　比例尺1:30

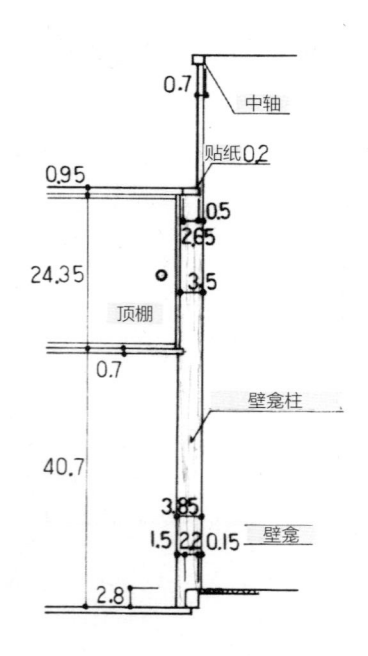

桜の間　床の断面　縮尺1:30

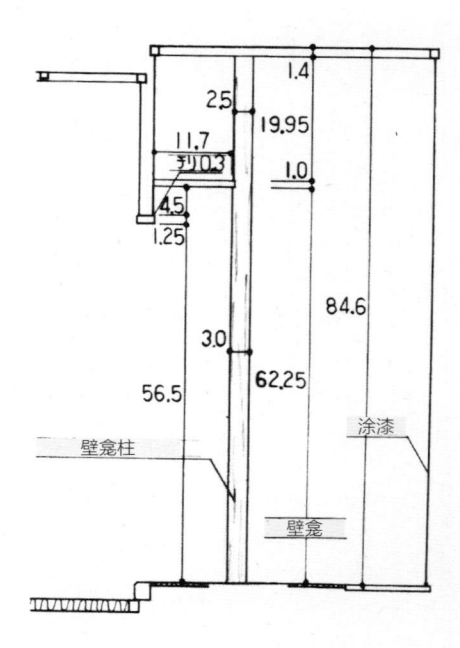

樱花间 壁龛剖面图　比例尺1:30

八胜馆八事店　实测图

櫻花間平面圖　比例尺1:30

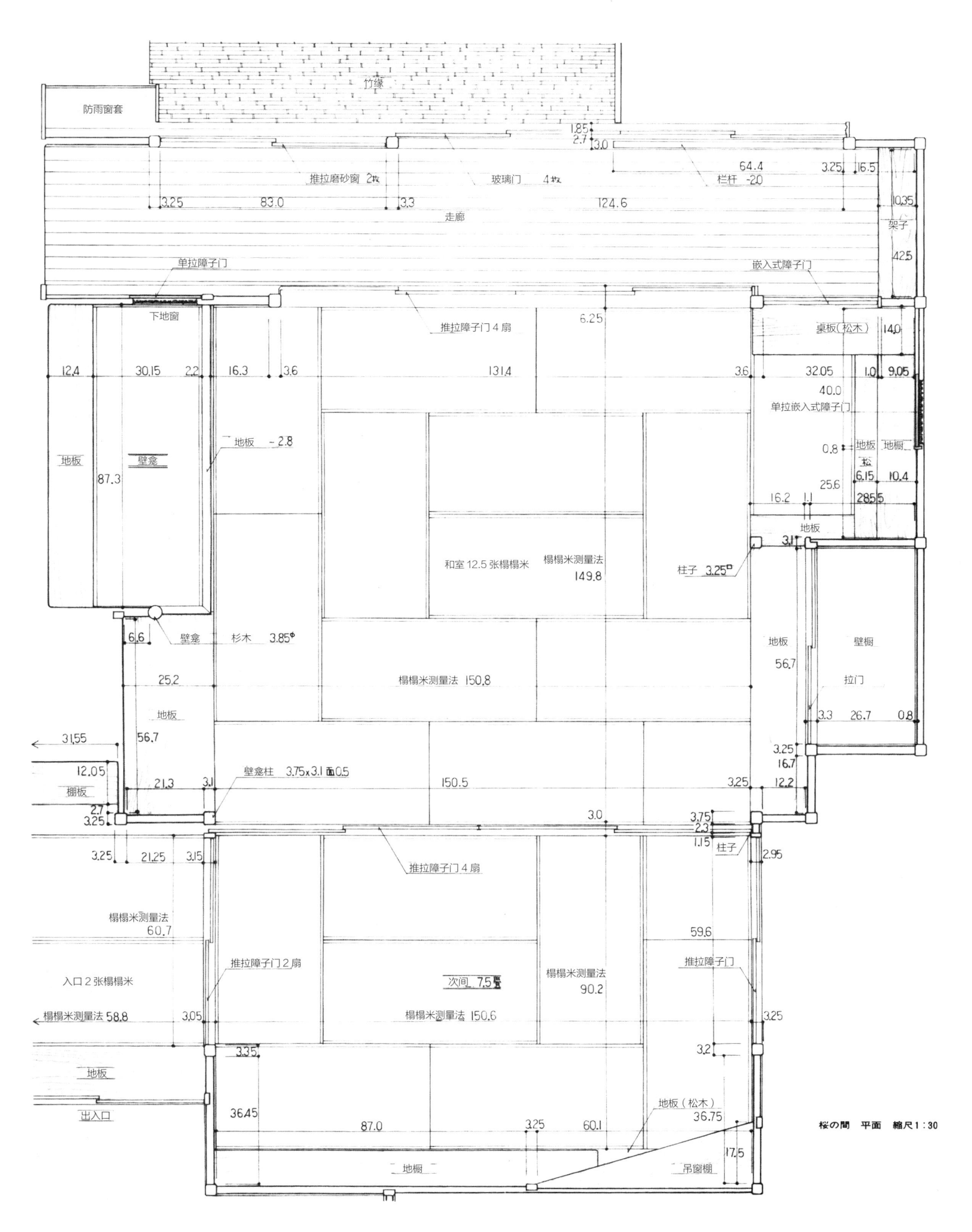

八勝館八事店　實測圖

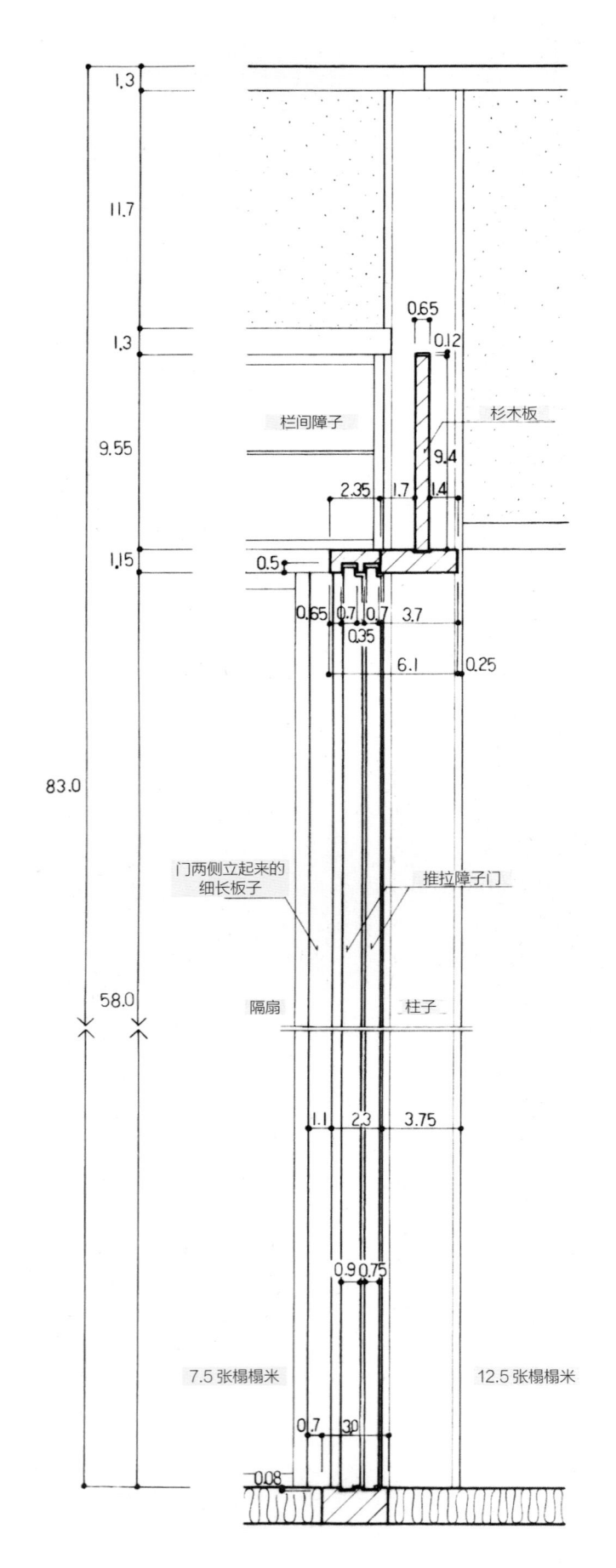

樱花间 东侧剖面图　比例尺1:8

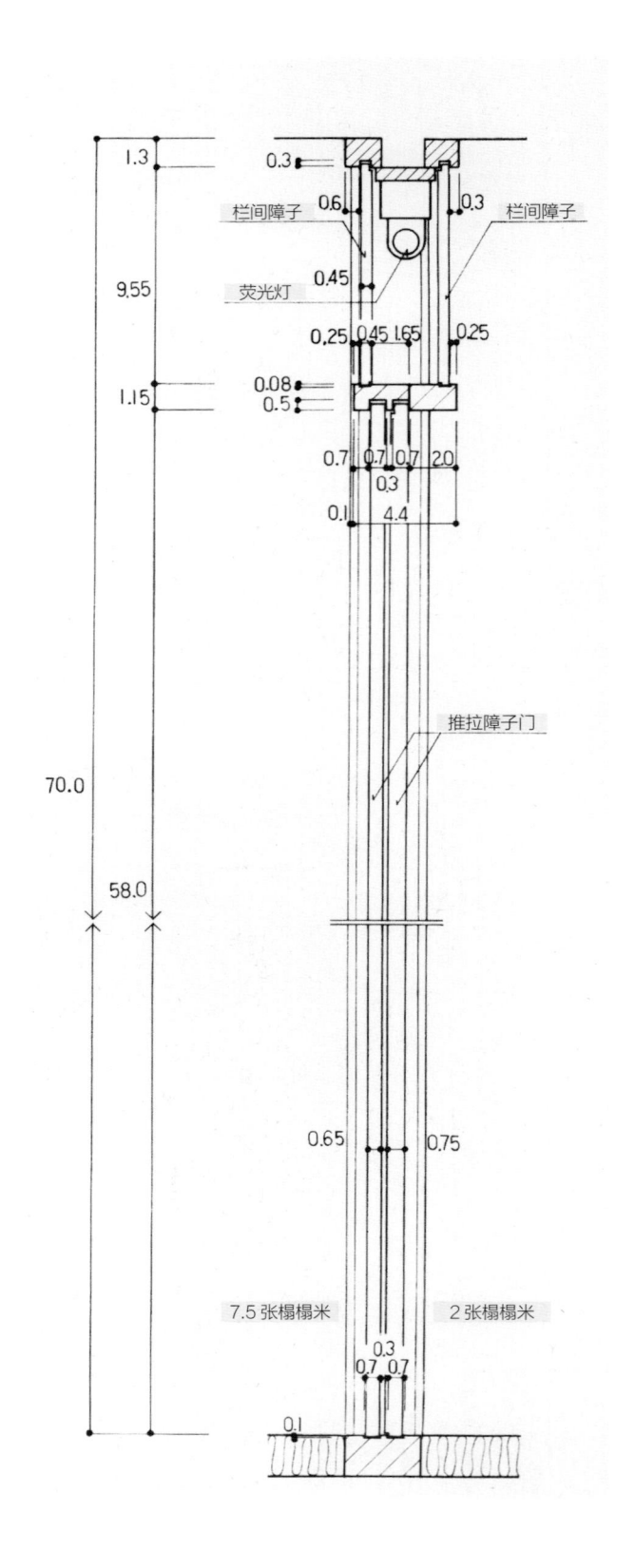

次间南侧剖面图　比例尺1:8

八胜馆八事店　实测图

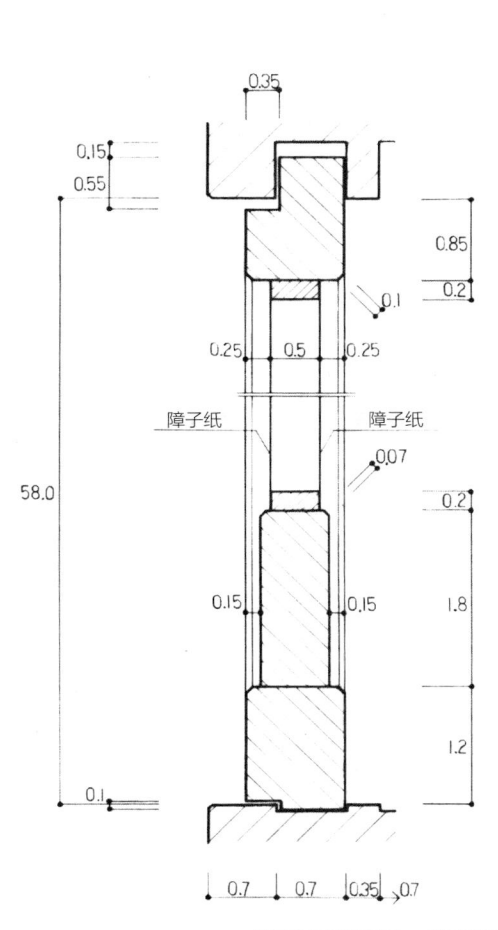

竖截面细节图　比例尺1:2

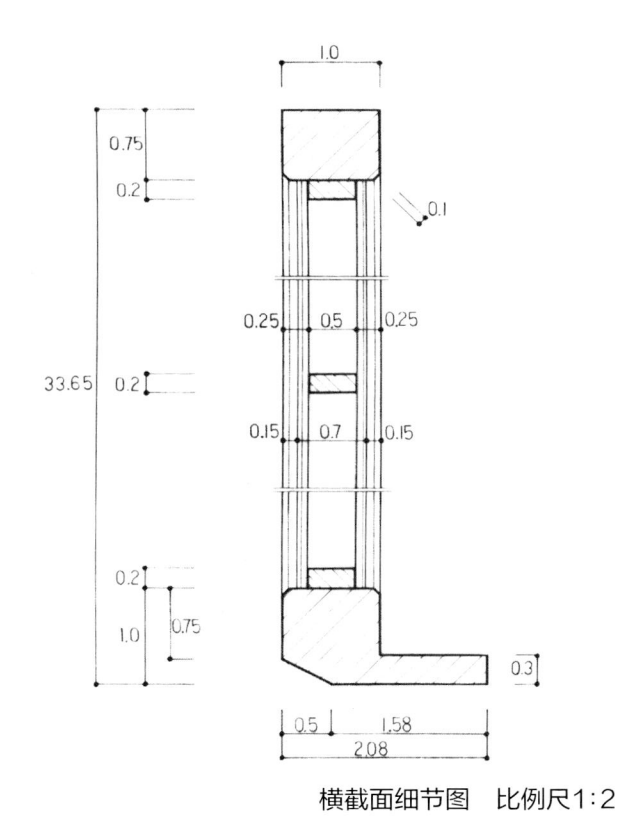

横截面细节图　比例尺1:2

樱花间 西侧障子门细节图

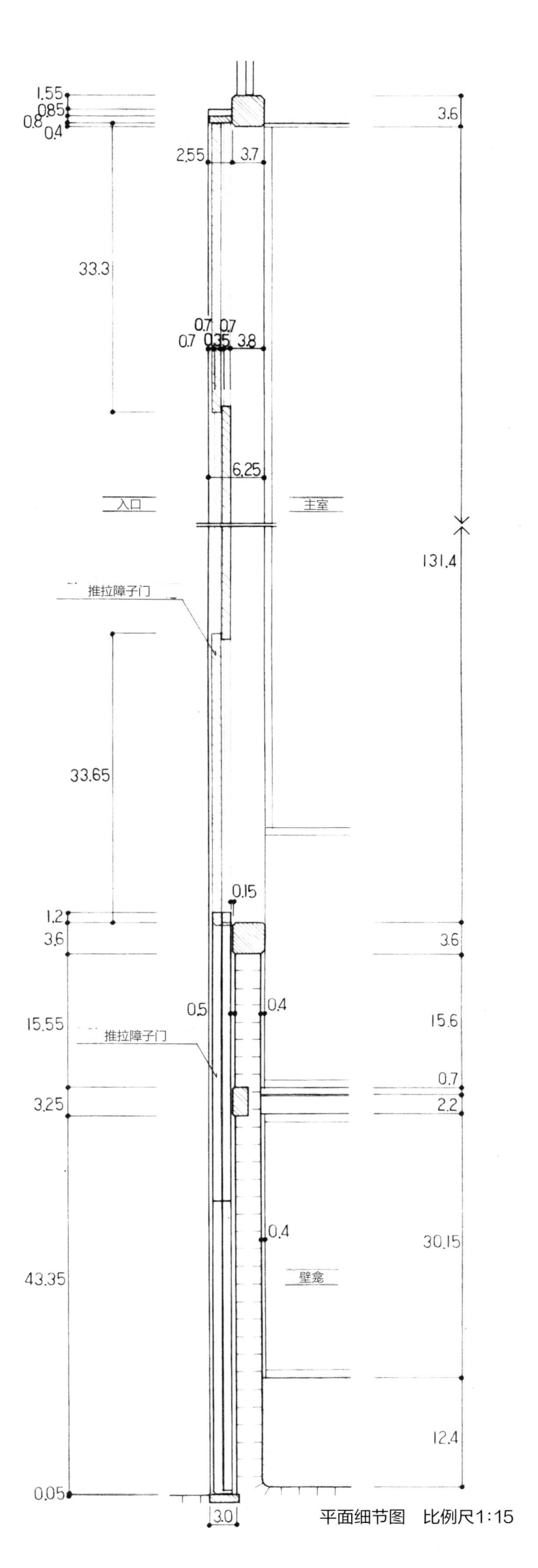

平面细节图　比例尺1:15

入口　主室

推拉障子门

推拉障子门

壁龛

八胜馆八事店　实测图

樱花间 次间的钓橱与地橱

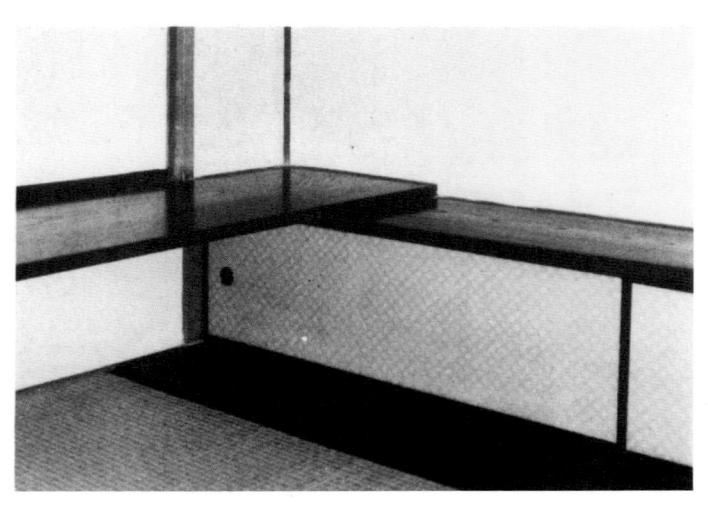

樱花间 平书院的架子与地橱

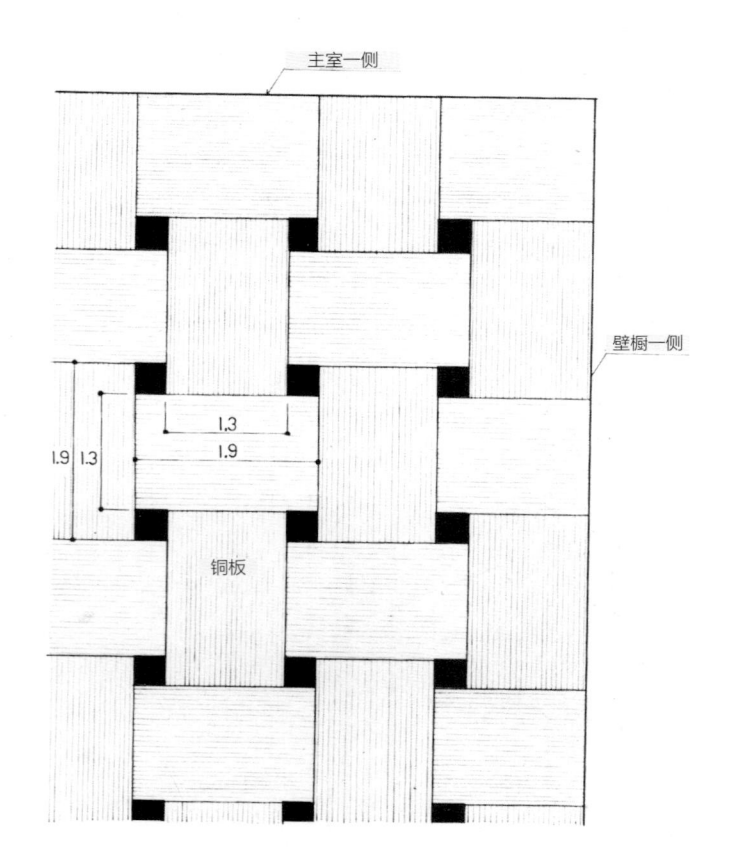

北侧书院天花板细节图　比例尺1:2

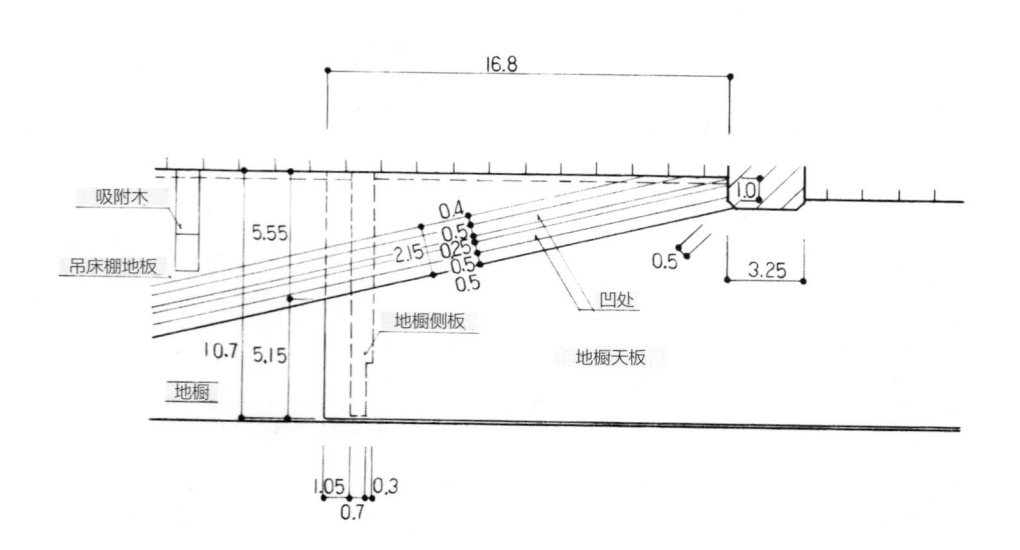

樱花间 次间钓橱与地橱平面图　比例尺1:8

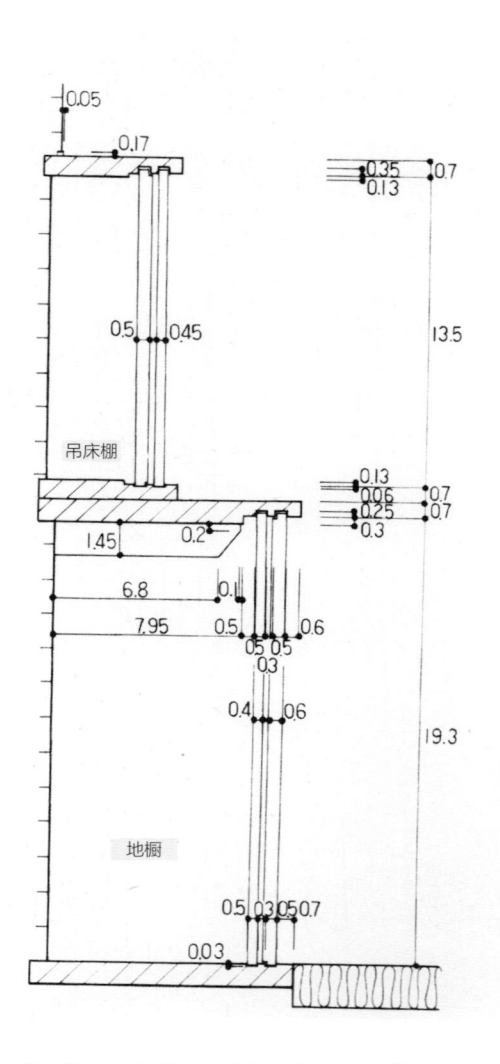

樱花间 次间钓橱与地橱截面图　比例尺1:8

八胜馆八事店　实测图

带腰板障子门

山翠楼

所有者 加藤幸三郎
所在地 名古屋市中村区
建造时间 1917年
设计·施工 山田龟太郎

带腰板障子门是障子门的一种。其中腰板是构成座敷的重要元素，影响座敷整体的设计。首先，它的高度会左右室内空间给人留下的印象是否宽敞，也会影响到室内亮度的调节。而这些对细节部分的调节都与整个房间的风格有关。因此，当座敷中设置带腰板障子门时，总会看到设计者们在腰板上凝结的匠心。

山翠楼水仙间的腰板内侧整个使用竹子编成的网面，用杉木压住，很是特殊。而外侧则使用整块木板，用平竹压着。外侧选用的这种样式在数寄屋建筑中是最常见的，选用的木材多为杉木。丰之间的腰板就是用精选的杉木板做成的。也有不少人将带有弧度的李木板运用到腰板的设计上。

宝之间 顶橱拉手

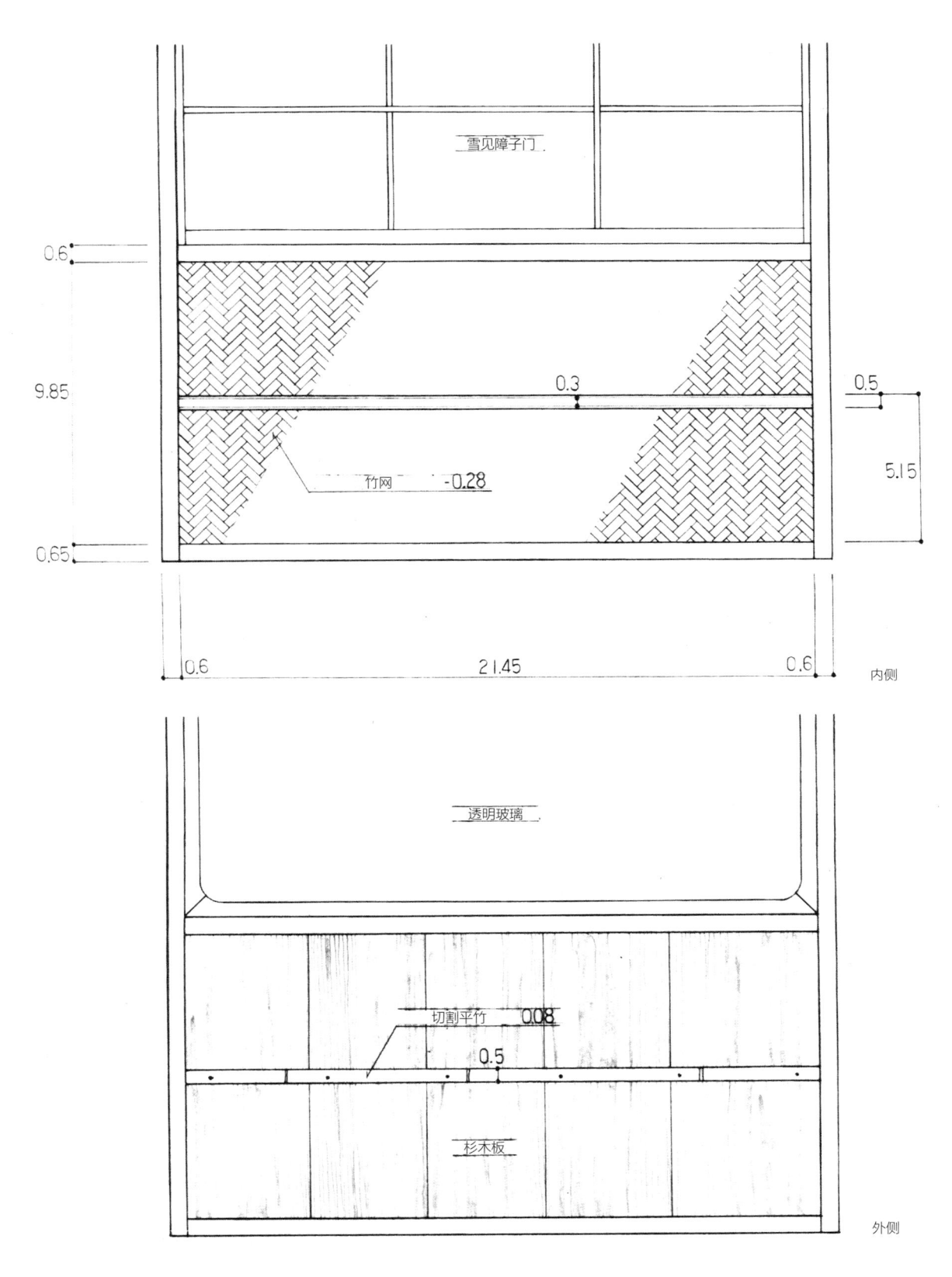

水仙间 东侧障子门腰板详细图　比例尺1:5

山翠楼　实测图

坐渔庄

所有者 明治村博物馆
所在地 爱知县犬山市（旧静冈县清水市）

二楼 座敷

建造时间 1920年
移建时间 1971年
设计 则松幸十
建造 桥本源藏
大工 盐津上三郎

坐渔庄是一座别墅，最初建在兴津海边。据说当时坐在室内能看见鱼在波浪间跳跃，因而得此名。1971年，此建筑被全盘移建至明治村。移建时为了尽量再现旧地的环境，将建筑建在了入鹿池边，以其取代兴津海。

二楼的座敷是视野最好的房间，用于接待客人。该座敷由10张榻榻米大小的主室和6张榻榻米大小的次间构成。房间外是面朝大海的檐廊。主室中的壁龛也朝向大海。

主室中立着带皮圆木做成的柱子。栏间高五尺七寸，天花板高八尺一寸，整体的设计遵循古法，极具古韵。房间西侧的中央是七尺五寸宽的壁龛，其左侧是琵琶台，其右边的床胁处设置了单层架子。单层架子和房间中的窗户的设计十分协调，保持着恰到好处的一致感。

壁龛柱选用的是有骨节的档子木，壁龛框是由杉木做成的。琵琶台部分选用的木材也多为杉木。房间的各个部分在选材上都非常注重整体的一致和协调。

次间的栏间上嵌着一块桐木板，上面镶着隔板。与走廊交界处的带腰板障子门和栏间的设计相呼应，使房间整体都给人以十分协调的感觉。

檐廊的扶手、玻璃门的设计也保持着一致的风格，与座敷的结构完美地融合。

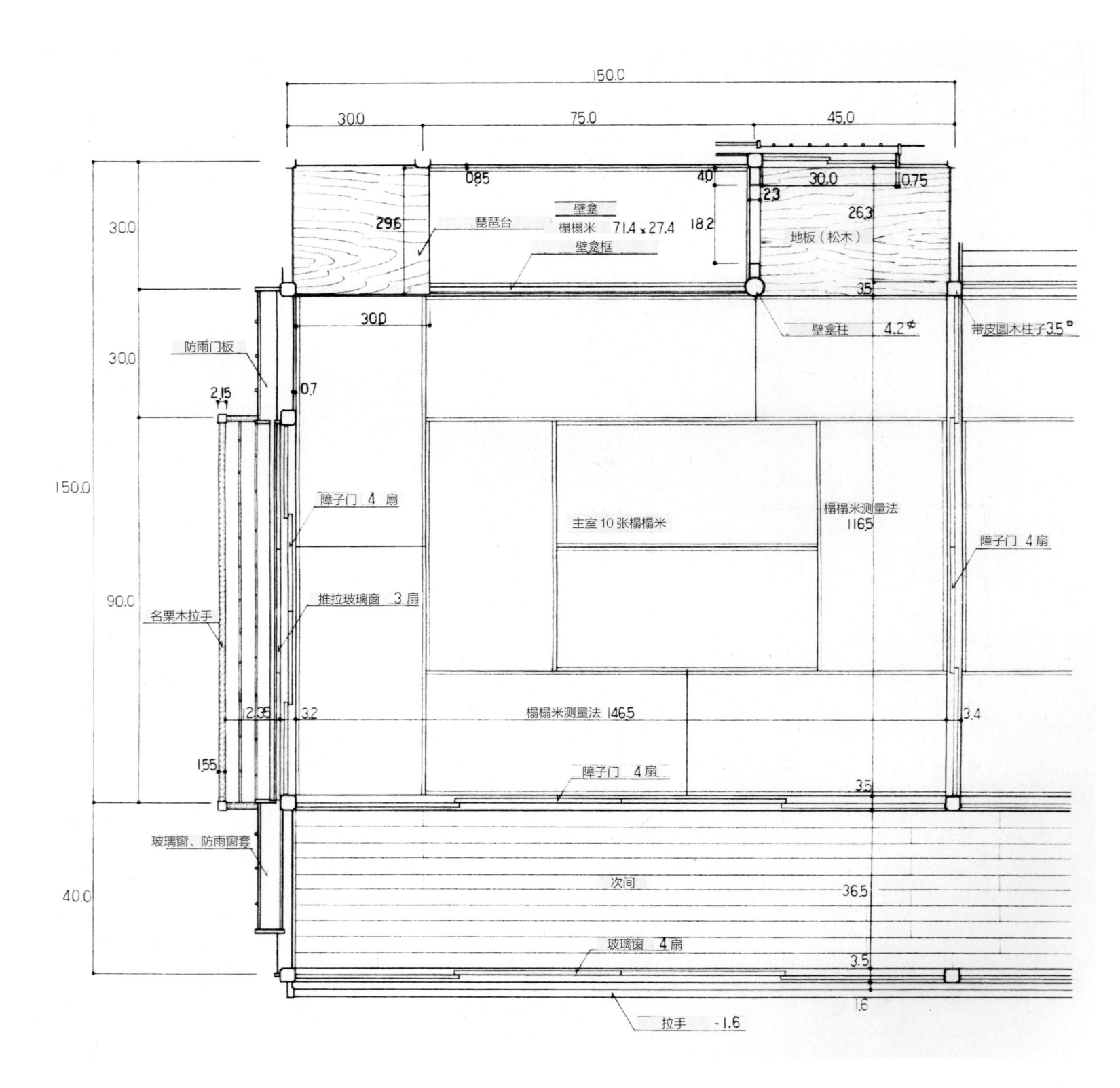

二楼座敷平面图　比例尺1:30

坐渔庄　实测图

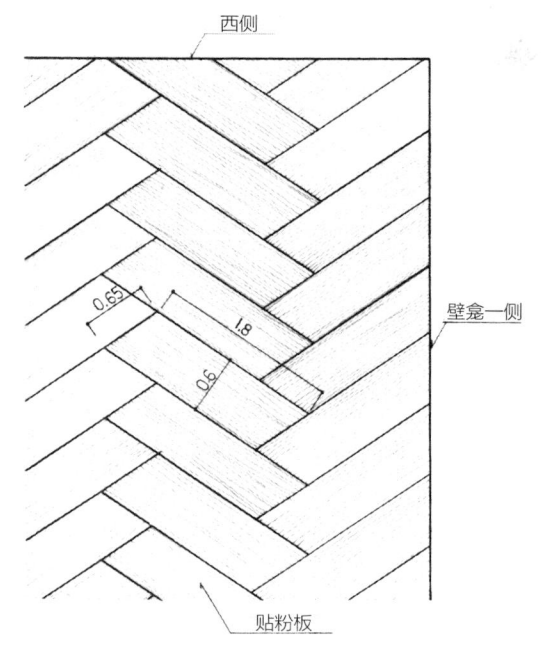

天花板细节图　比例尺1:2 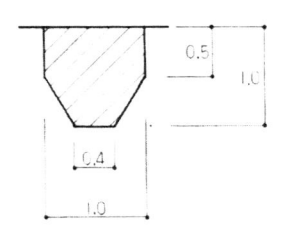　　　　　　　　　竿缘木截面图　比例尺1:2

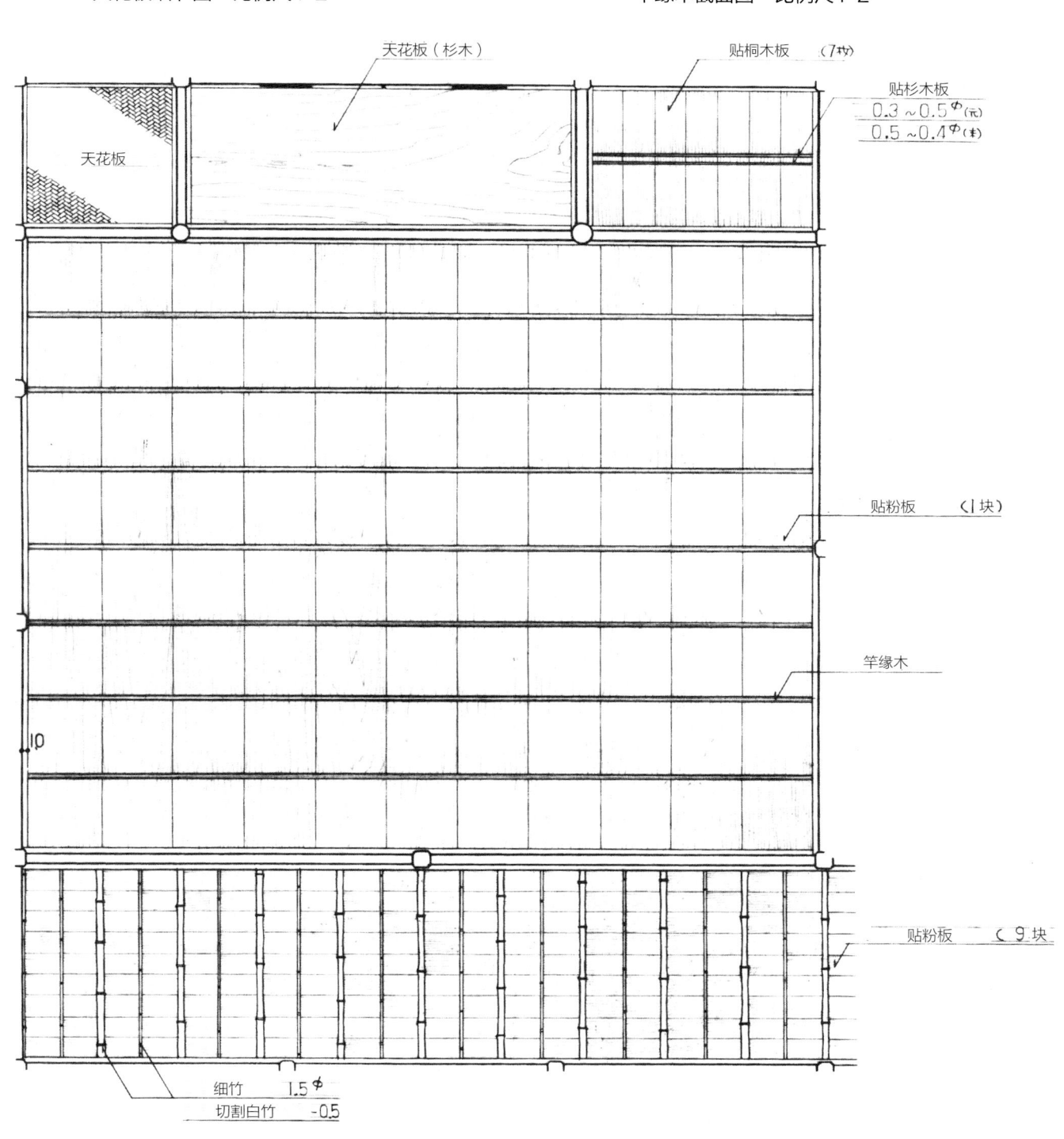

二楼座敷天花板结构图　比例尺1:30

坐渔庄　实测图

日本建筑集成　座敷的构成　200

从二楼座敷向外看　　　　　　　二楼座敷　壁龛和琵琶台　　　　　二楼座敷　床胁

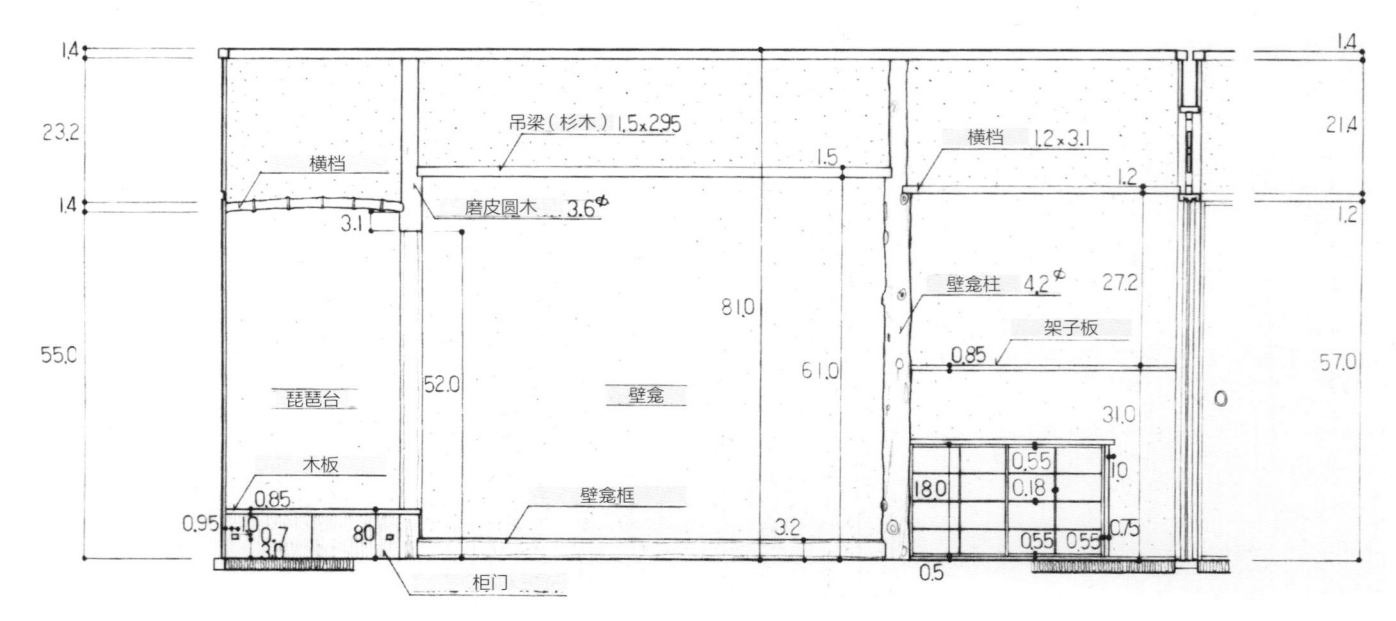

壁龛一侧（西侧）

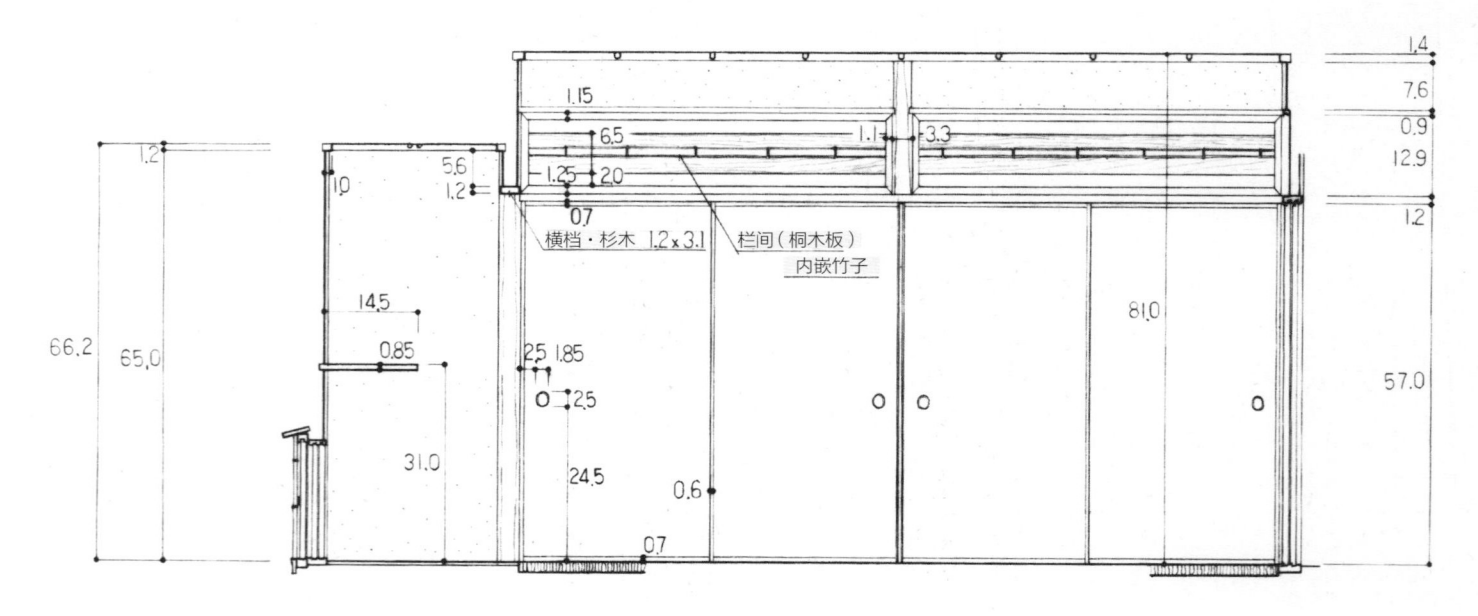

座敷北侧

坐渔庄　实测图

二楼座敷 北侧栏间

二楼座敷 床胁顶部

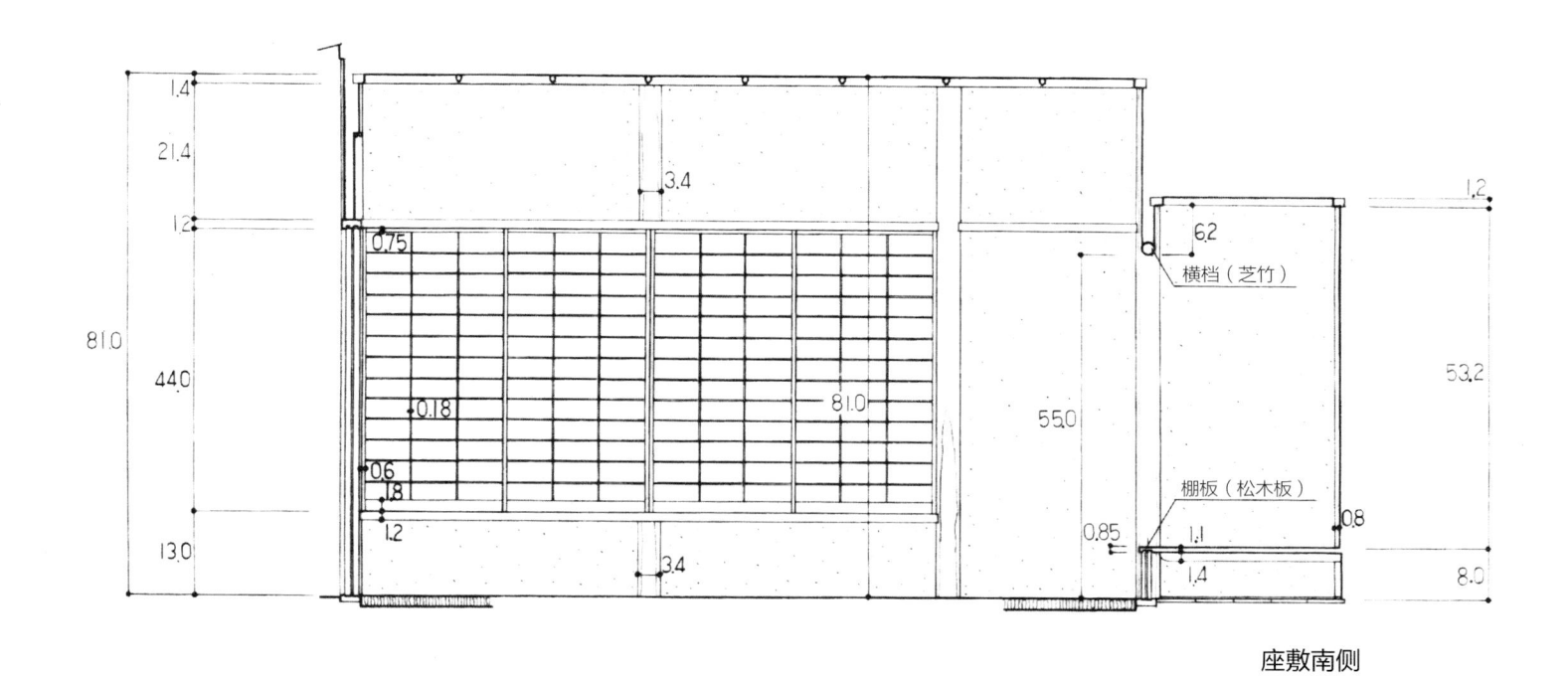

座敷南侧

座敷东侧

竹子　贴粉板

横档（芝竹）
棚板（松木板）

二楼座敷展开图　比例尺1:30

坐渔庄　实测图

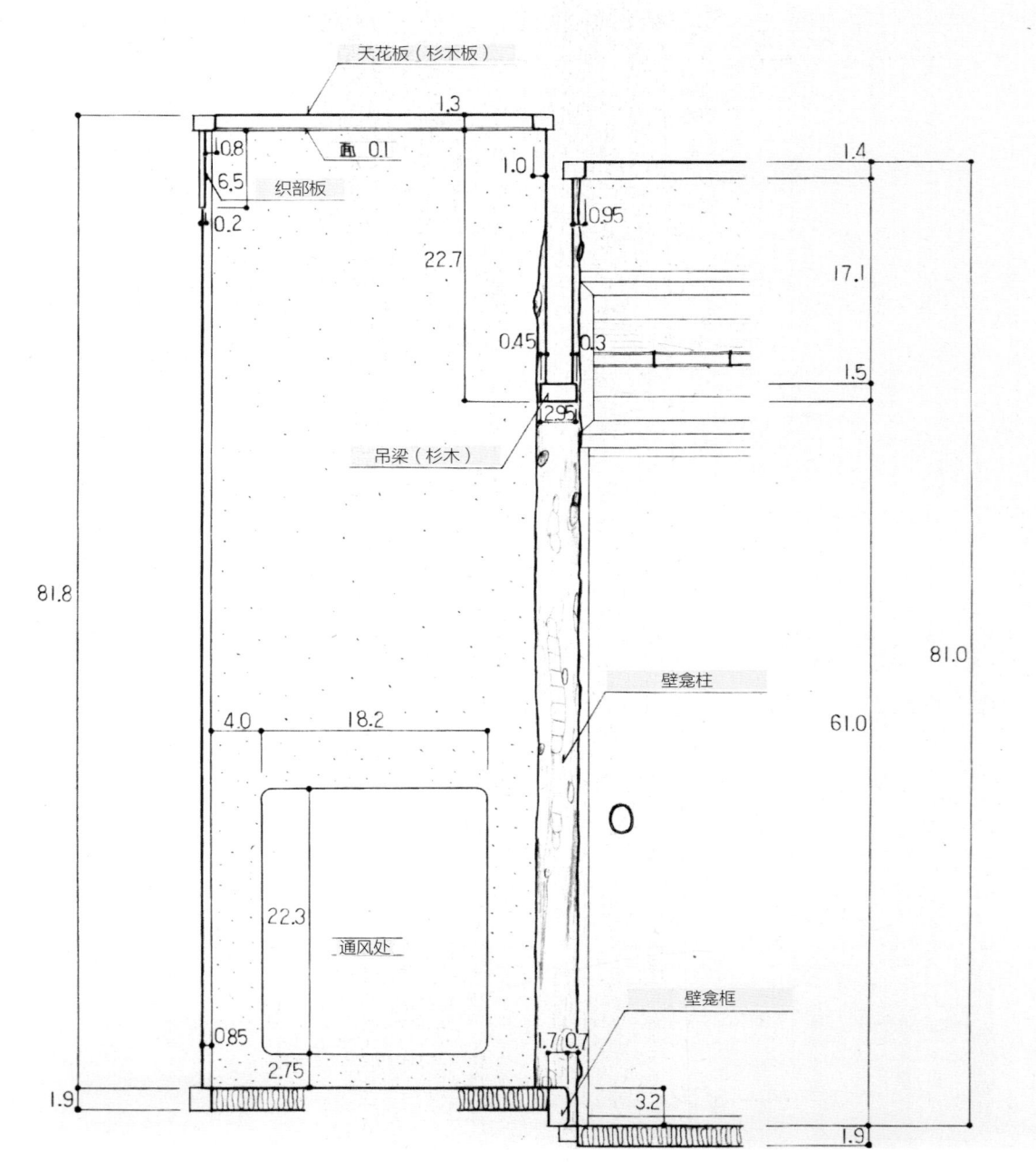

壁龛剖面图　比例尺1:15

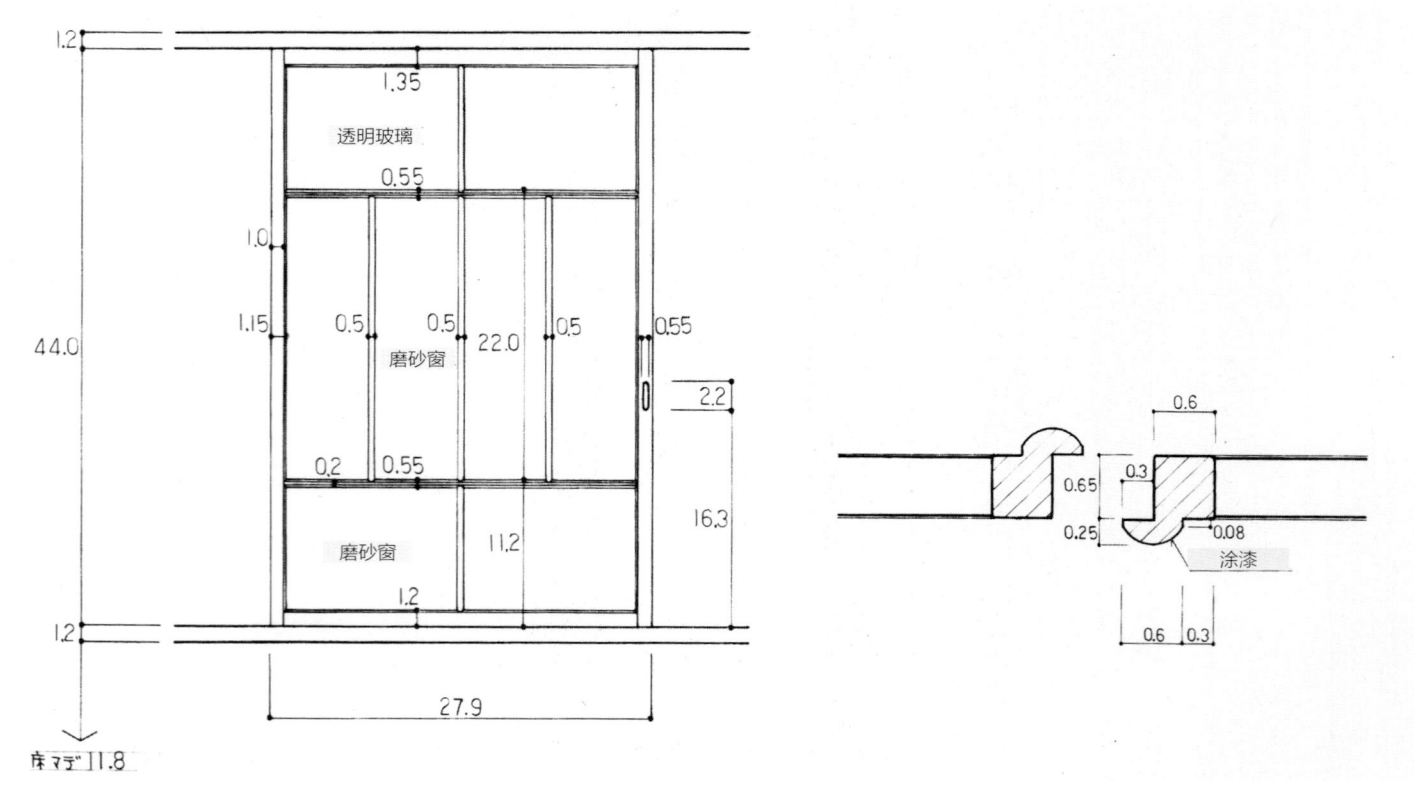

二楼座敷　南侧玻璃窗详细图　比例尺1:15

北侧障子门规尺详细图　比例尺1:2

坐渔庄　实测图

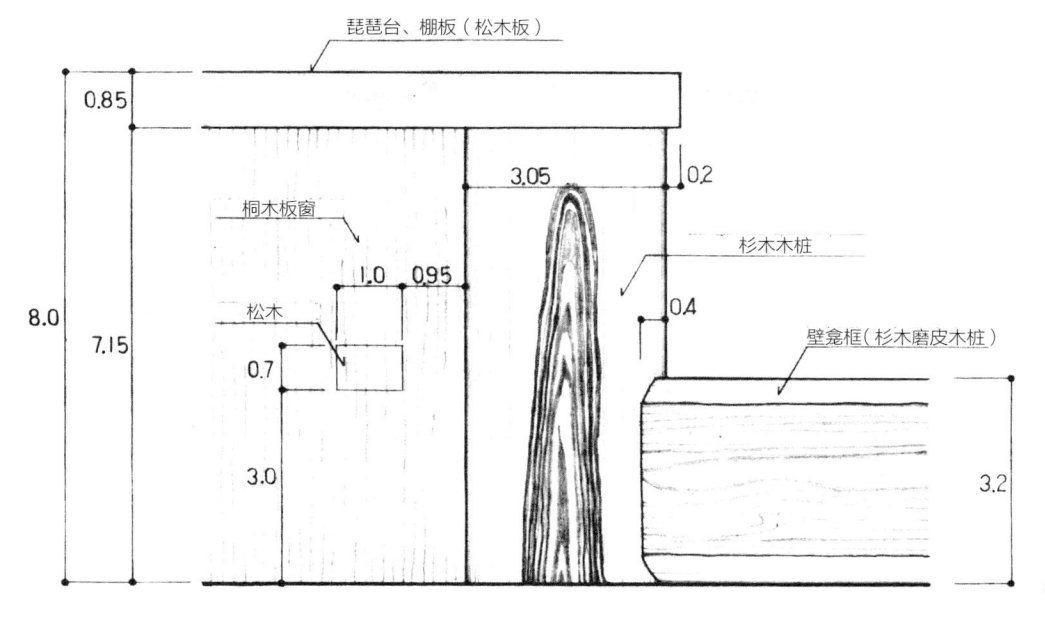

琵琶台和壁龛框正面

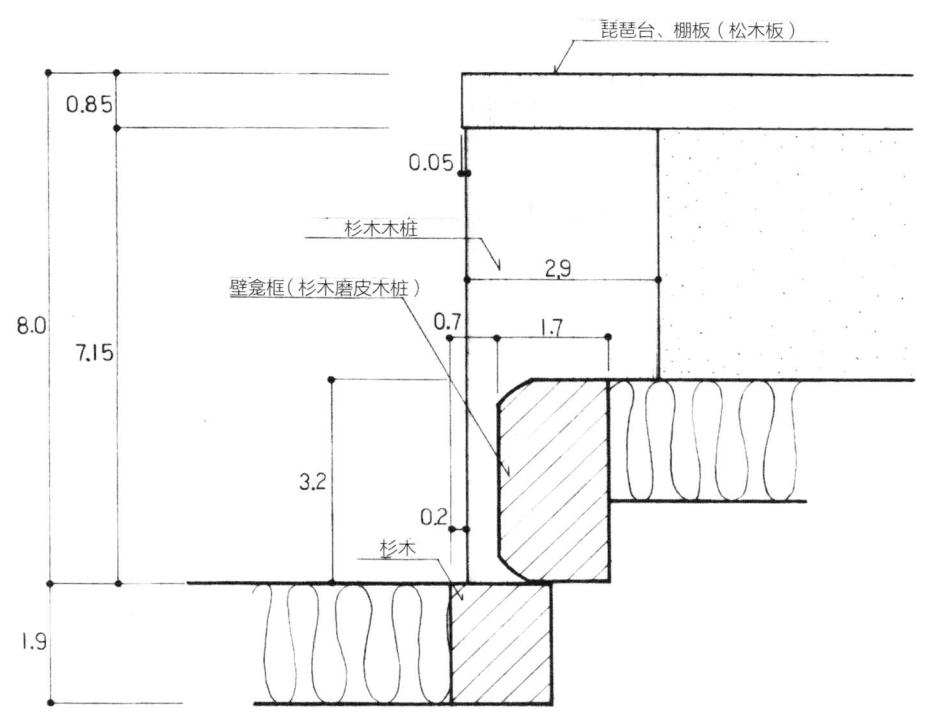

壁龛框截面

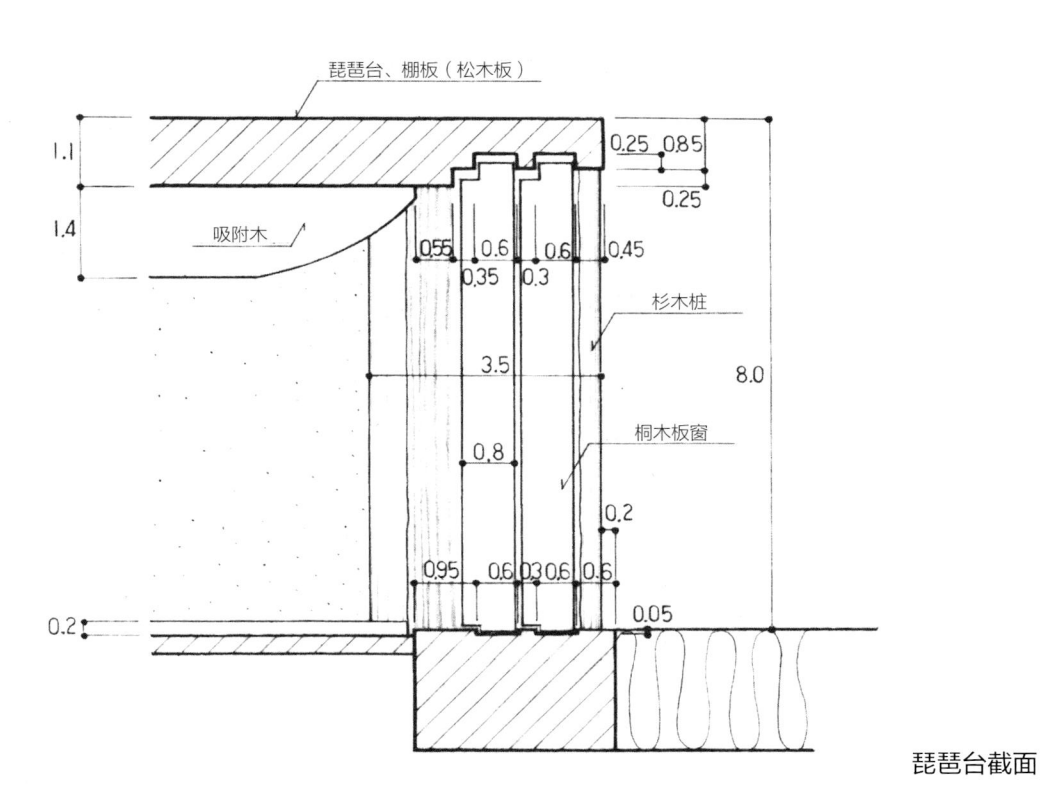

琵琶台截面

二楼座敷 琵琶台和壁龛框的细节图 比例尺1:3

坐渔庄 实测图

中野邸

所有者 中野右左工门
所在地 爱知县半田市

二楼六铺席房间

建造时间 明治中期
设计 不明
施工 不明

中野邸是早在江户时代（1603—1868年）就建成的建筑。本节介绍的是于明治时代（1868—1912年）增建的位于二楼西南角的六铺席大小的房间，房间外部有走廊。房间内有角柱，但没有设置长隔板。栏间高五尺五寸，天花板高七尺，整个空间别有趣味。

在南侧偏北的地方设有地橱，便于存放物品。壁龛部分的设计比较特殊，仿佛与房间的地面连为一体，仅有挂在其中的挂轴，提醒观者这是一个特别设置的独立空间。壁龛与地橱相接处立着柱子。地橱的高度恰到好处，沿着地橱向上看，很自然便能看到与其相接的壁龛中设置的格子窗。这样一来，放置地橱处仿佛与壁龛成为一体，自然而然从视觉上扩展了壁龛的空间。这样的壁龛结构，与整个房间的设计风格是相协调的。

房间中的天花板非常高，有九尺六寸。天花板上贴满了用细竹编成的呈几何图案的网格。天花板的网格图案与格子窗的图案风格一致，这些都属于中国风、文人趣味的爱好。如果在这个房间举行品茗活动，那中国风的茶事活动应该更为合适。

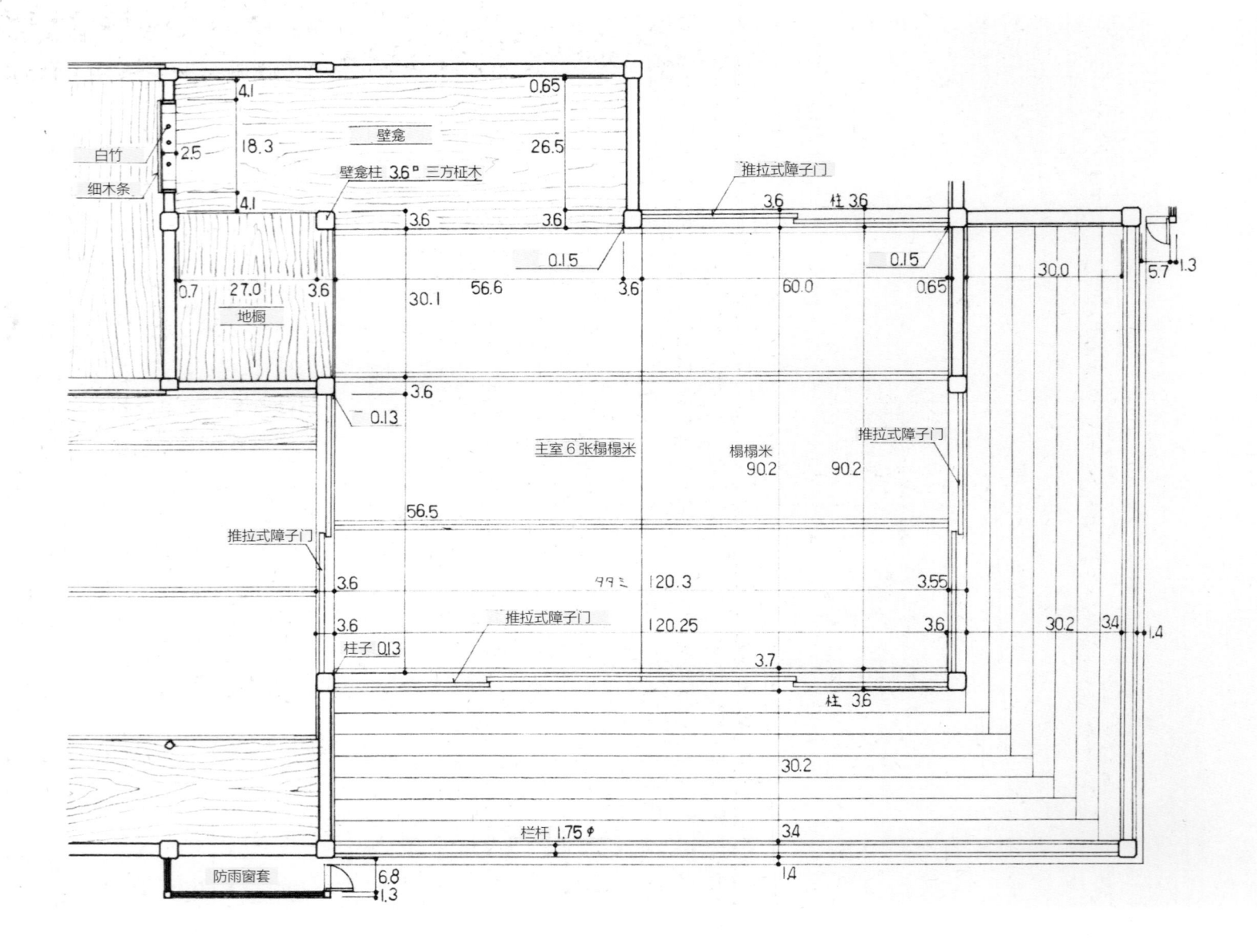

二楼六铺席房间平面图　比例尺1:30

中野邸　实测图

二楼六铺席房间 天花板网格 　　　　二楼六铺席房间 东南角 　　　　二楼六铺席房间 西侧

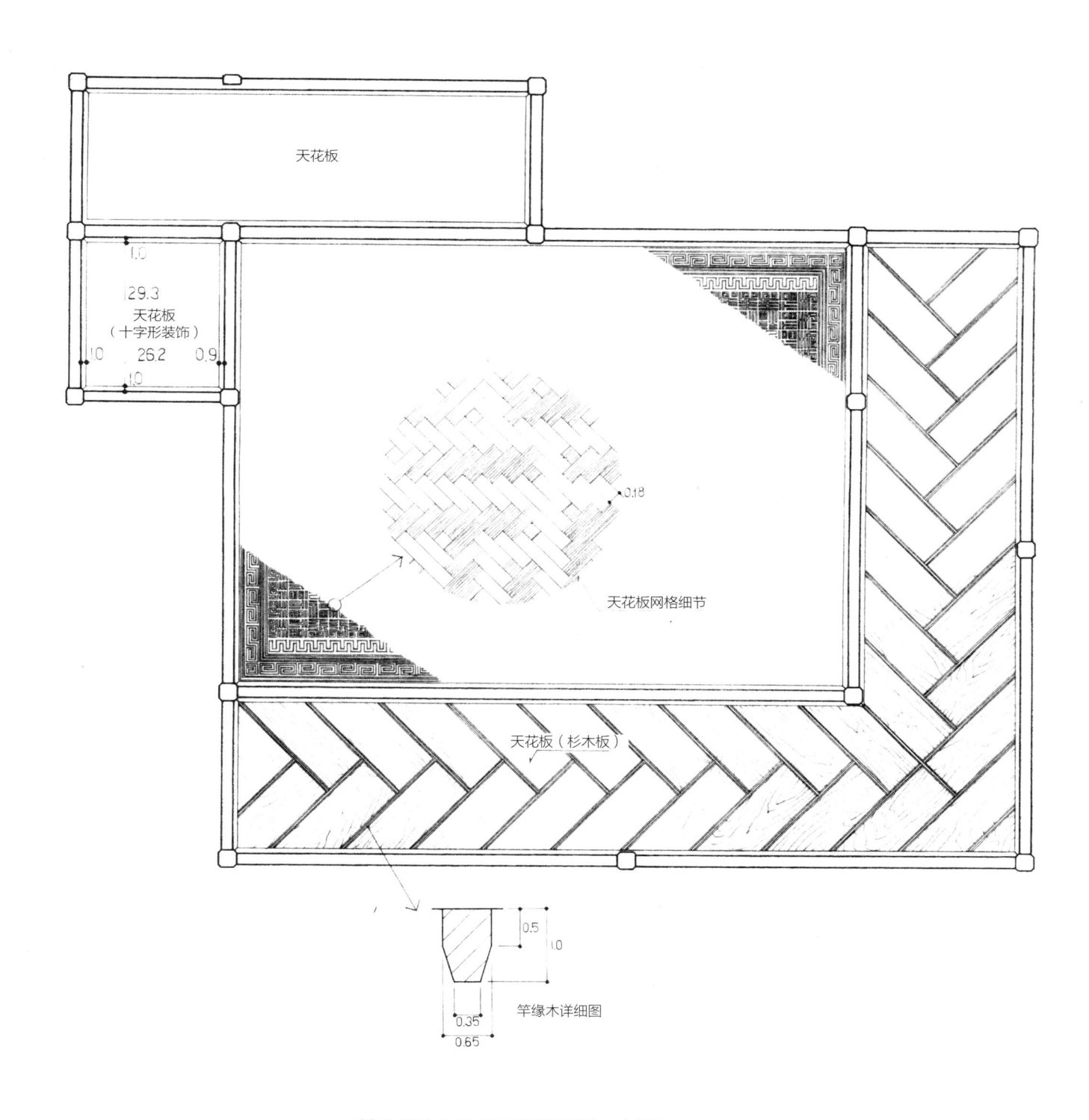

天花板

天花板
（十字形装饰）

天花板网格细节

天花板（杉木板）

竿缘木详细图

二楼六铺席房间 天花板详解图　比例尺1:30

中野邸　实测图

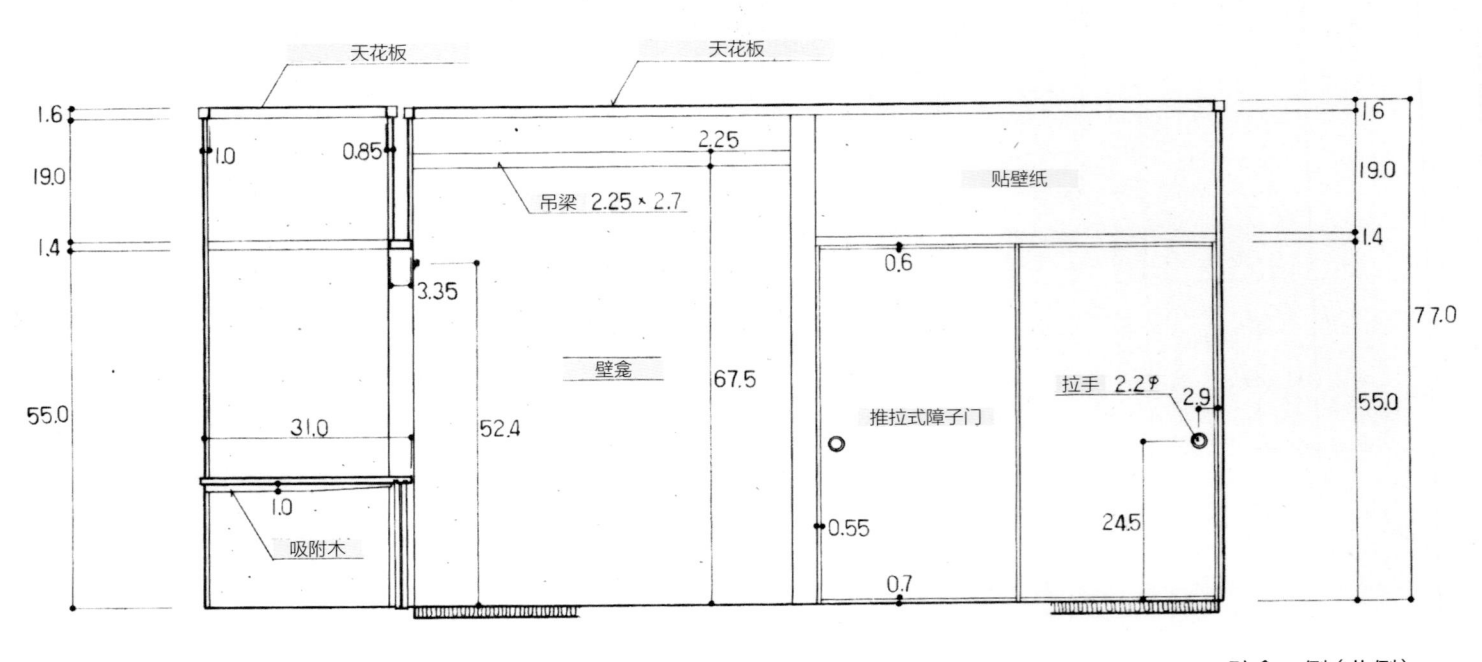

壁龛一侧（北侧）

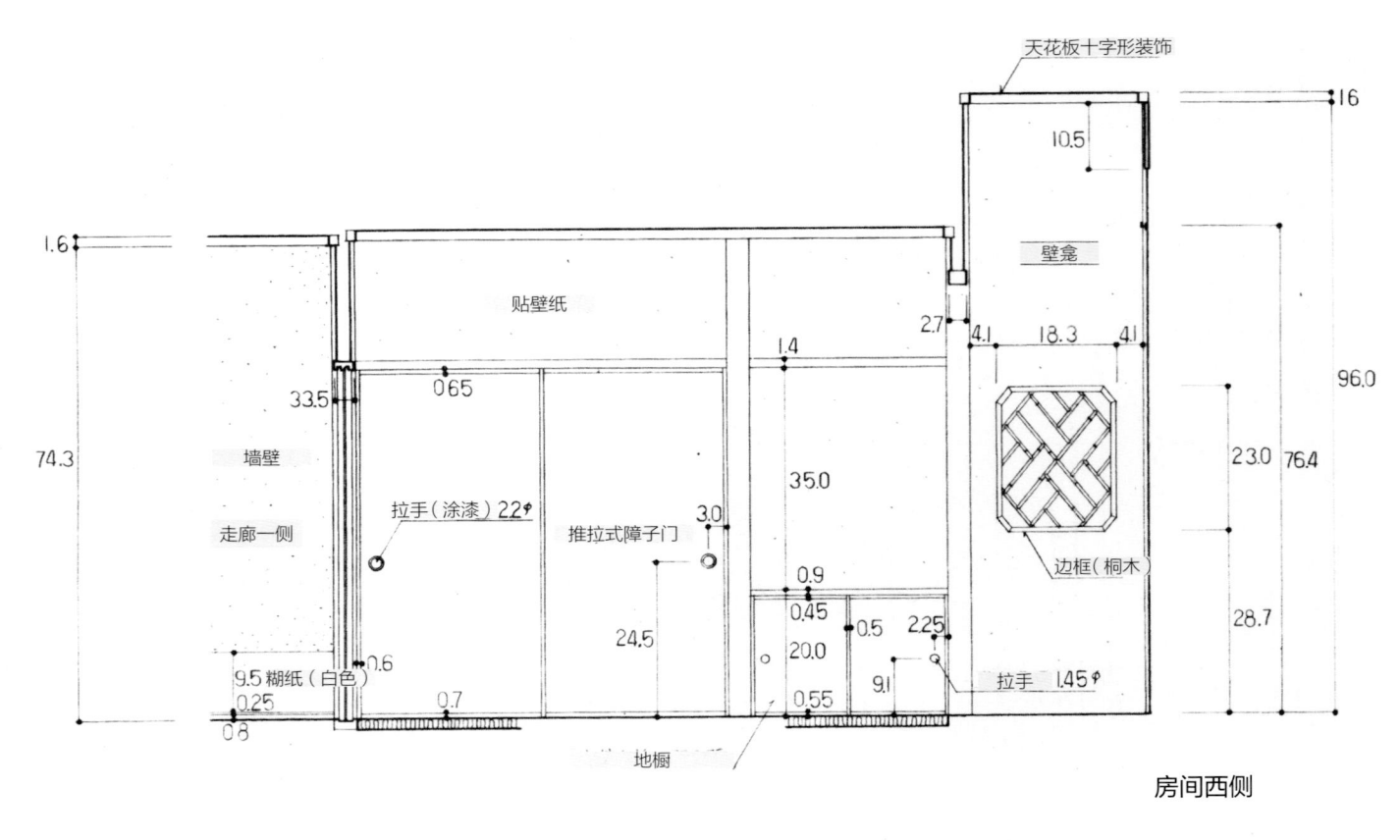

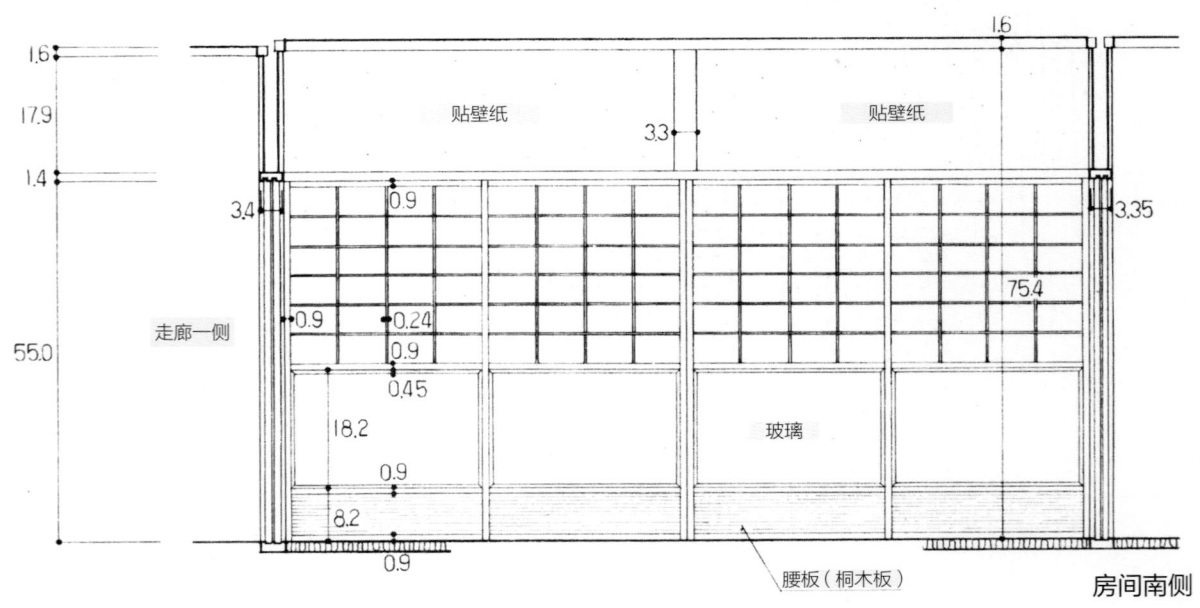

房间西侧

房间南侧

中野邸　实测图

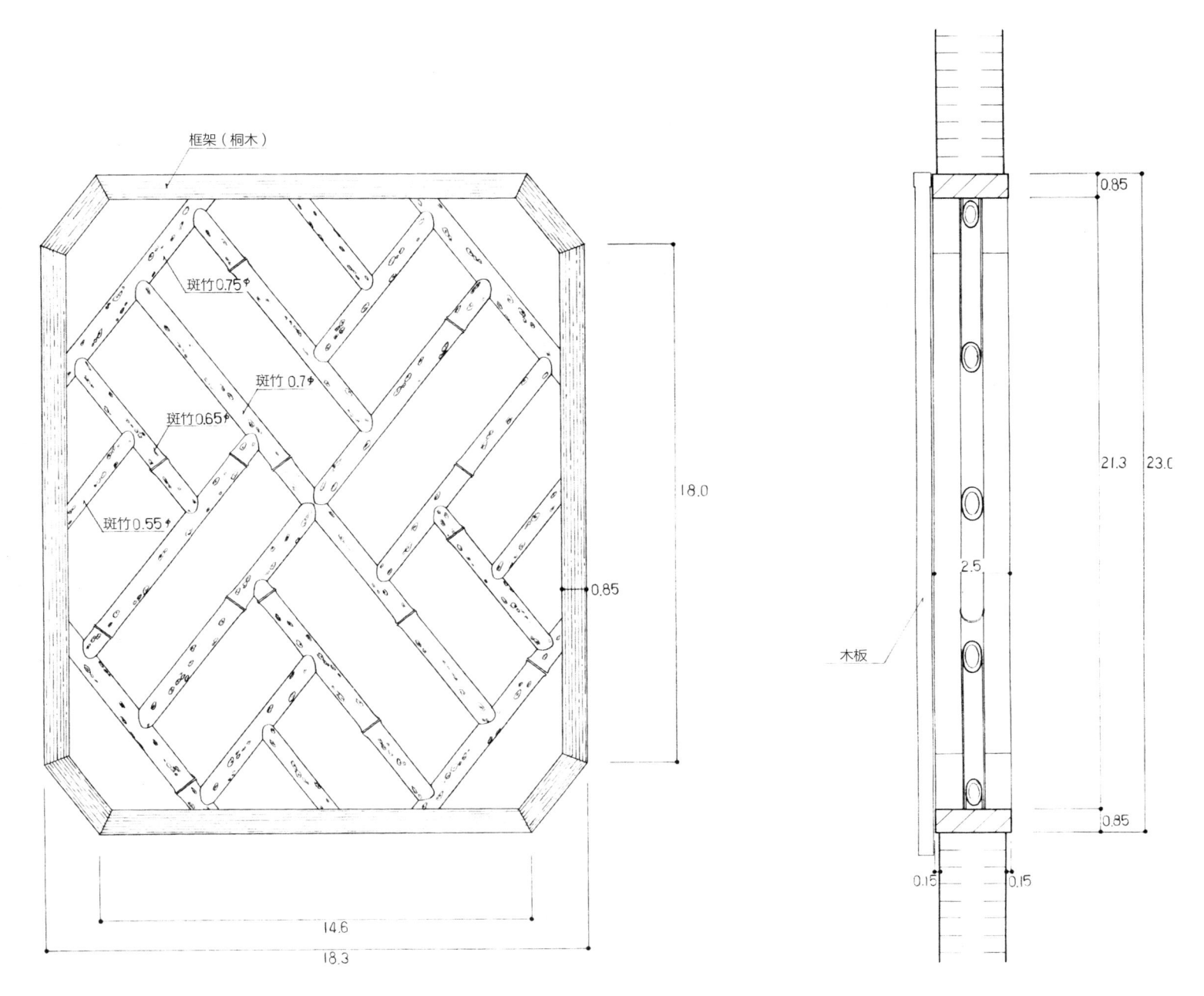

壁龛格子窗细节图　比例尺1:5

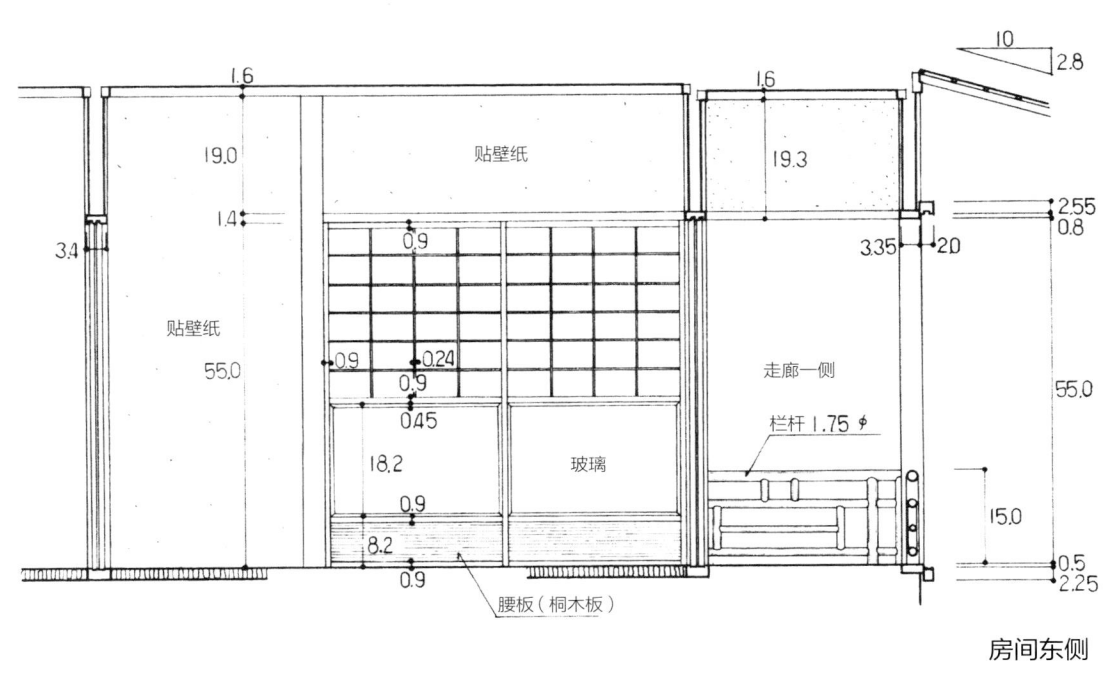

二楼六铺席房间展开图　比例尺1:30

中野邸　实测图

水亭

建造时间 庆应年间
设计 不明
施工 不明

本节介绍的"水亭"早在庆应年间（1865—1868年）就已建成。该座敷位于宅邸内的池畔，坐在室内会让人有一种浮在水上的感觉，所以有了这个名字。

水亭由九铺席大的主室、六铺席大的次间、两间六铺席大的待客室，以及厨房、浴室、洗手间等部分组成。待客室和次间设置有棱柱、圆木长隔板。天花板为竿缘天花板，高七尺五寸六分。主室也设置了棱柱，但采用了方形长隔板，天花板有十尺高，整个空间更为宽敞。水亭中的壁龛面朝水池，有3张榻榻米大小，壁龛进行了抬高，高出地板。

座敷整体设计了多处极具纤细趣味的玻璃拉门，在扶手的设计上也很是用心，整体展现了一种柔和纤细的风格。

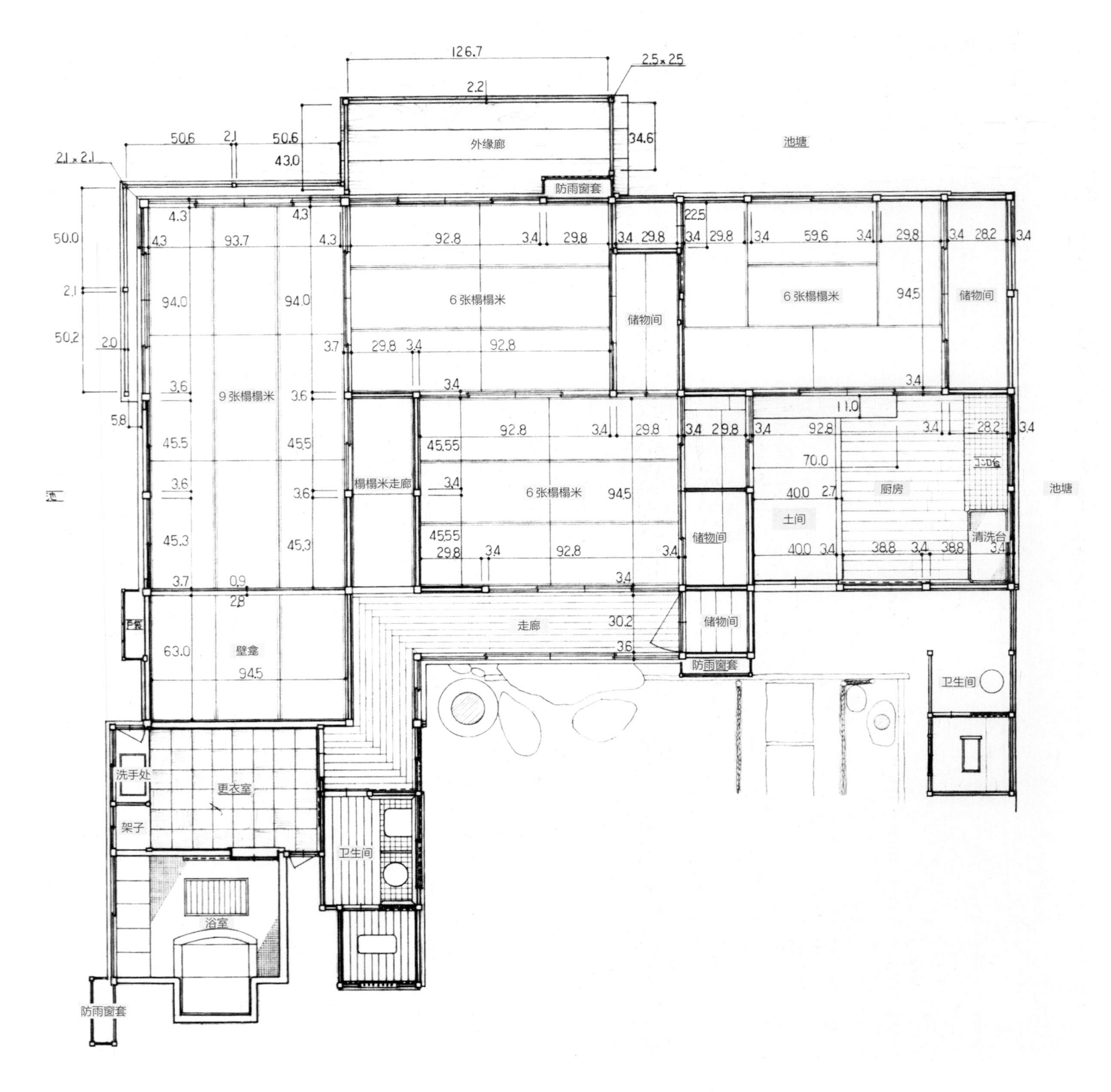

水亭平面图　比例尺1∶60

中野邸　实测图

水亭 次间北侧栏间

水亭南侧

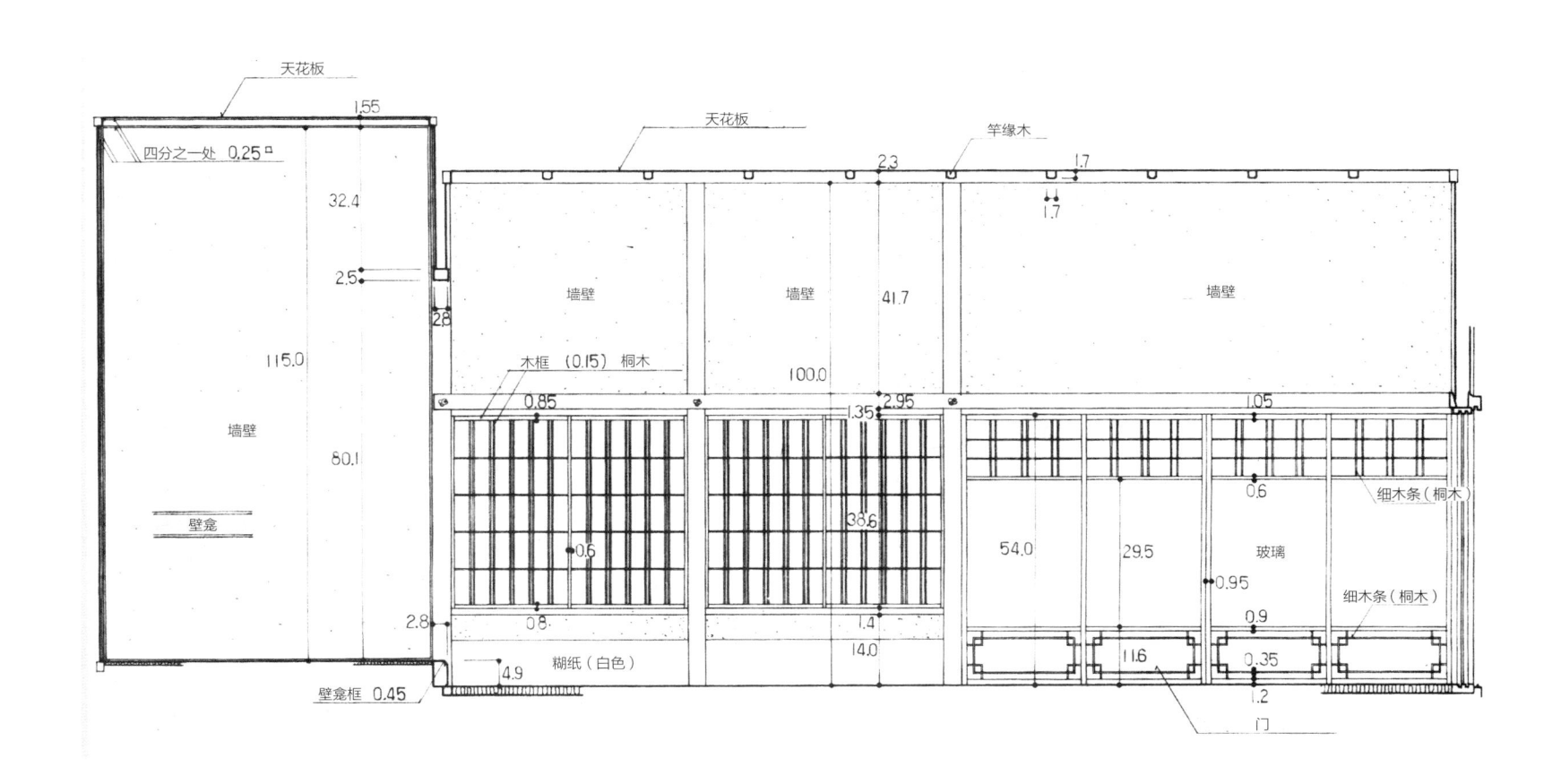

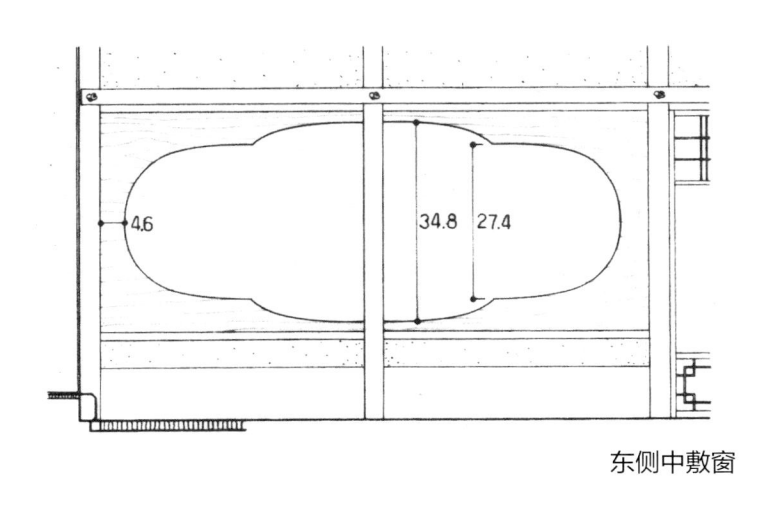

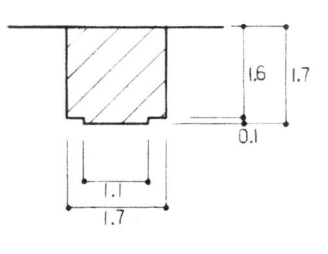

东侧中敷窗

天花板竿缘木详细图　比例尺1:3

水亭东侧截面图　比例尺1:30

中野邸　实测图

次间北侧栏间截面图 比例尺1:4

水亭 次间截面图 比例尺1:10

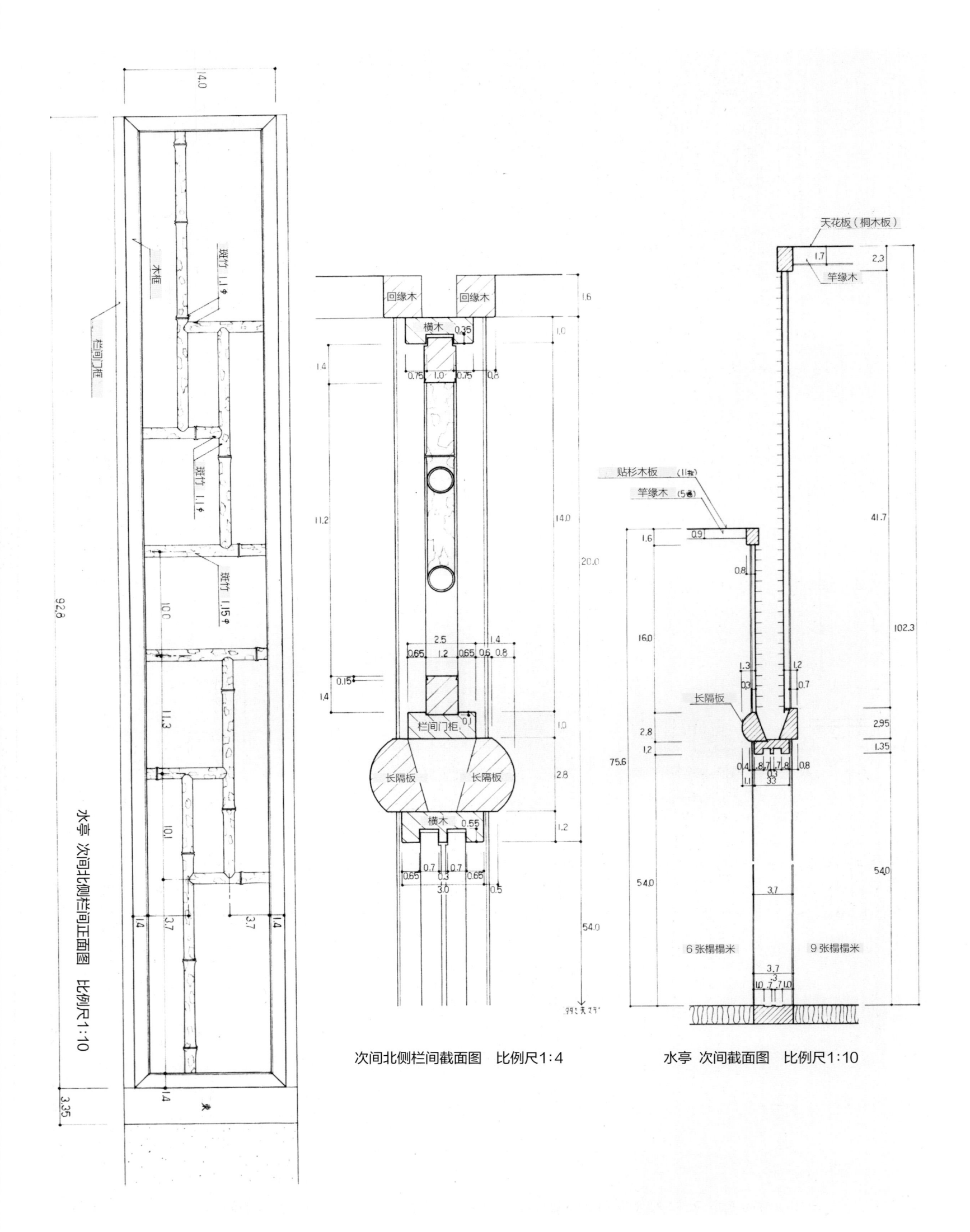

水亭 次间北侧栏间正面图 比例尺1:10

中野邸 房间实测图

北侧夏季推拉门正面图　比例尺1:15

北侧夏季推拉门格子图　比例尺2:1

北侧夏季推拉门截面图　比例尺1:4

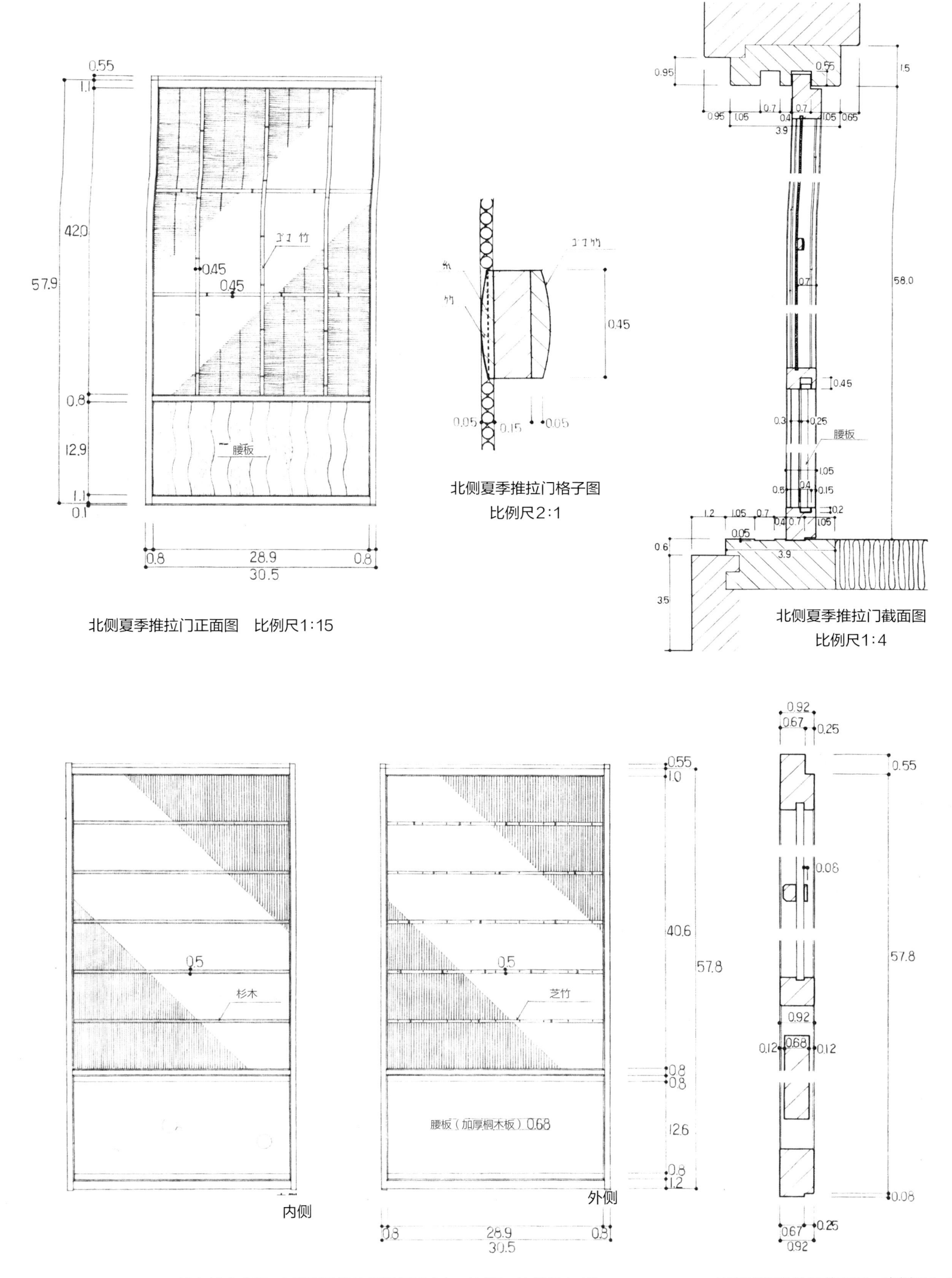

一楼九铺席房间　南侧夏季推拉门详细图（内、外侧）　比例尺1:15

南侧夏季推拉门截面图　比例尺1:3

中野邸　实测图

西日本工业俱乐部

洋馆二楼 大茶室

所有者 西日本工业俱乐部
所在地 福冈县北九州市
建造时间 1910年
设计 辰野金吾 片冈安
施工 安川松本商店 临时建筑部

这座建筑原本是作为明治专门学校的创立者松本健次郎的宅邸而建的。在1952年归社团法人西日本工业俱乐部所有。这座建筑是现存的非常珍贵的洋馆与和馆共存的明治时代建筑。

在辰野金吾设计的洋馆的二楼却有着一间和风的大茶室。它面对南侧庭院,大小有十七铺席半。从走廊一侧打开隔扇,穿过前室,便可进入这个大茶室。茶室内的天花板高九尺五寸,使整个空间显得更加开阔。在茶室西侧的中央立有壁龛柱。壁龛所占空间不大,设计非常精心。旁边设置着付书院。除了与九铺席前室交界处的栏间的设计颇具新意,其他部分大都沿袭了茶室传统的结构。此外,在顶棚下面加入壁炉的设计很少见,大概是作为当时流行的和洋折中的一种尝试吧。

※本节编排比较特殊,为加强洋馆、和馆对比,图文穿插排布。

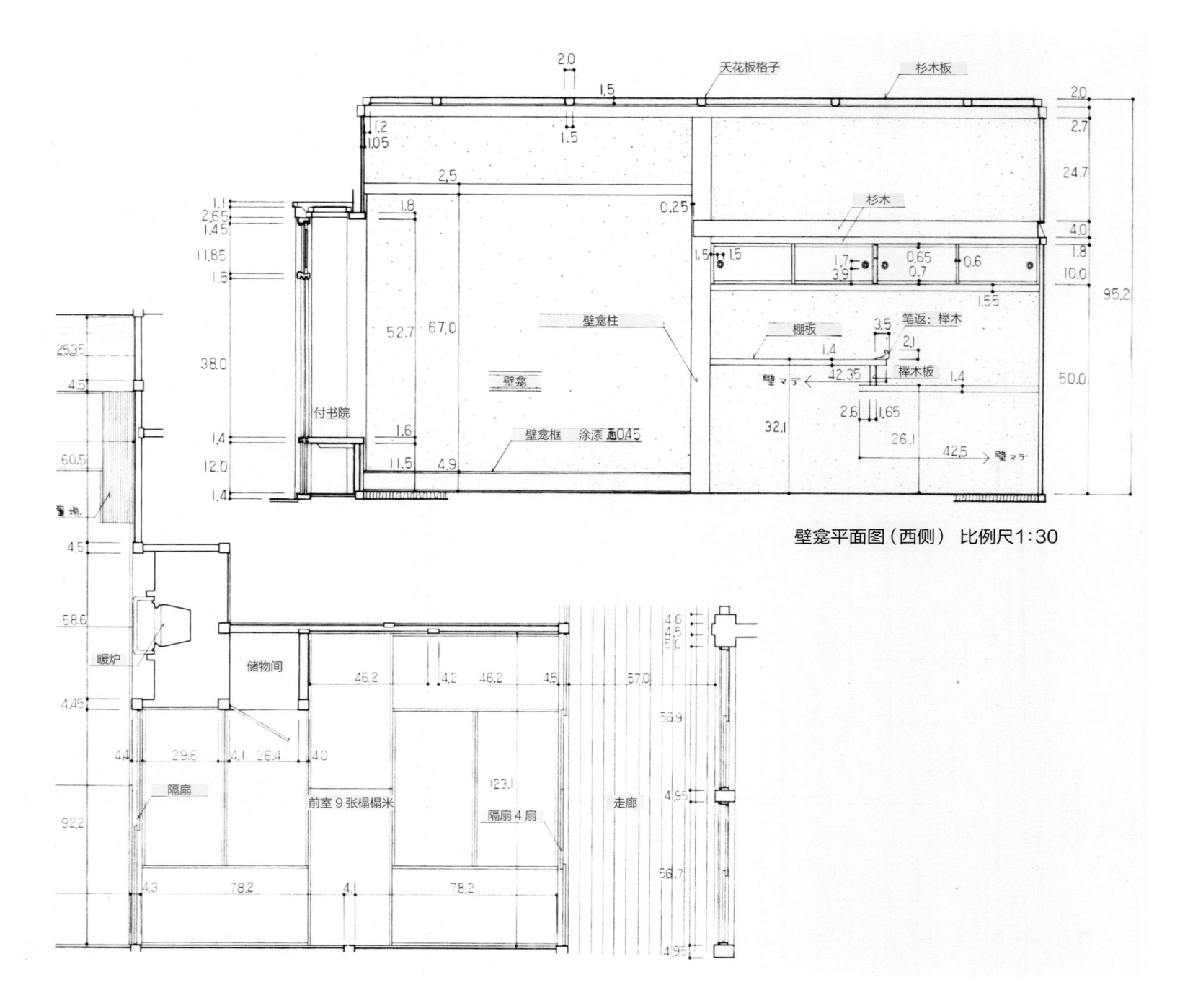

壁龛平面图(西侧) 比例尺1:30

前室平面图 比例尺1:50

西日本工业俱乐部 实测图

和馆一楼八铺席房间

建造时间 1909年
设计 久保田小三郎
施工 安川松本商店　临时建筑部

与洋馆相对，和馆则是比较纯粹的日式建筑。里边设置了很多间座敷。其中以南部的座敷和东北部的大茶室是最具代表性的。大茶室是格调高雅的书院造风格，而南部的座敷则是更为随意的数寄屋风格。本节介绍的八铺席房间便是南部座敷的主室。这个房间中的壁龛柱选用了圆木，与床胁处设置的地橱架在颜色和选材上都显得十分和谐。付书院的设计中规中矩，虽欠缺新意，但显得格外真诚。引人注目的是，与相邻房间相接处的栏间和附书院的栏间共同组成了"雪月花"的图案。

洋馆二楼大茶室　北侧栏间

洋馆二楼大茶室　暖炉

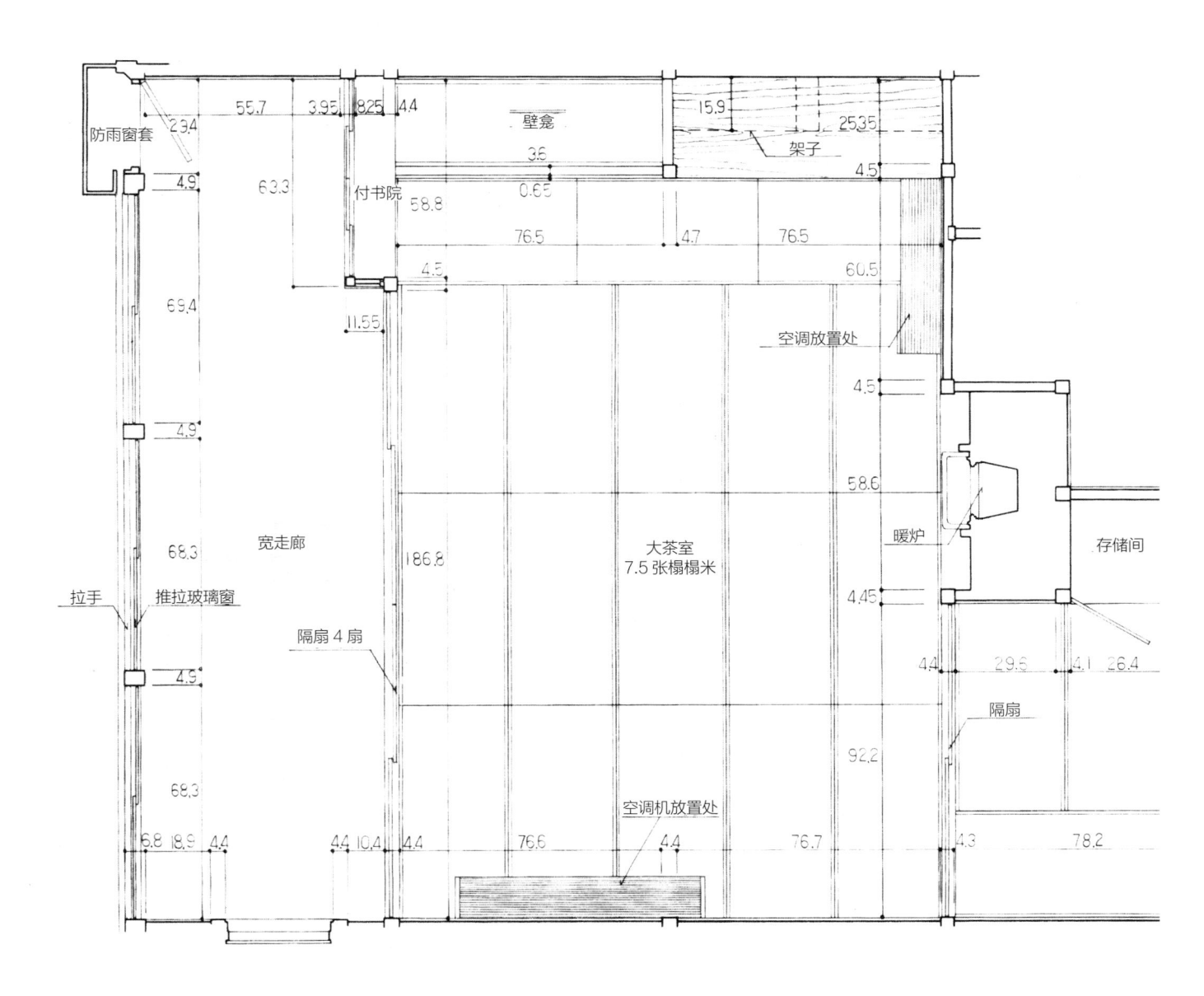

洋馆二楼大茶室平面图　比例尺1:50

西日本工业俱乐部　实测图

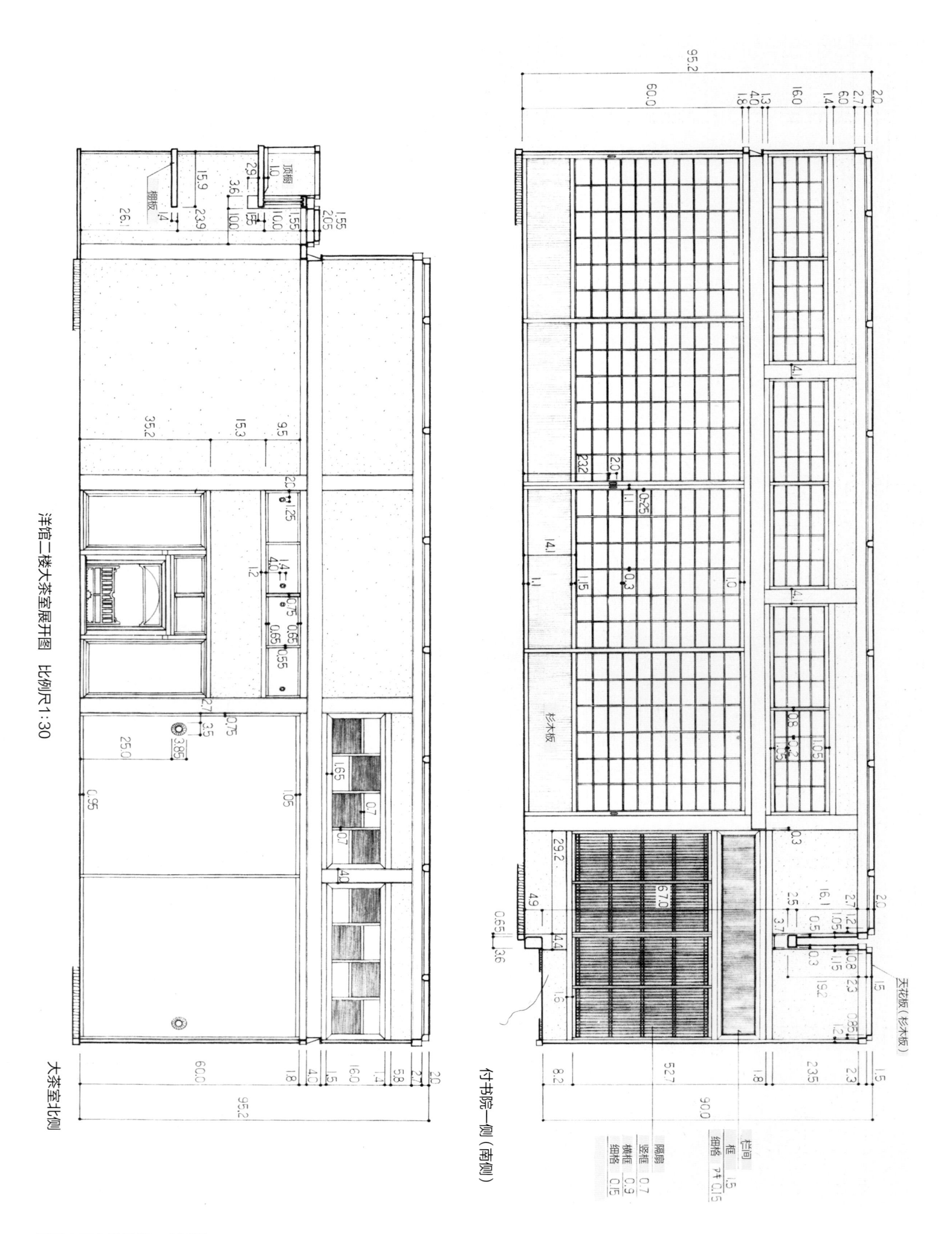

西日本工業俱乐部　实测图

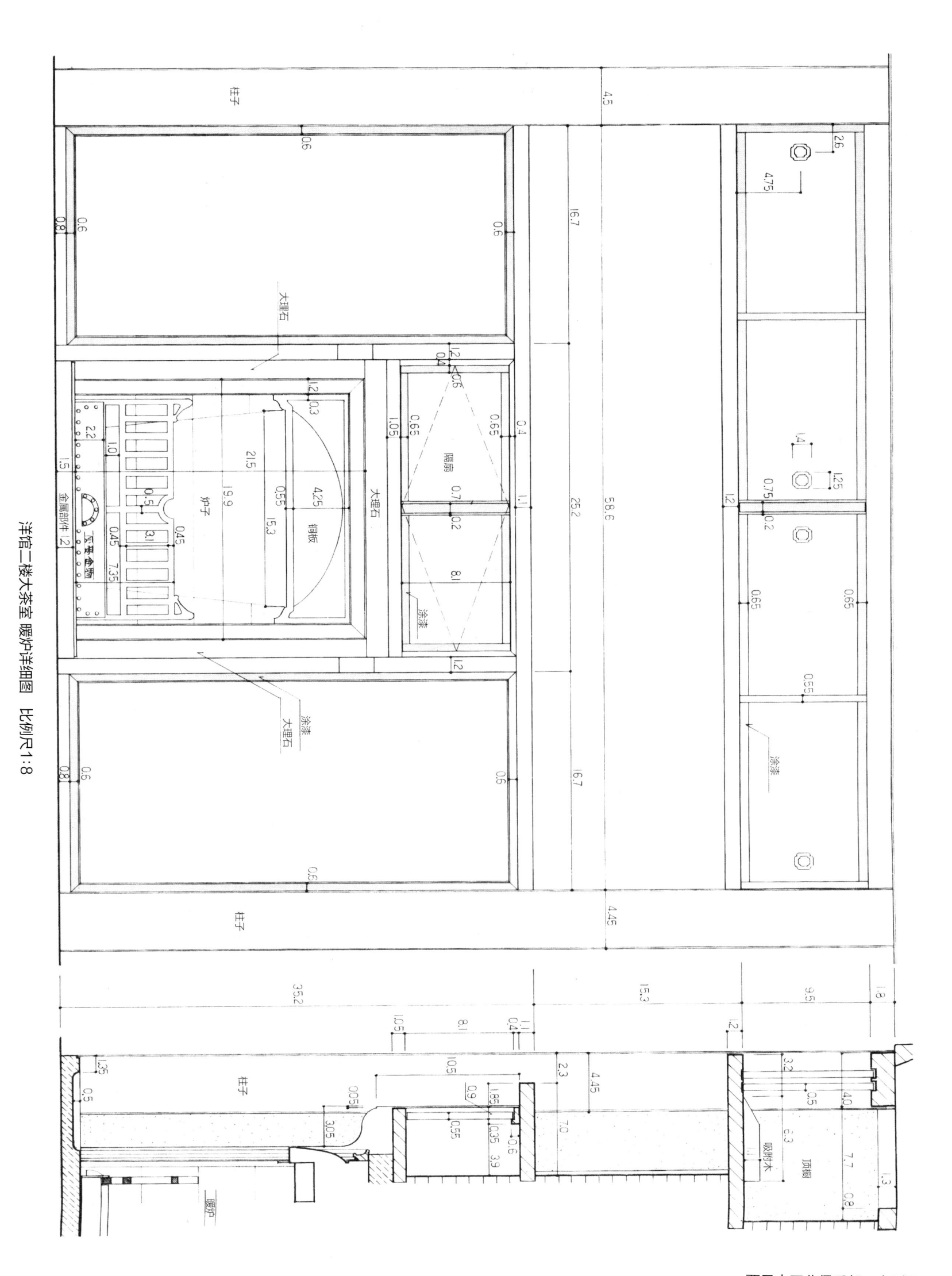

洋馆二楼大茶室 暖炉详细图 比例尺1:8

西日本工业俱乐部 实测图

和馆一楼八铺席房间 　　　　　　　　　　洋馆二楼大茶室 前室北侧 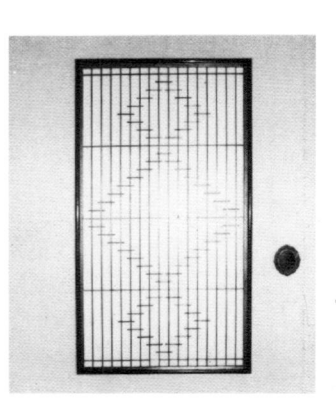　　　　　　　　洋馆二楼大茶室 前室明黄色拉门

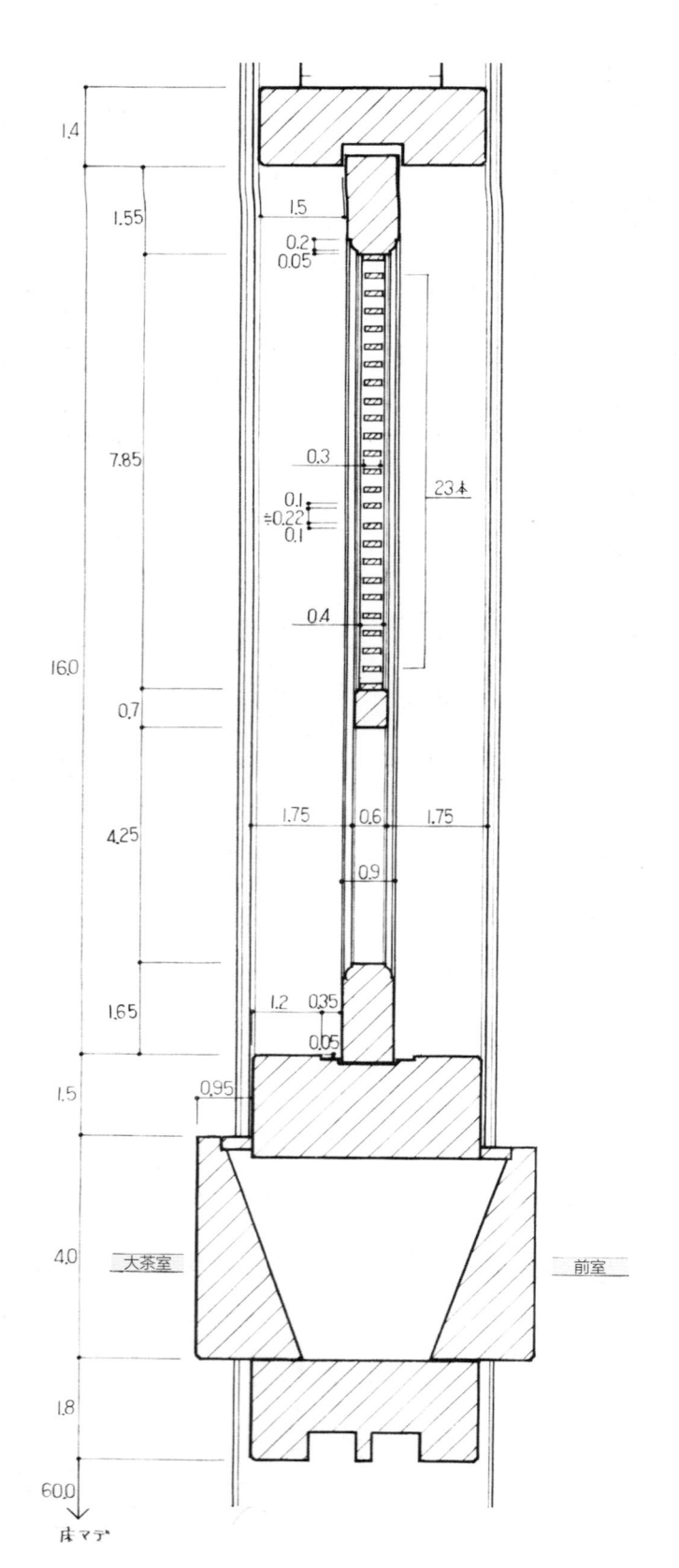

洋馆二楼大茶室 北侧栏间截面图　比例尺1:3 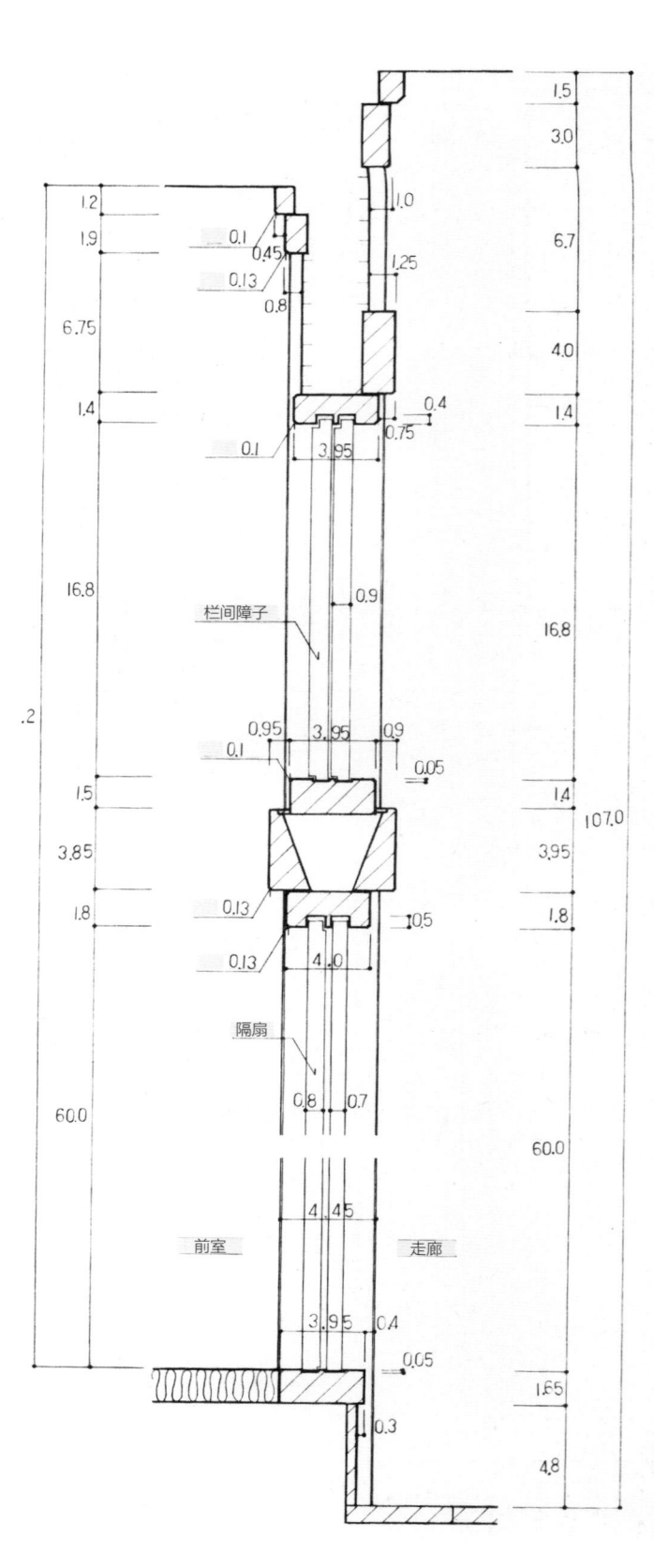　　　　　　　前室北侧截面图　比例尺1:8

西日本工业俱乐部　实测图

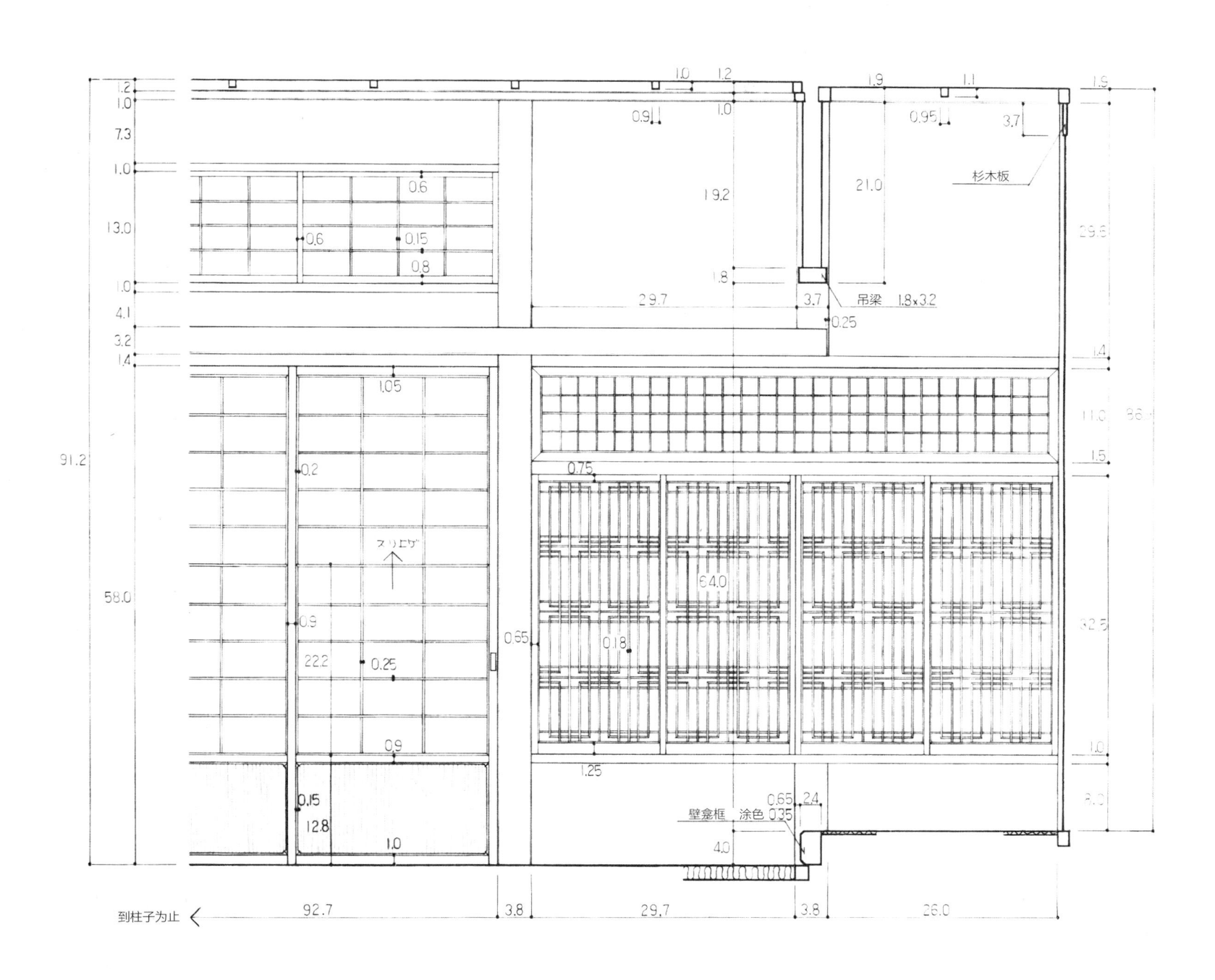

付书院正面图　比例尺1:15

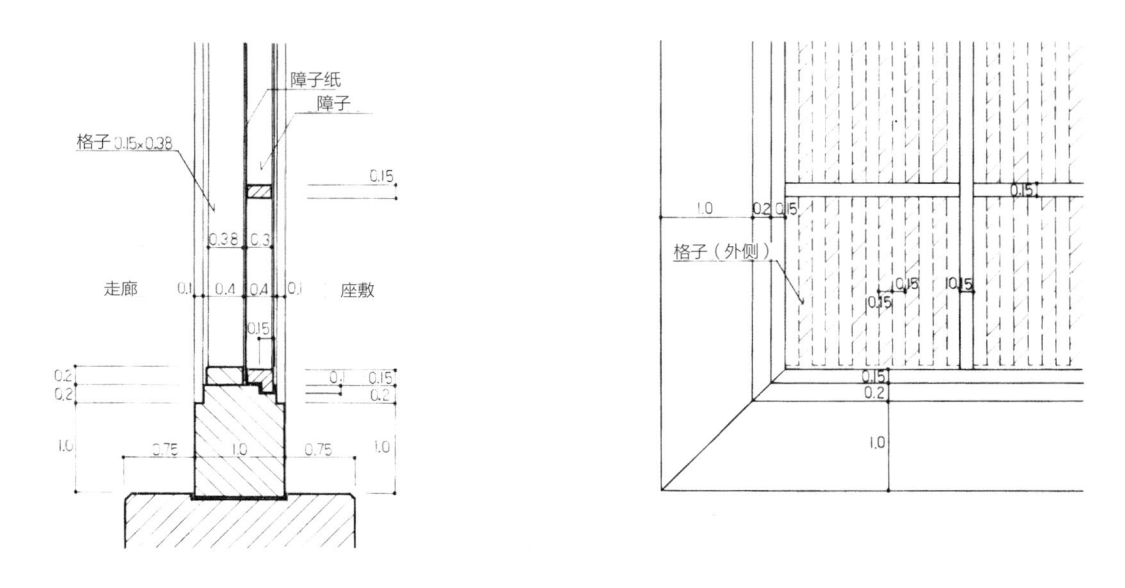

和馆一楼八铺席房间　付书院栏间详情图　比例尺1:2

西日本工业俱乐部　实测图

结 语

清流亭的大客厅入口处与庭院相接

座敷是日式住宅的核心，它有时被用作客厅，有时是房屋主人的起居室，有时也用于举办活动。总之，座敷的结构和设计有着悠久的传统，会根据居住者的不同需求而进行精心设计。

座敷的形成理念来源于座礼。可以说，榻榻米生活所创造出来的礼仪、礼节、起居的规矩是形成传统座敷结构的原点。在座敷的设计中，正坐和站起来进出时，目之所及高度所看到的内容都要被考量在内。

一般来说，面向庭院的一面是座敷正式的入口。这样的安排是为了便于从庭院的方向进行采光。座敷与庭院之间有时会设置檐廊。也有特殊的情况，座敷的两面都会与庭院相接，但这样的例子相对较少。

从北村邸的大客厅可直接观赏庭院景色

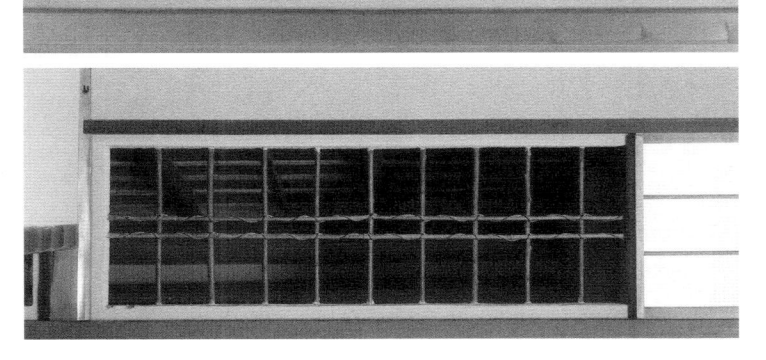

障子门的开合来营造一种"透"的效果，这是日式建筑追求的一种境界。栏间的设计、障子门的开合方式等都蕴藏了设计者们潜意识追求的"透"的理念，而这自然就影响了座敷各个部分的尺寸和空间布局等。

源于一直沿袭下来的建造理念，设计者们往往十分注重座敷空间的大小和各部分的组合是否和谐。比如在追求轻快的设计时，如果天花板很高，就会在栏间的上下方分别设计小墙壁，还会加设长隔板，从而使栏间和天花板之间的构成更加合理，也不会产生压抑之感。总之，根据设计者的风格和理念，座敷的用材和结构也会有所不同。

数寄屋建筑中的座敷在结构和设计上都显得简洁而淡雅。构成座敷的所有要素都经过了细致的考虑。首先是各部分的尺寸，不仅是构件本身的尺寸，其形状和具体的使用方法、不同构件的搭配等都是设计者重点思考的问题。他们在每个细节中倾注了自己的喜好。就算是一根圆木的使用方法也要花费一番苦心。

炭屋各种设计精美的栏间

座敷中的一侧是壁龛结构，另一侧与次间相邻。一般情况下除了壁龛结构一侧，其他几侧都会安装栏间。这样一来，各种出入口和天花板之间就多了一层装饰结构。在设计栏间时，设计者们通常会凝结诸多匠心。如此形成的栏间可以说是座敷中的点睛之笔。栏间除了装饰作用，还具有重要的实际功能，一般情况下，栏间与室内的柱子是构成座敷框架的基本。

座敷与檐廊的交界处一般通过障子门来通风换气。在日式建筑中，间隔空间时很少使用墙壁，而障子门就成为划分空间的重要工具。设计者们通过

置物架、格子窗以及墙壁上的装饰物的形状都经过细心考量

另外，除了考虑整体的组合，每个部分独立的程度也极其重要。各个部分并不是平行分布在同一平面上。房间中各部分前后错落，室外檐廊从檐柱上伸出。因此，墙壁的周长并不固定。必须调整到自然、不突兀的程度。这些考量都属于细节之处，但对于座敷整体的构成来说，各个细节所扮演的角色不可轻视。

座敷的构成，从栏间、拉手到各种数不清的小细节，都是通过设计者和工匠对尺寸、材料、技法的协调配合而形成的。

值得注意的是，随着时代的发展，许多和式建筑中也引入了椅子这个道具。就连以坐礼为基础的茶道，也很早就开始尝试加入椅子元素的立礼。而与椅子并存的座敷，作为新的形式也逐步出现在人们的视野中。这些新的元素的融入也代表了座敷未来的发展方向。本书收录的例子中，也收录了加入椅子元素的新形式的座敷。

座敷作为数寄屋建筑中最重要的部分，凝结了数寄屋建筑追求的随意与简洁。随着新时代的发展，相信座敷也会加入更多新的元素。

打开障子门，营造"透"的效果

图书在版编目(CIP)数据

日本建筑集成：全九卷 / 林理蕙光编著. -- 武汉：华中科技大学出版社, 2022.12
ISBN 978-7-5680-8575-5

Ⅰ.①日… Ⅱ.①林… Ⅲ.①建筑史-日本-图集 Ⅳ.①TU-093.13

中国版本图书馆CIP数据核字(2022)第126369号

日本建筑集成（全九卷）
Riben Jianzhu Jicheng

林理蕙光 编著

出版发行：	华中科技大学出版社（中国·武汉）	电话：	(027) 81321913
	华中科技大学出版社有限责任公司艺术分公司		(010) 67326910-6023
出 版 人：	阮海洪		

责任编辑： 莽 昱　康 晨　刘 韬　　　书籍设计：唐 棣
责任监印： 赵 月　郑红红

制　　作：北京博逸文化传播有限公司
印　　刷：广东省博罗县园洲勤达印务有限公司
开　　本：787mm×1092mm　1/8
印　　张：268.25
字　　数：650千字
版　　次：2022年12月第1版第1次印刷
定　　价：4680.00元 (全九卷)

本书若有印装质量问题，请向出版社营销中心调换
全国免费服务热线：400-6679-118 竭诚为您服务
版权所有 侵权必究